KB121634

우리는
플라스틱 없이
살기로 했다

Plastikfreie Zone:
Wie meine Familie es schafft, fast ohne Kunststoff zu leben
by Sandra Krautwaschl

우리는 플라스틱 없이 살기로 했다

산드라 크라우트바슐 씀 | 류동수 옮김

양철북

▪ 일러두기

1. 원서에서는 플라스틱과 비닐, 합성수지 등을 통칭하는 개념으로 '플라스틱'을 쓴다. 이 책에서도 '플라스틱'으로 통칭하여 쓰되, 맥락에 따라 '플라스틱·비닐'이나 '비닐'이 더 적절한 경우에는 그렇게 표현했다.
2. 각주는 모두 옮긴이가 붙인 해설이다.
3. 본문에 나오는 유럽연합 화폐단위 유로(Euro)의 환율은 1유로에 1,250원 정도다. (2016년 8월 기준)

플라스틱을 만드는 데 쓰이는 1만 가지 물질 중에

유해성 여부를 확인한 것은 단 11개뿐이다.

- 마르고트 발슈트룀(전 유럽연합 집행위원회 부위원장)

내가 만든 다큐멘터리 영화 〈플라스틱 행성Plastic Planet〉은 플라스틱이 우리의 환경과 건강에 얼마나 위협적인 것인지를 보여 주기 위해 제작되었다. 다행히 이 영화가 크게 성공한 덕분에 나는 온 세계로부터 수없이 많은 편지를 받았다. 그중에서 가장 인상적인 것이 바로 산드라 크라우트바슐의 편지였다. 그녀는 가족과 함께 플라스틱 없이 사는 실험을 해 보겠다고 선언한 것이다!

누가 그런 엉뚱하기 짝이 없는 생각을 한단 말인가?

켈리 패밀리•?

나는 플라스틱이 우려스러운 여러 물질을 방출할 수 있다는 사실을 알고 있었고, 그런 물질이 암, 심장질환, 자폐증, 알레르기, 불임 등의 원인이 된다는 것도 알고 있었다. 심지어 내 핏속에 플라스틱이 녹아 있다는 것도 알고 있었다. 하지만 도저히 벗어날 수 없는 그물망처럼 우리 주변을 완벽히 포위하고 있는 플라스틱을 완전히 거부한다고? 그걸 해낼 사람이 과연 누구란 말인가?

편지를 받은 지 얼마 되지 않아 나는 산드라와 그녀의 남편 페터를 만났다. 우리는 단박에 서로 잘 통하는 사이가 되었다. 산드라는

• 1974년부터 활동한 음악가족 그룹으로, 대안적 생활방식, 무료 거리공연 등 남다른 활동을 많이 했다.

내가 이 플라스틱 행성에서 만난 사람 중에서 가장 현대적이면서 혁명적이다. 우리 모두가 그렇게 하라고 배워 익혔거나 강요받은 행동 모형에 대해 아무런 거리낌도 없이 도대체 왜 그래야 하느냐고 캐물으며, 그들 자신과 우리 모두를 위해 새로운 질서를 만들어 나가는 산드라와 페터의 태도에 나는 진심으로 경탄했다.

산드라, 페터 그리고 그들의 세 자녀 사무엘, 말레네, 레오나르트는 오늘날 텔레비전 쇼 프로그램에서 자주 볼 수 있는 유명인사가 되었다. 또 그들은 기자들이 선호하는 인터뷰이이기도 하다. 이 가족은 놀라운 헌신성과 풍부한 아이디어, 그리고 재기발랄한 방법을 통해 실험을 성공적으로 수행함으로써, 세상에 만연해 있는 이 무절제한 소비행태를 되돌아보게끔 신선한 충격을 주었다. 우리는 그들로부터 배워야 한다.

산드라의 이 책은 개인적인 체험에 바탕을 둔 것이지만 보편적 공감을 불러일으킨다. 또 '우리 시대의 범죄'를 다룬 드라마틱한 보고서이기도 하다. 그녀는 우리 눈앞에 불쑥 거울을 들이민다. 지금 뭘 하고 계신 거죠? 당신의 모습이 보입니까?

우리도 그들이 했던 것처럼, 그들이 하려는 것처럼 할 수 있을까?

이 플라스틱 별에서 산드라와 그녀의 가족에게 행복과 활력이 가득하기를 빈다.

베르너 보테

(〈플라스틱 행성〉 감독이자 동제목 책 공동 글쓴이)

차례

실험을 넘어서

프롤로그

'플라스틱 별'은 싫어요

우리 가족은 두 해째 '플라스틱 없이 살기'를 실천해 오고 있다. 부엌에는 밀폐용기가 없고 음식을 신선하게 보관할 때 쓰는 비닐 랩이 없으며, 냉장고에는 비닐로 진공 포장된 식료품이 없다. 페트병도, 플라스틱으로 된 도시락도 없다. 욕실에는 플라스틱 통이나 튜브에 든 크림, 바디로션이 없으며 플라스틱 통에 든 세제도 물론 없고 아이들 방에는 인형이나 레고 블록도 없다. 플라스틱이나 비닐은 그 어디에도 없다.

아주 작은 플라스틱 조각 하나도 정말 없느냐고? 뭐, 꼭 그렇다기보다 '거의' 없다는 말이다. 어쨌든 우리는 플라스틱, 특히나 산 지 얼마 되지도 않아 쓰레기통으로 직행해 버리는 그런 플라스틱이나 비닐을 우리의 일상에서 완전히 추방하려고 힘닿는 데까지 애를 쓰고 있다. 짐작할 수 있듯이 이것은 아주 특별하고도 만만찮은 도전이 아닐 수 없다.

우리에게 우호적인 친구들조차 그게 과연 가능한 일이냐고 묻는다. 미심쩍은 눈길을 보내는 사람들은 "너희들 정말 그렇게 살 작정이니?"라고 말하는가 하면 어떤 이들은 약간의 조롱기 섞인 어조로 우리를 걱정해 주기도 한다. 그들 눈에는 우리의 시도가 실패할 게 뻔하고 심지어는 좀 정신 나간 짓으로 보이는 모양이다.

정말 그런가? 나의 대답은 이렇다. 모든 새로운 시도, 모든 새로운 시작에는 약간의 용기가 필요한 법이며, 남들의 깔보는 듯한 비웃음이나 "이해할 수 없어!"라며 머리를 가로젓는 반응에 대해 개의치 않겠다는 자세도 포함되어 있다, 라고. 하지만 내 생각이 애당초부터 그렇게 당당했던 것은 물론 아니다. 당초 내 의욕을 부추긴 것은 "행동하지 않는 자는 아무것도 얻지 못한다."는 격언이었다. 이 격언을 만난 후, 우리는 가능한 한 플라스틱 없이 삶을 꾸려 가려는 실험을 감행할 수 있었다. 처음에는 인간의 한계에 부딪쳐 본다는 다소 거창한 생각이 들기도 했지만, 시간이 흐를수록 그 실험은 우리에게 흥미진진한 일이 되었다.

결코 쉬운 일은 아니었지만 결국 우리는 꽤나 주목할 만한 진전을 이루어 냈다. 그 과정에서 상당히 많은 요소들이 서로 맞물린 채 협주체제가 잘 이루어져야만 했다. 고도의 합리적 계획과 더불어 발명가 정신, 연구하는 태도, 임기응변, 그리고 무엇보다도 가족 전원의 협동이 필요했다. 그런 것들이 없었더라면 기쁨, 열정, 승부욕 같은 추동력을 가지고 이 일을 밀고 나가는 것은 불가능했을 것이다.

이 실험의 기본 전제조건은 '재미있어야 한다'는 것이었다. 그래야 우리 가족이 예상치 못한 위기에 빠져 허우적거리는 일이 없을 터였다. 만일 우리의 실험이 지겹고 힘들기만 했다면 우리는 실험을 중단했을 것이다. 이건 확실하다.

우리 가족은 어른 둘에 아이 셋이다. 여기에 우리 아이들이 당연히 가족의 일원이라고 믿어 의심치 않는 고양이 한 마리와 기니피그 두 마리가 추가된다. 남편 페터는 큰 특수학교에서 아이들을 돌보는 교사다. 나는 프리랜서 물리치료사로 일하고 있는데 주로 장애인 치료를 담당한다. 맏아들 사무엘은 열세 살, 둘째인 딸 말레네는 열 살, 그리고 일곱 살의 막내 레오나르트는 아직 초등학교에 다니고 있다.•

우리가 사는 곳은 시골 분위기가 물씬 나는 작은 읍이다. 슈타이어마르크Steiermark 주의 주도 그라츠Graz에서 14킬로미터 떨어져 있는 아이스바흐Eisbach라는 곳인데 인구는 고작해야 3000명 남짓하다. 사철 풍광이 아름다운 일급 문화유적지인 라인 수도원Stift Rein도 이곳에 있다. 우리가 사는 집은 예전엔 농가였다는데 널따란 낡은 헛간도 딸려 있다.

우리가 사는 마을에는 특별히 북적거리는 곳이 한 군데도 없다. 수도원 근처에 숙박을 겸한 식당이 두어 곳 있고 담배와 신문을 파는 가게 한 곳, 그리고 물건 구색이 그리 다양하지 않은 잡화점이 하나 있을 뿐이다. 쇼핑의 낙원과는 거리가 멀고 '생태적 대안 추구형 인간'을 위한 곳은 더더욱 아니다. 이곳 주민들 사이에서는 우리가 그런 류의 인간으로 비칠지도 모르겠지만 그렇다고 해서 우리가 아웃사이더의 삶을 영위하는 것은 '다행히도' 아니다. 한 10년 전 이곳으로 이사 온 이래 우리는 취주악과 축구 클럽 등 몇몇 동호인 모임에서 적극적으로 활동하고 있다. 외출도 즐겨 하고 다른 사람들과 잘 어울려 지

• 독일의 초등학교는 4년제로, 만 여섯 살에 입학해서 열 살이 되면 김나지움 등의 중등학교에 진학한다.

내며 빼먹지 않고 휴가도 떠난다. 우리 집은 이웃에게 늘 열려 있어 찾아오는 사람도 많다. 요컨대 기본적으로 별 걱정 없이 이웃과 더불어 사는 평균적 삶을 영위하고 있는 셈이다.

어떤 '특정 문제'에 대해서 우리가 보통의 사람들보다 좀 더 의식적으로 대응한다 싶은 경우가 없지는 않았지만 그렇다고 해서 우리가 열성적인 생태주의자로 분류된 적은 한 번도 없었다. 우리 큰아이가 얼마 전에 쓴 글에서 "약간 대안적이기는 하지만 그럼에도 불구하고 아주 평범한 가족"이라 표현한 것만 봐도 그렇다.

우리 가족의 삶은 다른 사람들의 삶과 거의 비슷하다. 우리는 텔레비전 한 대와 컴퓨터, 그리고 여러 대의 휴대전화를 갖고 있다. 또 자동차도 한 대 있다. 비록 수년 전부터 가급적이면 이용하지 않으려고 애를 쓰고 있기는 하지만 말이다. 특히 남편은 열광적인 자전거 애호가여서 차를 덜 타는 것이 그리 어려운 일도 아니다. 우리 집 차고에 세워져 있는 석 대의 자전거 중에는 물론 내 것도 있다. 나는 남편과 달리 자전거 타는 걸 썩 즐기지는 않지만 그래도 씩씩하게 잘 견디는 편이다. 우리와 가깝게 지내는 여러 이웃 가정들도 대체로 비슷하게 행동한다. 이는 특히 자동차 사용을 줄이려는 자발적 움직임이 지난 여러 해 동안 몇몇 지역에서 꾸준히 이어져 온 덕분일 것이다.

요컨대 오랫동안 우리는 환경을 위해 표 나게 나섬으로써 사람들의 주목을 끈 적이 거의 없으며, 이웃들의 눈에 생태·환경주의 활동가로 비친 적은 결코 없는 가족이었다. 적어도 2009년 9월 17일까지는.

그날 나는 친구와 함께 새로 개봉한 〈플라스틱 행성〉이라는 영화를 보러 갔다. 오락영화 포맷으로 제작된 이 다큐멘터리 영화는 강렬하고 충격적인 데다 당혹감이 마구 밀려드는 영상을 통해 우리가 사는 이 세상이 어마어마한 양의 플라스틱 쓰레기에 뒤덮여 거의 질식할 지경임을 적나라하게 보여 주었다. 게다가 관련 산업 분야의 무자비함도 가감 없이 우리 눈앞에 드러내 주었다. 한편 이와는 대조적으로 생활을 더욱 편리하게 해 줄 게 분명해 보이는 신제품 생산을 허가할 때 환경 및 보건에 대한 안전성 보장은 전혀 고려하지 않는 현실도 그대로 보여 주었다. 플라스틱 제조업체들은 중요한 질문에 대해 기업비밀을 내세우며 냉소적으로 반응하고, 정치인들은 대개 얼빠진 듯 아무런 행동도 없이 그것을 바라보기만 하거나 외면해 버렸다. 또한 그런 기업들은 자기네들한테 유리한 쪽으로 로비를 해낼 능력도 얼마든지 있었다.

맙소사, 아름답고 무결한 플라스틱 세상이라니! 나는 영화관을 나오면서 그렇게 생각했다. 세상은 그야말로 마녀의 부엌, 알지 못할 뭔가가 부글부글 끓어오르고 이상한 일이 일어나는 곳이 아닌가! 그리고 갑자기 모든 것이 달라졌다. 내가, 그리고 우리 가정이.

모든 게 한꺼번에 다가왔다. 교훈적이고 짜릿하며 힘들기도 하고 재미도 있었다. 그리고 한 가지, 절대 그렇지 '않은' 사실이 하나 있었다. 그건 바로 따분하지 '않은' 일이라는 사실이었다. 우리는 끊임없이 새로운 도전거리와 맞섰다. 그리고 시간이 흐르면서 우리는 원래 생각했던 것보다 훨씬 더 많은 것을 실천할 수 있음도 알게 되었다. 또 우리 마음속에는 적어도 자기 자신의 영역 안에서만큼은 삶을 완전히 뒤집는 것도 분명히 가능하다는 확신이 생겼다.

그렇다고 해서 이 책이 단지 한 편의 영화에 영향을 받아 시작한 어느 가족의 두 해에 걸친 다소 유별난 실험을 들여다보는 데에서 그쳐서는 안 된다고 생각한다. 거기서 더 나아가 '재미'와 '용기'와 '희망'을 보여 주어야 한다고 믿는다. 굳이 재미를 언급하는 까닭은, 재미야말로 우리 가족이 이 실험을 해 보기로 결정할 수 있게 해 준 바탕이었기 때문이다. 그것은 두 해가 지나도록 우리 가족이 '플라스틱 없는 삶'을 지속해 올 수 있었던 가장 중요한 동력이었다. 또 용기를 거론하는 까닭은, 옛 습관을 적어도 조금이라도 바꾸기로 결심한다면 언제나 용기가 필요하기 때문이다. 마지막으로 희망이라는 것은 우리 내면에 잠들어 있는 '뜻밖의 힘'을 일깨워 낼 수 있고 우리가 창의성과 미래의 전망에 따라 살아가도록 도와주기 때문이다.

1부

모든 시작은 다 어려운 법

친환경적으로 산다고 착각했던 날들

지금에 와서 되돌아보면 나는 이미 어릴 때부터 쓰레기 문제에 대해서만큼은 남다른 질서의식을 갖고 있지 않았나 싶다. 아직도 기억이 생생한데, 어린 시절 나는 놀이터나 산책길에 버려진 사탕 껍질이나 껌 포장지 같은 것을 발견하기라도 하면 무척이나 짜증을 냈고 때로는 그것을 주워 쓰레기통에 버리기도 했다.

나는 분명 쓰레기에 관한 한, 꽤나 질서의식이 확고한 아이였다. 그게 천성인지 아니면 그렇게 배운 탓인지는 뒤로 제쳐 놓자. 쓰레기에 대한 그러한 관심으로 인해 어쨌든 나는 어린 나이에도 왜 아이들이 그렇게 쓰레기를 길에 버려 대는지 그 이유에 대해 곰곰이 생각하게 되었다. 그리고 결국 '멍청한 아이들'만 자기 쓰레기를 그냥 주변에 내버린다는 결론을 내렸다. 뭐가 착한 일이고 뭐가 나쁜 짓인지도 모르는 그런 아이들이나 하는 짓이라고 말이다. 그래서 당시 나는 '똑똑한' 어른들이 쓰레기를 만들어 내는 존재일 거라고는 전혀 생각도 못했다.

다른 사람이 버린 쓰레기를 줍는 나의 행동은 틀림없이 칭찬받을 만한 것이었음에도 불구하고, 우리 부모님는 별로 그러지 않았다. 오히려 어른들은 칭찬 대신 혀나 끌끌 차면서 무시하기 일쑤였다. 그러니 내가 기대했던 어른들의 강력한 지지와 성원은 애당초 없는 것이나 마찬가지였다.

어렸던 나는 내 행동의 이유를 말로 설명하고 주변의 지원을 이끌어 낼 능력이 없었다. 그저 내 주변이 쓰레기로 뒤덮이는 것이 싫어서 그걸 없애려 했을 뿐이었다. 그러다 나중에는 쓰레기를 줍는 것이 점점 귀찮고 힘에 부쳐서 쓰레기가 안 나오게 하면 되지 않겠는가, 라고 생각하게 되었다.

나는 사명감에 가득 차서 아이 어른 할 것 없이, 또 때와 장소도 가리지 않고 제발 자신이 만든 쓰레기는 주변에 그냥 버리지 말고 '사방에 널려 있는' 쓰레기통에 버리거나, 쓰레기통이 눈에 띄지 않으면 집으로 가져가서 버리라고 쫑알대기 시작했다. 하지만 대다수 어른들은 아이들이 하는 잔소리를 잘 들으려 하지 않는다. 그때까지 나는 그 자명한 사실을 잘 모르고 있었다. 나의 '계몽활동'이 별다른 효과를 거두지 못한다는 것을 깨닫고 나서야, 다 큰 어른들이라 할지라도 남의 조언을 잘 들으려 하지 않을 수도 있다는 사실을 처음으로 어렴풋이 알게 되었다. 내 경험에 비추어 보면 그런 점은 오늘날까지도 거의 변하지 않았다.

환경과 관련된 일에 대해서는 아이들이 훨씬 더 빠르게, 그리고 진심으로 호응한다. 아이들은 동물들이나 자연 전반에 대해 훨씬 더 긴밀한 일체감을 느끼고 감정을 이입한다. 동물이나 자연이 어려움에 처할 때면 기꺼이 도움의 손길을 내밀고 싶어 하며 그들과 친구가 되어 평화롭게 살아가는 세상을 상상하고 그것이 현실에서도 이루어지는 일이라고 믿는 편이다. 아이들은 그런 세상을 위해서라면 자기가 할 수 있는 모든 일을 기꺼이 해낼 준비가 되어 있는 존재들인 것이다. 나 역시 그러했다.

하지만 삶에서 발전이 줄곧 앞으로만 나아가는 경우는 드물다. 에두르기도 하고 제자리걸음을 하거나 심지어 뒷걸음질을 치기도 한다. 나 역시 예외는 아니었다. 나는 어른이 되는 과정의 어느 한 시점에서 슬그머니 '이념적 전환'을 하고 말았다. 환경에 대한 소명의식은 쓰레기를 그냥 보아 넘기지 못하는 수준으로 흔적만 희미하게 남았으며, 마침내 운전면허 시험에 합격하고 난 뒤에는 열정적인 자동차 애호가로 변신하고 말았다. 고작해야 몇 분 걸리는 짧은 거리를 이동할 때에도 굳이 자동차를 몰고 갈 만큼 변해 버린 것이다. 그 당시에는 걸어서 간다거나 자전거로 간다는 생각은 아예 머릿속에서 지워 버렸을 정도였다. 자동차를 몰고 달리는 게 그렇게도 재미있었다. 그걸 두고 뭐라 하는 사람도 물론 없었다.

먹는 문제와 관련해서도 당시의 내 소비행태는 한심한 수준에 머물러 있었다. 물리치료사 교육을 받는 두 해 반 동안 나는 수시로 소시지가 든 빵과 달달한 과자로 배를 채웠다. 게다가 그게 매우 실용적이라고 여기기까지 했다. 그런 식으로 돈을 절약해서 주로 값싼 옷들을 사 입는 데 쓸 수 있었기 때문이다.

이처럼 나는 점점 환경문제를 외면하는 사람이 되어 갔다. 오랜 습관처럼 내가 만든 쓰레기만큼은 제대로 처리하고 있었지만 단지 그 정도에서 만족했을 뿐, 그 외에는 별로 관심을 두지 않았다. '환경'이라는 것이 나와는 사뭇 동떨어진 일이 되어 버려서 그것에 대한 나의 책임 따위는 전혀 의식하지 못한 채 살아가고 있었던 것이다.

최근에 와서 나는 '환경문제'라는 표현이 오히려 자연을 우리 삶의 바탕으로 인식하는 것을 방해하며, 자기를 둘러싼 환경의 문제를 너무나 간단히 자기의 삶과 따로 떼어서 생각하는 경향을 갖게 만든다고 확신하고 있다. 그런 중립적 개념은 환경문제를 자신의 문제와—건강과 관련한 문제도 포함해서—분리시키고 상호 연관성을 부인하도록 만든다. 그런 이유로 나는 '환경문제' 대신 '생활공간 문제'라고 말하는 것을 더 선호하며, 이게 훨씬 더 논리적이라고 여긴다. 그러나 당시, 그러니까 내가 초보 어른이던 시절에 생태적 개념들과 구체적인 환경활동은 내 삶에서 한참이나 부차적인 문제였다.

건강한 먹을거리, 유해물질이 적은 공기, 깨끗한 물 같은 것들이 내 삶에서 다시 결정적인 가치로 다가온 것은 첫 아이를 임신하면서부터였다. 사무엘이 태어나기 전, 나는 유아나 아동의 영양과 기저귀 문제에 깊은 관심을 갖고 집중적으로 파고들기 시작했던 것이다.

일회용 기저귀를 쓸 것인가, 아니면 천 기저귀를 쓸 것인가? 결국 나는 편리한 일회용 기저귀를 쓰지 않겠다는 '엄청난' 결심을 했다. '쓰레기를 만들지 않는다.'는 평소의 신념이 그런 결정을 부추기는 한 요인이기는 했지만 그것과 더불어 건강에 대한 염려 또한 무시 못할 요인으로 작용했다. 왜냐하면 일회용 기저귀의 거의 무한한 흡수력이 몹시 꺼림칙했기 때문이었다. 결국 나는 우리 세 아이를 모두 천 기저귀로 길러 냈다.

그것 말고는 쓰레기 분리배출 정도에서 만족했다. 대도시인 그라츠에서 사는 동안에는 그게 그다지 성가신 일도 아니었다. 우리가 사는 건물 바로 앞에 폐지, 금속, 빈병 수집 컨테이너가 각각 따로 놓여 있었으니까. 우리는 '장하게도' 플라스틱 종류와 페트병은 노란색 비닐봉지•에 따로 모아서 버렸고 우유팩은 에코박스Ökobox••에 담아서 버렸다. 그것들이 수거된 뒤에 어떻게 처리되는지 우리는 알 수 없었고, 별 관심도 없었다. 쓰레기를 분리배출한 것만으로 내가 꼭 해야 하고, 또 해낼 수 있는 올바른 일을 모두 다 한 것처럼 생각하고 잘 살았을 뿐이다.

재활용. 오랜 기간 동안 이 단어는 나를 비롯한 대다수 사람들에게 쓰레기 처리 문제에 관한 한 양심과 양식을 대변하는 가장 그럴듯한 말로 대접받았다. 그것으로 충분했다. 쓰레기 총량이 얼마나 되는지에 대해서는 아무런 생각이 없었다. 그래서 도대체 어쩌라고? 쓰레기는 이미 우리 집을 떠나가고 없는데. 즉 눈앞에서, 감각의 영역에서 치워진 것으로 끝이었다. 쓰레기 따위, 쓰레기의 발생과 처리에 대해서 누가 시시콜콜 생각한단 말인가! 다른 일로도 머리가 아픈 판에. 하물며 '쓰레기 만들지 않기'에 대해서는 말해 무엇하리.

그러다 우리는 시골로 이사했다. 이곳의 시간은 예나 지금이나 대도시에서와는 다르게 흘러간다. 이곳에서 우리의 생활은 재활용되지 않는 잡쓰레기의 처리와 더불어 시작되었다. 그런 종류의 쓰레기는 한 달에 한 번만 수거되었는데, 도시에 살던 우리로서는 듣도 보도 못한 일이었다. 다행히 폐지는 바로 인근에 수거용 컨테이너가 있어

• 독일과 오스트리아에서는 포장용 비닐 및 폐포장용기를 노란색 컨테이너나 봉지에 담아 버린다.

•• 오스트리아의 재활용업체가 쓰레기 처리법에 따라 각 가정에 무상으로 나눠주는 상자. 각 가정이 이 상자에 테트라팩 음료 용기를 모아 정해진 날에 집 앞에 내놓으면 이를 수거해 재활용한다.

서 괜찮았지만 모든 '다른 쓰레기'는 우리가 직접 처리장까지 가져가서 버려야만 했다. 잡쓰레기 수거함 옆에 점점 더 많은 쓰레기봉투가 쌓여 가는 것을 바라볼 때마다 스트레스 또한 점점 쌓여 갔다. 하지만 이 불편한 문제를 두고 벌어지는 토론은 처리장에 몇 번 더 갈 것인가 하는 수준을 넘어서지 못했다. 처리장에 가는 시간을 내기가 쉽지 않아서 쓰레기 버리는 문제가 몹시 난감해질 때도 종종 있었다. 남편과 나는 이번에는 누가 갈 차례인가를 두고 주기적으로 실랑이를 벌였다. 우리 집에서만 해도 엄청난 양의 플라스틱 쓰레기가 나온다는 점을 처음부터 간과하고 고작 그런 실랑이나 벌이고 있었으니 애초에 싹수가 노란 일이었다. 문제의 근원을 파헤쳐 볼 생각은 아예 해보지도 않았던 셈이다. 뭐, 정말 다른 일로 너무 바빴던 탓이겠지.

'쓰레기 만들지 않기'와 관련하여 결정적 반전이 있기까지 우리는 약간의 우회로와 중간단계를 거쳤다. 먼저 내가 주로 관심을 쏟은 분야는 우리가 먹는 음식 문제였다. 식료품의 생산이 점점 더 산업화되어 가는 현상을 비판적으로 성찰한 에르빈 바겐호퍼Erwin Wagenhofer의 영화 〈먹을거리의 위기We Feed The World〉를 본 뒤, 나는 식품을 선택하는 데 신중해졌고 원산지가 어디인가를 꼼꼼하게 따지게 되었다. 아마 그 무렵부터 우리 가족의 식생활에 본격적인 변화가 시작되었을 것이다. 우리는 유기농산품을 고수했고, 육류를 거의 먹지 않았으며(말레네는 여덟 살이 되던 해부터 채식주의를 선언했다) 가능한 한 오스트리아에서 생산되는 식품을 구입하려 신경을 썼다. 또한 어쩔 수 없이 먼 나라에서 온 것을 사야 할 경우라면(예컨대 바나나처럼) 적어도 유기농이나 공정무역 식품을 구입하려 했다.

우리는 또 몇몇 친구들의 권유에 따라 병이 났을 때 일차적으로 소프트한 방법과 동종요법*에 크게 의존했는데, 거의 매번 효과를 볼 수 있었다. 그래서 우리 세 아이는 10년 넘도록 항생제를 복용할 일이 없었다. 나아가 점차 생분해가 가능한 청소 및 주방용 세제를 사용한 것도 이 시기였으며, 열차나 자전거를 이용하는 일이 잦아지게 되면서 우리 집 자동차는 서 있는 시간이 점점 늘어났다. 비행기 여행은 당시에도 이미 하지 않고 있었다. 이런 실천들을 계속해 온 까닭에 2009년 가을까지만 해도 나는 환경과 건강을 생각하는 생활을 영위하는 데에 꽤나 열성적이고 또 그것에 필요한 최소한의 전제조건과 필수지식을 스스로 갖추고 있다고 자부하고 있었다.

이런 나의 생각을 전환하도록 만든 것은 이번에도 영화 한 편이었다. 이 영화는 내 삶의 안락함에 의문을 제기했고, 결과적으로 우리의 삶을 완전히 뒤바꾸어 놓았다.

* 영어로는 homeopathy. 유사요법이라고도 한다. 병이 났을 때 그 병을 일으킨 물질을 극소량 몸에 투입함으로써 병을 낫게 하는 방식.

나를 바꾸어 놓은 한 편의 영화

2009년 9월 17일, 나는 그라츠 시내의 한 영화관에서 친구 니콜과 만나기로 했다. 그곳에서 베르너 보테 감독의 다큐멘터리 영화 〈플라스틱 행성〉이 최초로 상영될 예정이었다.

약간 늦은 탓에 좀 허둥대며 영화관에 도착했다. 짜증이 날 만큼 오랫동안 주차할 곳을 찾아 헤매야 했고, 시내로 나가면서 자동차를 몰고 가려고 작정한 나의 잘못된 결정에 신경질이 나서, 이상한 제목이 붙여진 영화를, 가볍게 즐길 수 있기는커녕 잔뜩 신경을 쓰면서 보아야 할 게 분명한 그 다큐멘터리 영화를 보는 것보다는 느긋한 마음으로 포도주나 한잔했으면 하는 마음이 더 간절했다. 사실 그날 우리에게는 영화 관람이 중요했던 게 아니었다. 첫 상영 초대권이 손에 들어온 김에 영화를 보되 그 참에 같이 시내 레스토랑에서 수다를 떨 일에 마음이 들떠 있었던 것이다.

개봉 첫 상영을 할 때 흔히 하는 이벤트로, 영화가 시작되기 전에 감독의 짤막한 인사말 순서가 있었고, 영화가 끝난 뒤에는 질의응답 시간을 가질 것이라는 공지가 있었다. 그 말을 듣는 순간 나는 니콜에게 이렇게 속삭였다.

"얘, 저거 할 때 우리는 그냥 먼지처럼 사라지는 거야, 알았지? 저런 토론은 딱 질색이야."

다시 말해서 우리는 영화 관람을 그저 기분 좋고 멋진 저녁시간을 위한 서막 정도로 계획하고 있었던 셈이다. '플라스틱으로 된 지구'라는 말도 나에게는 SF 영화처럼 미래에 대한 어떤 판타지처럼 들렸는데, SF장르를 별로 좋아하지 않는 나로서는 영화에 대한 기대가 거의 없었다.

하지만 한 시간 반 뒤 영화관을 빠져나올 때에는 모든 게 달라져 있었으니, 나의 의식의 지평은 전혀 다른 차원을 향해 활짝 열리게 되었던 것이다. 그뿐만이 아니었다. 나는 심지어 그 플라스틱 행성의 딱딱한 바닥에 기꺼이 나의 두 발을 딛고 착륙까지 했던 것이다. 비닐봉지에 함유되어 있는 가소제•, 태평양 한가운데의 플라스틱 소용돌이, 영국 하천에서 발견되는 양성兩性 물고기, 베네치아의 복합염화비닐PVC 생산 공장 피해자들, 아기들 노리개젖꼭지에 함유된 비스페놀 A Bisphenol A•• 성분, 불임, 사람 졸도하게 만드는 유럽연합의 정치인들과 플라스틱 산업계의 오만한 대표자들…… 이 모든 것들이 내 머릿속을 사방 헤집고 다니며 혼란스럽게 만들었다.

니콜과 함께 천천히 바깥으로 떠밀려 나오는 동안, 나는 더 이상 이 영화관에 들어올 때의 나와 똑같은 인간으로는 살아갈 수 없으리라는 예감에 사로잡혔다. 내 머릿속에서 어떤 스위치 하나가 다른 쪽

• 합성수지나 합성 고무 따위의 고체에 가공성이나 유연성을 향상시키기 위해 첨가해 쓰는 물질.

•• 에폭시 수지, 페놀 수지, 폴리카르보네이트 수지 따위를 만드는 데 쓰이는 무색 결정체의 유기 화합물.

으로 딸깍 하고 넘어간 것만 같았다. 물론 그것은 플라스틱 쓰레기로 뒤덮인 해변의 모습이나 바닷물에서 걸러낸 작디작은 플라스틱 입자의 영상이나, 이 세상 방방곡곡 어디에서나 볼 수 있는 쓰레기 더미의 영상 때문만은 아니었다. 또한 수많은 플라스틱 제품에 포함되어 우리도 모르는 사이에 건강에 치명적인 악영향을 미치는 어떤 성분에 대한 새로운 정보 때문도 아니었다.

영화가 상영되고 있는 동안 나는 내 자신에 대해 심각히 고민하기 시작했고 이때껏 내가 해 온 플라스틱 처리방식이 얼마나 '소박' 혹은 '안일'했던가에 대해 화가 나기 시작했던 것이다. '메이드 인 차이나' 어린이용 장난감의 대부분은 그 유해성분 때문에 시장에서 사라져야 마땅하다는 기사는 그저 한쪽 귀로 흘려들었을 뿐, 그 문제로 내가 골머리를 썩이는 일은 없었다. 그나마 조금의 경각심이라도 가질 수 있었던 것은 단 하나의 이유, 즉 내가 유럽연합의 다양한 규정과 통제절차를 상당히 신뢰한 까닭이었다.

하지만 이제 그 모든 것이 '전격적'으로 끝나 버렸다. 신뢰는 불신으로 바뀌었고 급기야 분노와 당혹감으로 변해 버렸다. "말도 안 돼!" 나는 계속 중얼거리며 머릿속을 떠나지 않는 영상을 계속해서 되새기고 있었다.

이 영화가 갖고 있는 특별한 점이 무엇인가 하고 나는 자문해 보았다. 무엇 때문에 이 영화가 그렇게나 내 속을 파고드는 것일까?

오스트리아 출신으로 다양한 장르의 작품을 제작한 베르너 보테 감독은 이 영화로 놀라운 성취를 이루어 냈다. 〈플라스틱 행성〉은 보통의 다큐멘터리가 아니다. 보테 감독은 다양한 스타일의 기법을 뒤

섞어 구사하면서 보편적인 주제를 매우 개인적인 이야기를 통해 풀어냄으로써 설득력을 극대화했다. 그러면서도 선명한 주제의식이 영화 전반을 관통하도록 하는 데 성공하고 있었다. 영화는 1960년대의 독일 인터플라스틱 공장Interplastikwerke의 사장, 즉 플라스틱 시대의 서막을 열었던 보테 감독 자신의 할아버지의 흔적을 따라가면서 플라스틱 생산의 비밀을 파헤치려 한다. 그 과정에서 감독은 그 일이 결코 간단한 문제가 아니라는 사실을 바로 알아차린다. 모든 회사들은 제각기 고유한 '처방'을 갖고 있으며, 그렇게 생산된 제품에 어떤 성분이 들어 있는지는 소비자에게만이 아니라 유럽연합의 여러 통제·감독 기관에게조차도 대부분 감춰져 있었다. 그리고 개별 내용물의 유해성을 조금이라도 이해할 수 있으려면 대학에서 화학을 전공해야 할 정도의 전문성이 필요할 판이라, 일반적인 소비자들은 아무것도 모른 채 그들에게 휘둘리고 있다.

이제 플라스틱이 없는 곳은 없다. 그리고 전 지구적으로 벌어지는 플라스틱 제품의 무분별한 사용은, 우리 모두가 매일 두 눈으로 확인하고 있다시피, 거대한 쓰레기 더미를 만들어 내고 있다. 더욱이 거기에 도사린 위험은 철저히 은폐되고 만다는 이 엄청난 사실이 수많은 문제를 줄줄이 낳는다. 그중에는 직접적인 영향을 미치는 것이 있는가 하면 바다 밑바닥에 가라앉은 쓰레기처럼 간접적이고 장기적인 영향을 끼치는 것도 있다.

플라스틱 생산에 사용되는 다양한 화학물질들은 시간이 흐르면서 그 제품에서 분리되어 나와 인간 유기체에 매우 다양한 방식으로 해를 가할 수 있지만, 그런 상황에 대해서는 거의 조사가 이루어지지 않는다. 합성소재 산업의 '영업비밀 보호'라는 막강한 장애물이 가로막고 있기 때문이다.

보테 감독의 영화는 이 모든 것을 우리 눈앞에 펼쳐 보이며, 다양한 측면에서 이 주제를 조명한다. 아름답고 현란한 광고가 나오는가 하면 '자선' 목적의 연구가 나오고, 진지한 과학적 단서에 스포트라이트를 비추다가 돌연 무자비한 시장화의 모습에 포커스를 맞추기도 한다. 한쪽에서는 기업가, 과학자 및 의료 전문가들과의 대화가 진행된다. 이런 당혹감과 진지함 한편으로 기괴함과 우스꽝스러움에서 오는 재미 역시 쏠쏠하다.

결국 보테 감독은 이 재기발랄한 영화를 통해 플라스틱 시대를 사는 우리 마음을 뒤흔들어 놓고 정신이 번쩍 들게 하는 충격을 안길 뿐 아니라 어떤 난관에도 결코 주제의식을 놓아버리는 일 없이, 통쾌한 즉흥성과 신랄한 비아냥 한 줌을 양념처럼 섞어서 진지하면서도 재미있게 우리가 당면한 문제를 드러내 보이고 있는 것이다.

플라스틱 없이 살 수 있을까?

니콜과 내가 영화관에서 빠져나오자 뜻밖에도 게르하르트가 우리를 기다리고 있었다. 그는 내 친구 소냐의 남편이다. 그 역시 영화를 보러 왔다가 먼발치에서 우리를 발견하고 기다린 모양이었다. 우리처럼 그 또한 생각은 포도주 한잔에 가 있었다. 방금 본 영화를 제대로 '소화' 하려면 포도주를 한잔해야 한다는 게 그의 말이었다.

의기투합한 우리는 마땅한 장소를 찾아 자리를 잡았다. 하지만 영화의 내용에 대한 각자의 생각은 포도주를 마시는 일만큼 쉽게 합의에 이르지 못했다. 게르하르트는 그 영화가 나를 완전히 뒤집어놓았다는 내 말을 과장으로 여겼다.

"나는 뭐 그렇게 비관적으로 보지는 않아."

그가 말했다. 그러고는 이렇게 덧붙였다.

"넌 이미 충분히 실천하고 있어. 뭔 일을 또 더 벌이려고 그래? 플라스틱이나 비닐은 이미 대세야. 그걸로 포장 안 된 상품이 하나라도 있나? 네가 살 수 있는 건 아무것도 없을걸?"

영화가 안겨준 당혹감이 그때까지 생생하게 남아 있었던 탓에 나는 거의 화를 내다시피 되받아쳤다.

"그래, 아주 괜찮은 생각이네. 덜 사면 어차피 더 좋지."

어떤 곤란한 상황에 직면했을 때 즉각 해결책을 모색하는 나의 오랜 습관이 그 순간 다시 한 번 고개를 쳐들었다. 함께 있던 니콜과 게르하르트는 그것을 눈치채지 못했지만. 두 사람이 플라스틱이나 비닐 포장 없이 구입할 수 있는 게 있는지, 또 어디서 어떤 걸 그렇게 살 수 있는지 수수께끼 놀이 하듯이 열거하는 동안 내 마음은 전력질주를 시작했다. 대화는 건성으로 대충 따라가기만 했다.

"채소나 빵, 쿠키 같은 건 그럭저럭 괜찮겠어. 하지만 슈퍼마켓에서는 모든 게 포장되어 있어. 만약 개별 포장이 안 된 소시지나 치즈를 구입한다고 쳐도 파는 사람은 그걸 잘라서 랩이나 코팅된 종이에 싸서 줄 거야. 공산품이야 말할 것도 없을 듯한데? 예를 들어 욕실용품을 봐. 플라스틱에 들어 있지 않은 게 내가 알기로는 하나도 없어."

"맞아. 욕실에서는 그런 게 또 필요하기도 하니까. 목욕탕처럼 미끄러운 곳에 샴푸나 물비누 같은 게 유리병에 든 채 사방에 널려 있다면 정말 위험할 수도 있다고."

"각종 세제의 경우도 사정은 다르지 않지. 그런 것들 중에서 플라스틱 병에 들어 있지 않은 게 뭐 하나 있기라도 해? 대안이라고 해 봤자 기껏해야 예전의 딱딱한 비누 정도겠지."

하지만 이런 비관론 일색의 대화는 나를 더 흥분시킬 뿐이었다. 나는 속이 부글부글 끓어올랐다. 그들은 마치 결말을 정해 놓고 토론을 이어 가고 있는 것 같았다. "안 돼! 안 된다니까!" 입 밖으로 나오지만 않았지 모든 대화의 결론은 이미 이렇게 정해져 있었다. 내 반발심이 마침내 한계를 뚫고 터져 나왔다. 그렇게나 변화를 외치던 내가 맥없이 주저앉을 수는 없는 노릇이었다. 나는 결연히 나섰다.

"그래, 너희들 말이 맞을지도 몰라. 하지만 우리 모두가 영화에서처럼 그런 미친 짓거리를 계속한다는 건 있을 수 없는 일이야. 불과 수십 년 전만 해도 인간은 수백 년이 지나야 겨우 썩어 없어지는 유독성 물질을 쓰레기로 마구 버리지는 않았어. 그러지 않고도 얼마든지 잘 살아왔어!"

돌이켜보면 나는 그때 그 술집에서 적포도주를 앞에 놓고서, 영화 때문에 잔뜩 격앙된 상태에서도 뭔가를 바꾼다는 게 과연 가능하겠는가라는 의기소침함도 함께 느끼면서, 내 삶을 근본적으로 변화시킬 실험의 얼개를 머릿속에서 그리고 있었던 것 같다. 달리 말하면 미지의 목적지로 떠나는 여행의 첫 준비를 한 셈이었다. 도중에 무엇이 나를 기다리고 있을지 전혀 예감도 하지 못한 채.

"난 이제 이토록 무책임한 산업계와 그들의 광고에 내 자신을 멍청하게 팔아넘기지 않을 거야. 우리가 보는 것이라고는, 언제나 눈부시게 흰 빨래와 위생적으로 포장된 완제품 먹을거리들 앞에서 행복한 표정을 짓고 있는 사람들의 모습뿐이야. 또 사람들은 자기가 무슨 멍청한 짓을 저지르는지도 모르면서 아주 당당하게 그 물건들을 돈 주고 사지. 자본가들은 새로운 욕구를 끊임없이 일깨우고. 그래야 자기가 생산한 쓰레기들을 처분할 수 있으니까 그렇겠지. 반면 그 제품에 어떤 성분이 들어있는지는 아무도 관심을 갖지 않아. 포장재는 더더욱 말할 것도 없어. 게다가 그런 물건이 우리 주변에 너무나 지천으로 널려 있다는 게 더 문제야."

나는 정말 제대로 부아가 나서 말을 쏟아 냈다. 또 절망적인 냉소도 퍼부었다.

"하지만 사실 상관없어. 왜냐하면 문제는 어차피 해결될 거니까. 우린 그저 사랑스런 우리 아이들을 잠깐 달랜답시고 계속해서 비스페놀 A가 함유된 노리개젖꼭지를 입에 물리기만 하면 돼. 그럼 그 아이들이나 그다음 세대 아이들은 저절로 불임이 되겠지. 그러면 인구가 점차 줄고 결과적으로 쓰레기 더미도 자연스럽게 줄어들겠지. 그럼 된 거야. 마침내 전 인류가 사라지고 나면 지구는 그때야 비로소 다시 안식을 얻겠지."

게르하르트는 내 말에 반격을 가해 왔다. 내 관점이 일면적이라며, 이산화탄소와 기후변화가 훨씬 더 큰 문제라고 지적했다.

"네가 말하는 그 고약한 플라스틱은 나쁜 정도가 그런 문제들에 비하면 절반도 채 안 돼. 부차적인 문제라고."

그가 빈정거리듯 덧붙였다.

"하지만, 해 보셔. 그게 이 세상을 지금까지 알지 못했던 악으로부터 해방시키는 출발점이라면 말이야."

나는 서서히 안달이 나기 시작했다. 플라스틱 제품을 생산할 때에 석유를 사용하므로 마찬가지로 이산화탄소 배출을 유발하고 기후변화를 촉진하기 때문에 결국 모든 것이 서로 연관되어 있다는 반박은 사실 안 할 수도 있지 않았을까 싶기도 하다. 그렇지만 난 그렇게 했다. 나의 격분을 후련하게 말해 버린 것이다. 니콜이 중재하듯 끼어들어 대화를 다시 건설적인 쪽으로 전환하려는 듯이 말했다.

"사람들이 그냥 사용을 좀 줄이기 시작한다면? 결국 사람들의 선택 여부에 달린 거 아닐까?"

게르하르트가 대답했다.

"그래, 그러면 어떻게 될까? 밀가루, 설탕 같은 것은 종이에 포장된 것들도 있으니 그렇다 치더라도 보통의 슈퍼마켓에서 살 수 있는 건 여전히 별로 없을 거야. 그렇다고 설마 모두가 친환경 전문점으로 가야 한다는 건 아니겠지? 그런 상점이 흔하지 않다는 건 논외로 하더라도 거긴 물건 값이 너무 비싸. 그러니 보통의 소비자에게는 별다른 대안이 없다고 말하고 싶네."

작은 것이라 할지라도 소중한 변화를 불러올 여러 시도들을 아예 초장부터 싹을 잘라 버리려는 이런 소극적이고 비관적 반응에 나의 인내는 마침내 바닥을 드러냈다. 결과가 어떻게 될지 진지하게 따져 보지도 않은 채, 나는 고독한 결단을 내리고 그걸 공표하고야 만 것이다.

"좋아, 우리 집에서 그렇게 해 볼 거야. 너희들도 우리 가정이 지극히 보통의 범주에 들어간다는 데에는 분명 동의할 거야. 누가 봐도 우리는 아주 평균적인 5인 가구이고 수입도 평균 수준인 데다 여가시간도 평균적이니까 말이야. 그런 우리 집에서 이제 한 달 동안 플라스틱이나 비닐 없이 살아 볼게. 그게 가능한지 실험 삼아 그렇게 해 본다, 이거지. 그런 다음에 우리 집이 과연 재정적으로 파탄 나는지를 보자고. 너희는 불가능하다고 말하지만, 나는 그 일이 실제로 가능하다는 걸 보여 주고 싶어."

그렇게 말해 버리고 나니 마음이 후련했다. 편안하기도 했다. 나는 이제 그 일을 해내고야 말리라 확고하게 결심했다.

포도주를 앞에 놓은 채 수다는 한동안 그렇게 계속되었다. 게르하르트는 그저 약간 빈정거리듯 "그래, 재밌게 해 보셔. 이제 페터랑

세 아이들만 설득하면 되겠구나."라고 말했고 니콜은 내 계획을 듣고는 장난이 아니구나 싶었던지 곧장 나와 함께 구매 가능한 물품 목록을 고민하기 시작했다.

고형 비누로 머리를 감는 것이 향기로운 샴푸에 길들여진 우리의 머리카락에 어떤 영향을 미칠지에 대해 막 고민하고 있는데 남편이 나타났다. 장애인 학교에서 오후 근무를 마치고 곧장 오는 길이었다. 남편은 자전거를 타고 가는 경우가 아니면 보통 기차를 탄다. 하지만 그날은 나와 함께 승용차로 귀가할 예정이었다.

인사도 하지 않은 채 나는 대뜸 남편에게 나의 '무모한' 결정부터 알렸다.

"우리가 꼭 해야 할 실험이 하나 있어!"

남편 페터는 나와 달리 매우 차분한 유형의 인간으로, 평소 나의 충동적 결정에 익숙해져 있어서 별로 놀라는 기색도 없이 태연한 반응이었다. 그는 참을성 있게, 보기에 따라서는 얼토당토않은 계획에 대해 설명을 듣고는 '플라스틱 문제'를 해결할 실마리를 찾아보자는 나의 아이디어에 동의해 주었다. 아니, 심지어 그는 그 계획을 아주 매력적이라고까지 여기는 눈치였다. 평소 나의 엉뚱한 결정에 대해 보이곤 하던 약간의 거부감마저 이번에는 전혀 느껴지지 않았다.

하지만 역시 그는 그였다. 페터는 전매특허인 냉철한 현실감각을 이번에도 여실히 드러내면서 실험 개시 전에 분명히 해야 할 전제조건들을 제시했다. 마치 내가 아무 대안도 마련하지 않은 채 내일부터 당장 모든 플라스틱 제품들을 일단 내다 버리고 볼 것이라 생각했는지 이렇게 말했다.

"좋아, 일단 한 달만 그렇게 살아 보지 뭐. 그러나 준비할 시간이 필요해. 오늘내일에 당장 되는 일은 아니니까 말이야. 우선 어디서 뭘 살 수 있는지 조사를 좀 해야 할 거야. 그 일이 일단 해결된 다음에 실험 개시 일정을 확정하도록 하자고."

훌륭하지 않은가! 이로써 이 일은 원칙적으로 승인이 난 것이었다. 하지만 페터는 또 다른 조건 하나를 더 꺼내 들었다.

"그리고 이 실험이 힘들거나 재미가 없다면 난 언제든 그만둘 거야. 이 일로 인해 스트레스를 받을 생각은 없어. 재미가 있어야 계속하겠다는 얘기지!"

남편이 동의했으니 이제 아이들만 설득하면 되었다. 나는 사실 그 문제는 별로 어려울 게 없으리라 예상하고 있었다. 오히려 우리 아이들은 그 실험에 나보다 더 열성적일 가능성도 있었다. 대다수 아이들이 그런 것처럼 우리 아이들도 새로운 아이디어를 대체로 호기심과 열정으로 받아들이는 편이었으니까.

맏이 사무엘은 다양한 분야에 관심을 갖고 있었는데 그중에는 동물, 식물 그리고 자연에 대한 전반적인 것도 포함되어 있었다. 책을 많이 읽어서인지 또래에 비해 평균 이상의 상식을 갖고 있어서, 그 애와는 꽤나 높은 지적 차원의 대화도 무난하게 해낼 수 있었다. 그러다 보니 이따금 아는 체하는 경향이 좀 있기는 했지만 그게 뭐 대수랴.

둘째 말레네는 나와 비슷하게 극적으로 감정을 드러내는 경향이 있지만 사교능력이 뛰어나다. 그리고 애 치고는 놀라울 정도로 의지도 강하다. 다른 사람의 이야기에 공감능력이 뛰어나고 자연과 친숙하고 동물들을 좋아한다. 어쩌면 그래서 이 아이는 어느 날 갑자기 채식주의자가 되기로 결심했는지도 모른다. 또 말레네는 모든 종류의 부당함에 민감하게 반응하며 남의 약점을 알아차리는 데에 천부적인 재주를 갖고 있다는 면에서 좀 남다르다. 다행히 섬세한 면도 갖춘 편이라 그런 재주를 아무 데나 함부로 써먹지는 않는다. 그런 점에서 나는 우리의 실험과 관련하여 말레네 때문에 걱정하지는 않았다.

막내 레오나르트는 아직 어려서 이 실험과 관련해서는 좀 애매했다. 나이가 나이인지라 장난감 통에는 플라스틱 장남감이 한가득이었다. 또 온갖 종류의 공놀이에 강한 흥미를 느끼는 편인데 그 공이란 게 잘 알다시피 대개 플라스틱이나 비닐 재질로 되어 있으니 그것도 걱정이었다. 어쨌든 일이 어떻게 굴러갈지 한번 두고 보기로 했다.

그다음 날 아침 말레네가 학교에 가지고 갈 0.5리터짜리 페트 물병을 수도꼭지에 대고 물을 받으려 할 때였다. 내가 급히 끼어들었다.

"이 병은 오늘부터 쓰면 안 돼. 그 대신 알루미늄 물병을 줄게."

"왜 그래요, 엄마?"

"좀 이따 아침 먹을 때 설명해 줄 테니 잠시만 기다리렴."

말레네의 호기심이 반짝 깨어났다. 말레네는 오빠와 동생에게 서두르라며 몰아 댔다. 아이들이 모두 식탁에 자리를 잡고 앉자 나는 기대에 찬 그 얼굴들을 하나하나 바라보았다.

"아빠랑 엄마는 어제 한 가지 실험을 해 보기로 결정했단다."

나는 장엄하다 싶을 정도의 말투로 이야기를 꺼냈다. 먼저 어제 본 영화가 얼마나 깊은 인상을 남겼는지를 설명해 주었다. 그런 다음 거기서 비롯된 아이디어와 그 실행 계획에 대해 덧붙였다. 바라던 대로 세 아이 모두 하나같이 열광적인 반응을 보였다. 특히 위로 두 아이는 플라스틱을 사용하지 않는 것이 왜 좋은 일일 수 있는지를 꽤 잘 이해하는 편이어서 더욱 그랬다.

말레네는 가벼운 마음으로 자기 페트병과 작별했다. 그러면서

"플라스틱 병에 든 물을 마시면 어차피 물맛도 별로 좋지 않아요."라고 말하기까지 했다. 오빠 사무엘도 인정한다는 듯 고개를 끄덕였다. "맞아, 뭔가 인공적인 맛이 나더라니까." 그때까지 아이들 중 그 누구도 물맛에 대해 불평한 적이 없었는데 놀라운 수용능력이었다.

어쨌든 첫 출발은 성공이었다. 또 다른 사항에 대해서도 아이들의 공감을 불러일으키는 일은 비교적 간단했다. 예를 들면 베르너 보테 감독이 한국인 자원봉사자들과 함께 일본의 어느 섬 해변에서 수거한 거대한 쓰레기 더미에 대해 설명해 주자, 사무엘은 바로 3주 전에 다녀온 우리 가족의 크로아티아 휴가를 떠올리고 자연스레 연결 짓는 것 같았다.

"우리가 놀던 해안처럼 말이죠?"

휴가 당시 처음에는 우리도 그저 놀라기만 했다. 대체 어디서 쓰레기들이 그렇게 끊임없이 생겨나는지 그 원인을 몰랐던 것이다. 그러다 차츰 시간이 지나면서 그 볼썽사나운 쓰레기가 왜 생겨나는지를 조금씩 알게 되었다. 그건 관광객이 버린 쓰레기가 아니라 정기적으로 바다 쪽에서 해변으로 떠밀려 온 쓰레기였던 것이다.

"쓰레기를 배로 실어서 바다에 내다 버리는 것을 왜 막지 않는 거죠?"

나로서는 뭐라 답을 할 수가 없었다. 그런 행위가 허용되어 있는지, 아니면 쓰레기 처리 업자가 불법을 무릅쓰고 그냥 그렇게 버리는지조차 정확히 알지 못했으니 말이다. 게다가 그게 불법이라고 해도 도대체 누가 그걸 저 넓은 바다에서 단속할 수 있겠는가? "아무도 자기 책임이라고 느끼지 못하는 게 분명해."라고 나는 다소 어이없어하며 스스로 대답했었다.

크로아티아는 비록 늦긴 했지만 얼마 전 플라스틱 공병에 대한 보증금 제도를 도입하는 등 쓰레기 문제에 대한 대책 마련에 적극 나서고 있었다. 하지만 아름답기 그지없으나 휴가철이 끝난 이 무렵쯤이면 벌써 썰렁하게 비어 버렸을 그 바닷가에서는 어디서 생겨난 것인지 도무지 알 수 없는 플라스틱 쓰레기들이 날마다 새로이 발견될 것이다. 수십 년 전의 내가 놀이터에서 했던 것처럼 날마다 쓰레기 수거 작업을 쉬지 않는데도 말이다.

이렇게 나와 아이들은 이 실험의 핵심에 성큼 다가섰다. 말하자면 우리가 이제부터 플라스틱을 하나도 사지도 버리지도 않는다 해도, 다른 사람들이 그 일에 전혀 신경을 쓰지 않는다면 우리 실험이 무슨 소용인가 하는 물음과 마주한 것이다.

간단치 않은 문제였다. 우리 가족이 아무리 힘들게 애를 써도 성과는 아무것도 없을지 모르는 이 실험이 우리에게 왜 그렇게 중요한 의미를 갖는지를 아이들이 이해할 수 있게 설명할 수 있을까? 어쩌면 이것이 이 실험의 성패를 판가름하게 될지도 모를 일이었다.

"너희들 아니? 플라스틱 쓰레기를 분리해서 노란색 분리수거 봉지에 담아 버리는 것 정도로는 충분하지 않아. 온 세상에서 날마다 엄청난 양의 비닐과 플라스틱이 사용되고 버려지니까 말이야. 또 세계의 많은 나라들 중에서는 쓰레기 분리수거가 전혀 이루어지지 않는 곳도 많고 재활용을 전혀 하지 않는 곳도 많지.

또 플라스틱을 만드는 사람들한테는 오로지 가능한 한 많이 팔아서 돈을 많이 버는 것만이 중요한 일이거든. 그 사람들은 나중에 그 쓰레기가 어떻게 처리되는지 전혀 신경 쓰지 않아. 그뿐만 아니라 그들은 플라스틱을 생산하는 과정에서 유해물질을 사용하는 데 별로 개의치 않아. 적어도 그들 입으로 유해물질이 전혀 없다는 말은 절대 못 해. 그러니까 만약 우리 집에서 계속 플라스틱이나 비닐로 포장된 물건을 살 경우, 그들을 도와주는 꼴이 되지 않겠니? 점점 더 많은 플라스틱이 만들어지도록 우리가 돕는 셈이라는 얘기야. 크로아티아의 바닷가가 쓰레기로 가득 차는 데에는 우리의 책임도 있다는 말이지. 엄마 말 이해할 수 있겠니?"

모두 말이 없었다. 침묵을 깬 것은 막내 레오나르트였다. 그 애는 자기가 관찰한 것을 우쭐해하며 이야기했다. 우리가 사는 이곳의 숲과 길거리에도 쓰레기들이 많이 굴러다니며, 자기 눈에는 맥도날드의 종이컵이 가장 많은 것 같다고 말했다. 동생이 말문을 열자 사무엘과 말레네도 쓰레기와 관련된 온갖 잘못된 행동들을 열거하기 시작했다. 그리고 어린 동생과는 달리 큰아이 둘은 이 문제의 얼개가 생각보다 아주 거대하다는 것을 어렴풋이 인식하는 듯한 눈치였다. 애들의 얘기를 주의 깊게 듣고 있던 남편이 끼어들었다.

"그래. 바로 그래서 우리는 이제 우리 집에서 사용하는 물건만이라도 플라스틱이나 비닐 포장이 없는 걸로 사 쓸 작정이야."

"그럼 언제부터 시작해요?"

맏이 사무엘이 묻자 두 동생이 한 목소리로 외쳤다.

"오늘, 지금 당장!"

나는 아이들에게, 지난밤에 남편과 상의한 대로, 이 실험은 철저한 계획 없이는 이루어질 수 없음을 설명해 주었다.

"계획 없이 시작했다간 너희들 밥상에 어쩌면 한 달 내내 빵하고 물만 올라갈지도 몰라."

내가 농담을 섞어 슬쩍 '협박'해 보았지만 아이들은 전혀 기가 죽지 않았다. 아이들의 열렬한 호응에 찬물을 끼얹을 수 없어서 우리는 그날 오후에 다 함께 이 실험에 뭐가 필요하고 뭘 새로 사야 하는지, 또 뭘 없애야 하는지 목록을 만들어 보기로 했다. 그리고 오는 토요일 오전에 우리 가족의 첫 '플라스틱 없는 장보기'에 나서기로 결정했다.

아이들에게는 신나는 모험이었고 우리 부부에게는 거대한 도전이었다.

아이들이 보여 주었던 열렬한 호응과는 별도로 남편과 나는 사전에 몇 가지는 분명히 해 두는 것이 더 좋을 것 같다고 생각했다. 그래서 따로 구매목록에 대해 좀 더 얘기를 나눌 필요가 있었다. 즉각 몇몇 문제 있는 분야들이 드러났다. 그때까지만 해도 우리 시야에 전혀 들어오지 않던 것들이었다.

커피와 관련된 것들만 해도 그랬다. 나는 하루에도 몇 잔씩 커피를 마신다. 커피를 내리는 일은(우리는 이탈리아제 에스프레소 커피 기계를 하나 갖고 있다) 플라스틱 없이도 가능해서 별 문제가 없어 보였다. 합성소재가 뜨거운 액체와 접촉하면 유해물질이 많이 나온다는 건 비교적 상식에 속하는 일인데, 여과기나 플라스틱 여과장치만 사용하지 않으면 간단히 해결될 문제였다. 그러나 악마는 포장에 있었다. 친환경 커피와 공정무역 커피조차도 비닐 포장이 안 된 것이 없었다. 이런 커피를 '개봉 상태'로 파는 곳은 없을까? 나는 낙관에 가득 차, '왜 없겠어? 원래 그런 곳은 꼭 있어야 하는 거야.'라고 스스로를 위로했다.

한편 남편은 커피를 썩 좋아하지 않는 편이라 관심 분야가 아니었다. 그는 커피 없이도 얼마든지 지낼 수 있는 사람이었다. 게다가 그는 자기가 좋아하는 맥주와 관련해서는 확실히 믿는 구석이 있었다. 즉 맥주는 공병 보증금이 붙은 병에 든 것을 얼마든지 살 수 있었던 것이다. 더구나 생태적 관점에서 보나 보관 가능성과 품질 면에서 보나 병은 액체류 포장에 있어서 가장 우수한 포장방식이었다.

하지만 그는 아주 사소하지만 결정적인 점을 간과했다. 왕관 모양의 병뚜껑 속에는, 남편으로서는 경악할 일이지만, 아주 명확한 상태로 비닐 코팅이 되어 있다는 걸 내가 확인한 것이다. 남편의 절망적인 얼굴을 바라보는 순간 내 뇌리에는 그가 내건 조건, 즉 스트레스가 없어야 하고 재미가 있어야 한다는 조건이 바로 떠올랐다. 비중 면에서 거의 무시해도 좋을 비닐 코팅 때문에 실험 전체를 위태롭게 할 수는 없는 노릇이었다. 나는 타협하지 않을 수 없었다.

"어쩔 수 없지. 그리고 어쩌면 다른 병마개로 된 맥주병이 있을지도 모르잖아?"

하지만 페터의 얼굴은 여전히 어두웠다. 맙소사, 실험을 본격적으로 시작하기도 전에 우리는 예상치 못한 장애물에 걸려 휘청거리는 꼴이었다. 남편과 나는 전에는 거들떠보지도 않았던 사소한 것들에 대해 많은 얘기를 나누었다.

그리고 그날 오후 우리는 또 한 가지 사실을 깨닫게 되었다. 믿을 만한 정보를 확보하는 일이 결코 간단치 않다는 것을. 즉 어디서 뭘 살 수 있는지에 대한 정보를 얻기가 하늘의 별 따기였고 또 어떤 재료 속에 무슨 성분이 들어 있는지 알아낸다는 것은 더욱 어려웠다. 만일 우리가 어느 슈퍼마켓에 가서 판매직원에게 이렇게 묻는다고 가정해 보자.

"실례지만 이 맥주병 마개는 어떤 재료로 만들어졌는지 알려 주실 수 있나요? 혹시 무슨 유해물질이 들어 있는 건 아닌가요?"

판매직원의 뜨악해하는 표정을 떠올리는 것만으로도 머리가 아팠다. 우리는 한숨을 내쉬며 맥주병 문제를 일단 뒤로 미루기로 했다.

하지만 다른 병들은? 이젠 내가 당장 문제였다. 꿀, 잼, 다양한 피클 종류, 토마토 과육, 케첩 등등 병에 담겨 있는 식품이 어디 한둘인가 말이다. 그런 병들의 마개도 하나같이 유리와 닿는 부분은 밀폐용 패킹으로 처리되어 있지 않은가!

한 달 동안 유리병에 든 모든 식품을 포기해야 한다고? 사실 나는 내심 유리병에 든 식품에 크게 기대를 하던 참이었다. 좀 비싸더라도 유리병에 든 걸 사면 될 테니 먹는 건 크게 문제가 되지 않으리라는 희망을 품고 있었건만, 이것들도 구매목록에서 모조리 제외시켜야 한다니……. 애플무스apple mousse•나 콩포트kompott••도 먹을 수 없고, 또 그렇게 하고서도 '재미있어야 한다!'니……. 나는 점점 자신이 없어지는 느낌이었다.

갑갑한 노릇이었다. 우리는 일단 우리가 현재 알고 있는 정보만으로 사태를 파악해 보기로 하고 '병에 든 식품 문제'는 뒤로 미루고 다른 분야를 검토하기 시작했다. 그러자 플라스틱 없이 살 한 달 동안 적어도 굶지는 않겠다는 지극히 다행스런 결론에 이르렀다. 빵, 구운 과자, 치즈, 소시지, 채소, 과일, 달걀, 밀가루, 설탕 등 많은 식료품들은 비닐 포장 없이도 구매할 수 있기 때문이었다. 우유는, 테트라팩 포장은 내부에 비닐 코팅이 되어 있으므로 포기하고, 인근 농가에서

• 사과를 삶아 으깬 다음 졸여서 죽 비슷한 형태로 만든 음식.

•• 과일에 설탕과 물을 넣고 푹 익힌 디저트용 음식.

직접 사오기로 했다. 이건 어차피 그간 우리가 종종 해 오던 일이었다. 단, 플라스틱 우유 주전자는 다른 것으로 바꿔야만 했다.

플라스틱을 함유하지 않은 가정용 잡화와 화장품을 마련하는 일도 결코 만만치 않은 일일 것 같았다. 화장실용 휴지와 휴대용 휴지의 경우 우리는 '당케Danke'라는 회사의 제품에 희망을 걸었다. 이 회사 제품이라면 종이 포장된 것이 있을 것 같았다. 주방용 세제와 샴푸의 경우는 단박에 떠오르는 대안이 하나도 없었다. 하지만 그건 약과였다. 순수 플라스틱 그 자체인 칫솔 같은 것은 포장재는 둘째 문제고, 대안을 찾는 것 자체가 넌센스처럼 보였다.

그러나 나는 유기농 또는 친환경 제품 전문판매점에 큰 기대를 걸고 있었다. 살아오는 동안 그곳에 들러 뭔가를 사 본 일이 거의 없었던 나는 그곳 사정을 잘 알 턱이 없었고 그런 만큼 환상을 갖고 있었던 것이다. 그곳엔 우리 같은 '플라스틱 거부자'를 위한 진정한 낙원이 펼쳐질 것이란 환상 말이다.

하지만 다음 날 우리가 첫 장보기에 나섰을 때, 나의 환상은 무참히 깨지고 말았다.

생각만큼 쉽지 않다

다음 날 아침 우리 가족은 일찌감치 첫 '플라스틱 없는 장보기'에 나섰다. 마침 사무엘과 말레네의 새 자전거를 사는 일도 겹쳤기 때문에 우리는 자동차를 타고 그라츠로 갔다.

별난 가족 아니랄까 봐 이번에도 차 안에서는 자동차 이용이라는 주제를 두고 한바탕 토론이 벌어졌다. 평소와 다른 게 있었다면 우리가 계획한 실험과 연관시켜 토론이 진행되었다는 점이었다. 말했다시피 남편은 열렬한 자전거 애호가였다. 그는 그라츠에 있는 직장에 출근할 때 아주 특별한 경우가 아니면 악천후에도 아랑곳 않고 자전거를 이용했다. 그렇지 않은 날은 기차를 타고 다녔다. 반면에 나는 자전거를 타기 위해선 끊임없이 동기부여가 필요한 사람이었다. 자전거를 타고 오르막길을 힘들게 오르는 일은 늘 끔찍했다. 그럴 때마다 '이건 훌륭한 피트니스 프로그램이야!' 라고 자신을 끊임없이 세뇌시켜야 했다.

어쨌든 남편은 이날 아침 우리가 자동차를 타고 가는 것에 대해 할 말이 많은 듯했다. 설령 그것이 플라스틱을 쓰지 않으려는 특별한 목적 때문이라고 하더라도 옳지 않은 결정이라는 걸 강조하고 싶어 했다.

"이 실험 때문에 자동차를 타고 사방으로 돌아다니며 어디선가 플라스틱이 들어 있지 않은 특정 물건을 겨우 손에 넣고서 기뻐하는 그런 멍청한 짓을 해선 안 돼! 그렇게 되면 그건 완전히 앞뒤가 뒤바뀐 일이야. 어디까지나 자전거나 공공 교통수단을 이용해서 우리 과제를 해결해야 비로소 의미가 있단 말이지."

당연한 말이었다. 그 점에 우리는 의견 일치를 보았다. 석유원료 제품 사용을 줄인답시고 다른 한편으로는 석유를 펑펑 써 댄다면 적잖이 부조리한 일 아니겠는가. 하지만 말은 쉽게 하면서도 내 머릿속은 적잖이 복잡해졌다. 플라스틱 없는 장보기를 하느라 멀리까지 가야 할 경우가 분명 생길 테고 그러면 시간이 더 많이 걸릴 것 역시 자명한 일인데 그걸 우리 일상의 일부로 받아들이는 것이 말처럼 쉬울까 하는 의심이 스멀스멀 올라왔다.

하긴 그런 특별한 장보기가 아니라도 평소 우리 부부는 장 보는 일을 귀찮아하는 편이었다. 그런 형편인데 하물며 더 많은 시간이 걸릴 게 뻔한 특별한 장보기를 해야 한다는 것이다. 하지만 어쩌겠는가? 결자해지라고, 시작을 한 사람이 끝을 보아야 하는 법이다. 장 볼 거리 목록을 세밀하게 만들고 그걸 사기 위해서 어디로 가야 하는지 꼼꼼히 조사해서 장 보는 동선을 최대한 줄이도록 계획을 세울 수밖에.

우리가 전날 밤에 작성한 목록은 다음과 같았다.

- 비닐 포장이 되지 않은 화장실용 휴지와 휴대용 휴지
- 목재 혹은 천연고무 소재의 막대에 천연 솔이 달린 칫솔
- 설거지용 세제(되채움 가능한 것)

• 식기세척기에 쓸 알약 형태의 세제(비닐 포장 없는 것)
• 유리병이나 금속 튜브에 든 샴푸
• 고형 비누
• 금속제 도시락 세 개
• 법랑이나 금속으로 된 주전자(뚜껑에 플라스틱이 없는 것)

우리가 맨 먼저 들른 곳은 그라츠에서는 꽤 유명한 코른바게Kornwaage라는 친환경 제품 전문판매점이었다. 가끔 소소한 물건들을 샀던 적은 있었지만 본격적으로 살림용 물품들을 사러 오기는 처음이었다. 가격이 몹시 비싼 편이라 좀처럼 발길이 닿지 않는 곳이었지만 지금으로선 이 가게가 무슨 구원의 장소처럼 느껴졌다. 코른바게의 상품 구색에 대해 제대로 알지도 못하면서 나는 거의 맹목적으로 우리가 작성한 목록의 물건들을 죄다 살 수 있을 거라고 믿고 싶은 심정이었다.

내가 그곳에서 상황을 알아보는 동안 페터는 전차를 타고 시내로 가서 주전자와 도시락을 찾아보기로 했다. 세 아이도 아빠를 따라 나섰다. 아이들은 휴지나 세제보다는 그런 물건들을 찾는 게 더 마음이 끌리는 모양이었다. 나도 애들이 없는 편이 나았다. 훨씬 차분하게 내 몫의 일을 해치울 수 있을 테니.

내가 불굴의 낙관론자이자 충동적 인간임은 이미 말한 바 있다. 그러거나 말거나 나는 이때껏 별 탈 없이 그럭저럭 잘 살아왔다. 물론 가끔은 사람들로부터 물정 모르는 순진한 사람이 아닌가 하는 의혹의 눈초리를 받기도 했다. 내 입장에서야 물론 근거 없는 의혹이었지만 이번만큼은 그들이 옳았는지도 모르겠다. 그 친환경 제품 전문판매점에서 단 5분 정도 둘러보았을 뿐이었지만 나는 벌써 우리의 실험이 감정에 들떠 상상하던 것처럼 간단치 않다는 것을 분명히 알아차렸다.

목록에 적힌 물건은 아무것도 없었다! 비닐 포장이 되어 있지 않은 화장실용 휴지도, 휴대용 휴지도, 키친타월도 없었다. 예전에 본 적이 있던 종이 포장지에 든 재활용 화장실 휴지가 어디 진열돼 있느냐고 내가 물었을 때 점원은 아무 일도 아니라는 듯, 그 회사가 이미 여러 해 전부터 비닐로 갈아탔다고 '쿨하게' 알려 주었다. 그러더니 포장이 바뀐 게 당연하지 않느냐는 듯이 "아마 습기 때문이겠죠."라고 덧붙였다. 내가 어이없어하는 표정을 짓자 그는 오히려 그게 더 이상하다는 듯이 말했다.

"뭐, 그렇잖아요. 운송하는 도중에 상품이 젖는 일은 쉽게 일어날 수 있거든요. 비가 오거나 하면 대책이 없잖아요."

"아, 그렇군요."

나는 뭔가에 한 방 맞은 기분이 들었다. 플라스틱, 이 얼마나 간단한 해결책이란 말인가! 나는 그런 제품을 굳이 찾아야 하는 이유를 점원에게 설명할 기분이 아니었다. 다만 오늘날의 물류 표준이 정말 비닐 포장을 필수적으로 전제해야 하는가 하는 궁금증이 일었다. 제품이 젖지 않도록 방수가 잘 되는 화물차로 직접 영업점까지 운송하는 것은 진정 불가능한 일일까? 또 영업점에 비 가림 시설이 잘 된 하역장이 있어서 제품을 물에 젖지 않게 인수하는 것은 꿈에서나 이뤄질 일인 것일까?

나는 이번에는 칫솔을 찾아보기 시작했다. 진열된 칫솔들은 칫솔

모를 천연재료로 만든 것과 머리 부분을 통째로 교체할 수 있는 플라스틱 칫솔 두 종류뿐이었다. 이 유명한 친환경 전문점에서 나무재질로 된 칫솔대에 관심을 두는 사람은 아무도 없었다. 이런 곳에서 플라스틱 없는 기적 같은 생태적 나라를 기대했다니! 나의 터무니없을 만큼 순진한 낙관론에 웃음이 나올 지경이었다.

그나마 세제 쪽은 사정이 좀 나았다. 적어도 손 비누 종류는 큰 통에 든 것을 덜어서 팔고는 있었다. 물론 그 통은 플라스틱으로 만든 것이었다. 따라서 별도의 용기를 준비해 와서 필요한 양만큼 사 가야만 했다. 그래도 그건 어쨌든 희망의 빛이었다. 그 외에도 세제는 상품 구색도 일반 위생용품 판매점보다 훨씬 다양했고 종래의 제품보다 훨씬 더 친환경적이고 건강에도 나쁘지 않아 보였다.

기대수준이 낮아진 탓에 나는 이게 어딘가 싶어져 작은 기쁨을 느꼈다. 하지만 바로 물건을 살 수는 없었다. 장을 보러 가면서 물건을 담아 갈 별도의 용기를 바리바리 챙겨야 한다고는 미처 생각지도 못했기 때문이었다. 하지만 어쨌든 물건 살 수 있는 곳 한 군데는 알게 된 셈이었다.

진열대를 옮겨 갈 때마다 좌절의 연속이었다. 종이상자에 든 물품을 보고 반색을 하면서 집어 들었다가도 그 안에 별도의 비닐 포장이 숨어 있는 걸 알고는 한숨을 내쉬었다. 거의 예외가 없었다. 꼭 이래야만 할까? 종이상자 안에 든 가루 세제를 굳이 한 번 더 비닐로 포장해야 할 이유가 뭐지? 그렇게 하지 않아도 별 문제가 없지 않은가 말이다.

나는 직원을 붙들고 물어보았다. 돌아온 대답은 위생상의 이유로 비닐 포장을 해야 한다는 규정이 있다는 것이었다. 나는 정말 황당할 정도로 놀랐다. 비닐이 더 위생적이란 보장이 대체 어디 있지? 위생을 이유로 사용되는 포장재가 결국 우리의 건강에 더 해롭다면 도대체 이런 모순이 어디 있담?

플라스틱이 없는 신세계가 펼쳐지리란 기대를 잔뜩 품고서 찾아온 이 '친환경 전문점'에서 나는 길을 잃고 말았다. 보통의 위생용품점도 아니고 생태, 유기농, 친환경의 기치를 높이 내건 곳에서! 적어도 이런 곳에서라면 유의미한 대안 제품을 살 수 있으리라 기대한 것이 그토록 순진한 발상이었더란 말인가. 이곳도 예외 없이 플라스틱 천국이었던 것이다. 결국 끝에 가서는 그저 우스개로만 읊어 대던 다용도 고체 비누를 집어 들게 되는 사태가 점점 현실화되고 있었다. 어쩌면 우리는 앞으로 오직 그 비누로만 머리도 감고 세수도 하고 몸도 씻어야 하는 건 아닐까? 우리가 실현해 보려는 생활이 어떠한 모습일지가 서서히, 그러나 또렷하게 그 실체를 드러내는 것 같았다.

나는 벨레다Weleda• 사의 물비누 앞에서 고민에 빠져들었다. 유리병에 담겨 은은한 천연향을 풍기는 그 녀석은 플라스틱으로 된 분사장치만 제외하면 내가 찾던 완벽한 제품이었다. 얼마든지 되채워 쓸 수도 있었다. 좋아, 한 번만 눈 딱 감고 이걸 사면 문제는 해결되는 거지? 그렇게 망설이고 있다가, 문득 '벌써 타협을 고려하고 있구나.' 하는 생각이 떠올랐다. 나는 결연히 진열대 앞에서 물러섰다.

그때까지 나의 구매목록에서 지워진 품목은 하나도 없었다. 적당

• 스위스에 본사를 둔 다국적 기업으로, 천연성분 화장품, 대체의약품 등을 생산한다.

한 게 전혀 없거나, 담아 갈 용기가 없어 당장 살 수 없거나, 찜찜한 타협이 불가피한 것들뿐이었다. 남편과 아이들은 과연 어떤 결과를 가지고 올지 긴장이 가득 밀려왔다.

식료품 진열대를 둘러보고서 그나마 작은 희망의 단서를 발견할 수 있었다. 뮈슬리•, 다양한 종류의 곡식, 오트밀, 불콩, 옥수수가루, 쌀, 응유Quark 등은 포장하지 않은 채 팔았다. 자기 그릇을 갖고 와서 담아 갈 수 있었다. 반갑게도 과일이나 채소는 싸 갈 수 있는 종이봉투가 세 종류의 크기로 구비되어 있었다. 냉장식품 진열장에서는 공병 보증금이 있는 병에 담긴 생크림과 다양한 요구르트 등을 발견할 수 있었는데, 그중 몇 가지는 병마개가 금속이었고 다른 몇 개는 플라스틱이었다. 뜻밖의 보물을 발견한 듯 찬찬히 둘러보고 있는데 휴대전화가 울렸다. 남편 페터였다. 그의 목소리는 평소의 느긋함과는 전혀 딴판으로 들렸다.

"벌써 세 군데나 들렀지만 우유 주전자 뚜껑은 플라스틱으로 된 것밖에 없네. 그래야 밀폐가 잘 된다나. 또 도시락도 찾긴 했는데…… 알루미늄 제품이기는 하지만 플라스틱 패킹이 붙어 있어. 너무 크기도 하고 값도 한 개당 20유로로 너무 비싸."

남편은 정말 좌절한 모양이었다. 또 등 뒤에서 말레네와 레오나르트가 큰 소리로 떠들어 대는 통에 아주 질려 버린 듯했다.

"난 더 이상 하고 싶지 않아."

맙소사, 남편이 이런 정도의 사람이었던가? 제대로 시작도 하기

• 오트밀, 건포도, 빻은 견과류 등을 섞어 만든 아침식사 대용식.

전에 재미를 잃어 버렸단 말인가? 남편에게 세 아이를 딸려 보낸 것이 전술적으로 중대한 잘못이었다는 생각이 들었다. 페터는 사람들이 북적이는 곳, 특히나 시장 통이나 백화점에 가는 것에 온갖 스트레스를 다 받는 그런 유형의 사람이다. 그는 불편함과 싫은 마음을 주체하지 못하고 그대로 드러낸다. 그렇게 되면 그것으로 모든 일을 그르칠 수도 있었다.

나는 우리의 실험이 제대로 시작도 해 보기 전에 끝장나는 것을 막으려고 그 자리에서 장보기 일정이 끝났음을 선언했다. 최대한 부드럽게, 비난의 기색은 조금도 섞지 않고 말했다.

"여보, 우리 오늘은 여기서 접자. 자전거 가게나 가서 잠깐 둘러봐. 그런 다음 나중에 집에 가서 이야기해. 앞으로 어떻게 계속해 나가야 할지 말이야. 알았지?"

남편이 아이들을 이끌고 내가 있는 곳으로 왔을 무렵엔 어느 정도 스트레스도 가라앉고 기분도 다소 나아진 듯이 보였다. 플라스틱 없는 삶에 진입하는 일에는 특별한 진전을 보지 못했지만 그래도 몇 가지는 유의미한 경험을 했고, 우리의 생각을 훨씬 뛰어넘는 정도로 우리가 플라스틱에 철저히 둘러싸여 살아가고 있다는 사실을 분명하게 인식하게 된 것은 큰 수확이 아닐 수 없었다.

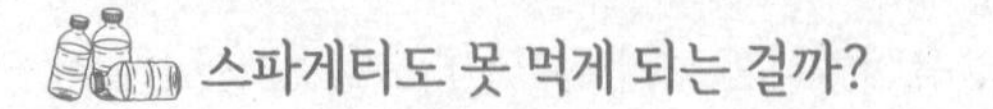

스파게티도 못 먹게 되는 걸까?

당당히 나섰던 첫 장보기에서 우리 가족은 그렇게 빈손으로 돌아오고 말았다. 하지만 우리는 새로운 사실을 많이 알게 되었고, 훨씬 풍부하고 실질적인 내용들로 대폭 보완된 주의사항 목록을 새로 만들 수 있었다.

- 첫눈에 플라스틱이 없어 보여도 모두가 정말로 그렇지는 않다.
- 겉은 종이나 골판지 상자로 되어 있더라도 안에는 비닐 포장이 들어 있는 경우가 대부분이다.
- 설탕 같은 몇몇 제품의 경우 놀랍게도 전통적인 종이 포장이 여전히 대세로 남아 있다. 이와 달리 유기농 설탕은 우리가 들른 상점에서는 모두 비닐 포장된 것만 판매한다.
- 유리병이나 금속제 용기에 들어 있는 제품들의 경우 마개는 대부분 합성소재로 되어 있거나 드물게 발견되는 금속제 뚜껑도 안쪽에는 비닐류의 패킹이 붙어 있다.

우리는 "계속 찾아볼 것!"이라는 말로 쓰린 가슴을 달랬다. 하지만 점심때 우리 가족은 새로운 문제에 걸려 나자빠졌다. 점심 메뉴는 치즈

소스를 끼얹은 스파게티였다. 모두가 맛있게 먹고 있는데 분위기를 깬 사람은 사무엘이었다.

"스파게티도 비닐에 포장되어 있지 않나요?"

드디어 올 것이 왔구나 싶었다. 이건 거의 재앙이나 다름없었다. 그런 면류는 우리 가정의 가장 중요한 식재료였으니. 하지만 사무엘의 말이 옳았다. 아무리 기억을 더듬어 보아도 종이 포장지 한 모퉁이에 조그만 구멍을 내고 거기에 투명 비닐을 붙여서 내용물을 확인할 수 있도록 되어 있지 않은 스파게티 포장을 단 하나라도 떠올릴 수가 없었다. 그런 포장 방식은 일종의 마케팅 전략일 텐데, 나는 전에도 그로 인해 열을 받은 적이 있었다. 그 조그만 비닐 조각을 일일이 떼어내느라 쓰레기 분리배출이 불필요하게 복잡해졌기 때문이었다. 그런데 이제 그것이 우리의 식생활에까지 중대한 영향을 미치는 문제로 떠오른 것이다.

"월요일에 당장 다시 장 보러 가서 잘 찾아봐야겠어. 그런 비닐 창이 없는 포장이 분명히 있을 거야. 적어도 바릴라Barilla 스파게티는 그런 게 없을 거라는 생각이 들거든."

나는 애써 밝은 목소리로 아이들에게 약속했다. 우리가 가장 즐겨 먹는 스파게티마저 끊어야 할지 모를 이 새로운 사태에도 불구하고 나는 유쾌한 분위기를 만들려고 애썼다.

"내 말이 틀렸니? 절대 굶을 일은 없을 거니까 너무 걱정하지 마."

식탁에 둘러앉은 식구들을 향해 큰소리를 탕탕 쳤지만 반응은 시원찮았다. 결국 나도 스스로를 달래듯이 겨우 한마디 덧붙였을 뿐이다.

"그래 뭐, 고작 한 달이잖아. 그 정도는 그냥 휙 지나가고 말 거야."

다음 날 남편 페터는 스트레스에서는 웬만큼 회복된 듯이 보였지만, 예전의 그 고풍스런 멋을 풍기던 법랑 우유 주전자가 다 사라지고 오늘날에는 왜 플라스틱 뚜껑이 달린 싸구려들만 생산되는지 여전히 불만인 모양이었다. 예전에는 멀지 않은 이웃의 농가에서 우유를 사다 먹는 일이 드물지 않았다. 나에게도 우유 심부름을 하던 기억이 또렷하게 남아 있었다. 그땐 뚜껑도 없는 그냥 단순한 양철통에 담아서 들고 다녀도 아무런 문제가 되지 않았다.

어쨌든 왜 오늘날에는 플라스틱을 추가하지 않고서는 도대체 아무것도 되는 게 없는가 하는 물음이 다시 한 번 떠올랐다. 속 시원한 해답을 찾기 위해 끝없이 자료를 파헤치고 추적하는 일은 우리의 능력 밖일 테고 또 그럴 생각이 없기도 했지만, 이렇게 온갖 방식으로 우리의 생활 속으로 파고드는 플라스틱은 참으로 어찌할 수 없는 괴물이나 다름없는 것일까. 아침 식탁에서 페터가 말했다.

"구글에 들어가서 한번 찾아봐야겠어. 뭐 꼭 우유통이 아니더라도 우리한테 필요한 정보가 있을지도 몰라. 그러다 혹 금속제 뚜껑이 있는 모델을 찾으면 그것도 좋은 일이겠지. 새것이 없으면 중고라도."

"멋진 생각이야. 구글 신이라면 도시락쯤은 대번에 찾아낼 수 있을 거야. 그 외에도 뭐든 우리에게 필요한 건 모조리 다 검색해 봐."

나는 명랑한 목소리로 화답했다. 하긴 앞으로 우리는 얼마나 많이, 그리고 자주 인터넷의 신세를 지게 될 것인가. 대안이 될 제품과 그걸 취급하는 곳에 대한 정보, 또 우리가 찾는 제품에 어떤 물질이 함유되어 있으며 유해한 성분은 없는지, 있다면 그 위험성은 어느 정도인지 등등 우리가 알아야 할 것이 한둘이 아니었다. 이런 것들에 대해 과연 인터넷은 어떤 답을 내놓을까?

하지만 당장 우리 눈앞에 닥친 일은 좀 다른 성격의 것이었다. 이를테면 우리 실험을 위한 규칙을 확정하고, 무엇이 허락되고 무엇이 허락되지 않는지, 얼마나 오랫동안 이 실험을 끌고 갈 것인지, 또 어떤 점에 대해 스스로 양해를 해 줄 것인지를 명확히 해 놓는 일. 우리는 비교적 쉽게 합의에 이르렀다. 우선 확정된 것은 다음과 같은 항목이었다.

- 우리는 한 달 동안 플라스틱 없이 생활해 본다. 이 기간 동안 우리는 실천할 수 있는 한, 일상적으로 사용해 온 그 어떤 플라스틱 제품도 가급적 사용하지 않는다. 이는 부엌, 거실, 침실, 욕실 및 지하실 어디에서나 해당된다. 또 이는 플라스틱 밀폐용기, 세탁바구니, 쓰레기통, 청소용 양동이 등 다양한 가정용품들에도 적용된다.
- 이 기간 중에는 (논리적으로) 어떤 플라스틱 쓰레기도 생겨서는 안 된다.
- 현재 남은 플라스틱으로 된 물건들은 사전에 대부분 다 써 버린다. 특히 플라스틱으로 포장된 식료품, 화장품류, 각종 세제가 그 대상이다. 그것이 불가능할 경우 우리는 이 물건들을 실험 기간 동안 따로 치워 두고 쓰지 않는다.
- 자동차를 일부러 더 운행하는 일은 없어야 하며, 장 보러 가는 횟수도 가능한 한 지금보다 더 늘리지 않도록 한다. 걷거나 자전거로 가는 장보기도 마찬가지다.

- 대체용품을 사는 데 쓰는 돈이 보통의 월간 생활비 예산을 크게 초과해서는 안 된다. 그래서 중고품도 적극 알아본다. 예를 들면 금속제 도시락, 금속이나 법랑 주전자, 식료품 보관용 유리용기, 그리고 기타 플라스틱 제품을 대체할 용품 같은 것이다.
- 이 실험이 스트레스나 불쾌한 기분 같은 반감을 불러일으킬 경우, 우리는 언제든지 이 실험을 중단할 수 있다.

이로써 적어도 기본 규칙은 일단 확정되었다. 페터가 인터넷을 뒤지는 동안 나는 친구 사비네의 집을 방문하기 위해 아이들과 함께 집을 나섰다. 사비네는 남편 요한네스, 다섯 살 난 딸 레아, 두 살 난 딸 파울라와 함께 아름다운 연못이 있는 멋진 곳에 살고 있었다. 사비네와 나는 여러 해 전부터 아주 친했는데 우리를 하나로 묶어 준 것은 아이들과 함께하는 일상의 나날을 가능한 한 친환경적이고 건강에 유해하지 않도록 꾸려 가려고 노력한다는 점이었다. 그래서 나는 당면한 문제에 대해 사비네로부터 좋은 아이디어와 적절한 조언을 구할 작정이었다.

기대한 대로 사비네는 거리낌 없이 단호하게 실질적 접근방식이 필요하다는 걸 강조했다. 예를 들면 유리병 제품의 플라스틱 뚜껑이나 밀폐용 패킹 같은 난감한 경우에 특히 그러했다. 비용, 유용성 및 실천 가능성이 아주 단순하게 상호 합리적 관계에 있어야 한다고 그녀는 말했다. 원칙을 충실하게 지킨답시고 아주 사소한 플라스틱 조각 때문에 병이나 유리용기에 든 모든 식품을 구매하지 않는 것은 말이 안 된다는 것이었다. 그렇게 되면 결국에는 생활 전반에 걸쳐 부족한 게 너무 많아질 테고 쓸데없이 우울한 기분에 젖고 말 거라는 것.

사비네의 조언을 듣자 마음이 한결 놓였다. 말하자면 우리 스스로가 속으로는 이미 그런 타협안을 생각해 두고 있기는 하지만 차마 속마음을 드러내지는 못하던 차에, 누군가로부터 그걸 추인받았을 때 느끼는 안도감 같은 것이었다. 내 친구 사비네는 과감하게 문제의 핵심을 지적했다.

"너희 가족이 실험해 보려는 그 생활, 몹시 힘들 거야. 하지만 동시에 의미 깊은 것이기도 하지. 따라서 내가 보기에는 완전하진 않더라도 유의미한 성공사례를 만드는 게 중요하다고 봐. 그러자면 너무 과도하게 엄정한 잣대를 들이대면 안 된다고 생각해. 그런 엄정함 때문에 실험 전체를 실패로 돌리게 된다면 그야말로 뿔 고치려다 소 잡는 경우가 아닐까?"

나는 그녀의 말에 공감과 함께 다소의 안도감을 느끼기도 했지만, 동시에 실험 초기부터 벌써 이런 타협을 해야 하나 싶어 좀 서글프기도 했다. 이 점에 대해서는 페터와 다시 한 번 논의를 해 봐야 할 것 같았다. 뭐 하기야 맥주병 뚜껑의 비닐 패킹 문제가 불거졌을 때 우리 생각도 이와 비슷한 방향으로 흘러가긴 했었지만.

화제는 화장실용 휴지로 옮겨 갔다. 그건 정말 당장부터 절박한 문제였다. 곁에서 듣고 있던 아이들도 온갖 아이디어를 쏟아 냈다. 특히 레오나르트는 매우 독창적이지만 엄청난 적응 과정이 필요할 안을 내놓았다.

"나무 이파리를 쓸 수도 있을 거예요."

사비네는 체험교육을 중요시하는 유치원 교사답게 엄청 재미있는 아이디어라고 레오나르트를 추켜세웠다. 그러고는 인도 사람들 방식을 시도해 볼 수도 있겠다고 말했다. 내가 놀란 토끼 눈을 하자 사비네는 이렇게 덧붙였다.

"인도에서는 왼손을 화장실 휴지 대신에 사용하거든. 그런 이야기 아직 못 들어 봤어?"

"오, 나는 그런 소리를 전혀 들어 본 적이 없어. 그리고 듣고 싶지도 않아!"

우리는 한바탕 웃고는 좀 더 진지하게 대안이 뭘까, 얘기를 나눴다. 푸세식 화장실 시대에 일반적이었던 신문지를 사용하자는 안은 잉크가 묻어 나오는 사소한(!) 불편보다는 수세식 변기를 자주 막히게 할 거라는 이유 때문에 기각되었다. 사무엘은 꽤나 그럴싸한 안을 내놓았다. 우리 집에 찾아오는 꽤 많은 손님들에게 두루마리 화장지를 하나씩 입장료 삼아 받는 게 어떻겠냐는 것이었다. 귀가 솔깃했지만 모든 사람들이 다 그걸 애교로 봐 줄 것 같지가 않았다. 우리의 의도와는 달리 너무 인색하다는 오해를 받을 수도 있었고 더러는 불쾌하게 여길 사람도 분명 있을 것 같아 그 안 역시 폐기되었다. 말레네는 "우리 집 말고 다른 화장실에 갈 수도 있잖아요."라고 말했지만 그건 너무 애다운 생각이었다.

화장실용 휴지 문제를 해결하기 위한 온갖 아이디어가 만발했지만 실질적 해법과는 점점 더 멀어져 가기만 했다. 사비네와 내가 천 기저귀로 아이를 키워 본 경험에서 힌트를 얻어 내놓은 안도 마찬가지였다. 얼핏 그럴듯해 보였지만 생각을 조금만 더 구체화해 보자 그게 얼마나 말도 안 되는 생각인지 금방 드러났다. 휴지 대신 뒤처리를 할 작은 수건이 놓여 있고, 사용한 다음 그걸 옆에 놓인 통에 모아서 한꺼번에 빨래……. 식구들도 그렇지만 손님들의 반응은 상상만 해도 끔찍할 지경이었다.

상황은 절망적이었다. 하지만 어쨌든 내 친구는 우리를 위해 더욱 눈을 크게 뜨고 해결책을 찾아봐 주겠다고 굳게 약속하며 내 등을 팡팡 두드려 주었다. 또 사비네는 친정집에 수년째 굴러다니고 있는 거의 골동품급의 쇠 주전자를 얻어다 주었다. 그것만 있으면 적어도 우유를 살 수는 있을 터였다. 마침내 한 가지 작은 성공이 이루어진 것이다!

나머지 오후 시간은 영화 〈플라스틱 행성〉 이야기를 나누며 보냈다. 사비네는 아직 그 영화를 보지는 않았지만 영화에 대한 상당한 사전 지식이 있었고 특히 건강과 관련된 내용에 관심이 많았다. 그녀 역시 며칠 전의 나와 마찬가지로 오스트리아 같은 나라에서 합성소재 제품 및 포장재의 무해성에 대한 보증이 실제로 전혀 존재하지 않는다는 것에 매우 놀랐다. 나는 영화에서 본 발슈트룀Margot Wallström• 의 인터뷰 내용을 그녀에게 얘기해 주었다. 그는 "플라스틱과 합성소재를 생산하는 데 쓰이는 물질은 대략 1만 가지쯤 되지만 10년이라는 시간 동안 겨우 11개 물질의 유해성을 검사할 수 있었을 뿐"이라고 증언했던 것이다.

관련 산업계의 행태는 참으로 놀라웠다. 전혀 검증이 되지 않은 재료들을 사용하는 데 전혀 거리낌이 없었다. 그들의 논거는 한마디

• 1999년부터 2010년까지 유럽연합 집행위원회 부위원장으로 있으면서 몇 년 동안 환경문제를 담당했다.

로 골 때리는 것이었다. "이 물질이 해로운지는 현재 그 누구도 증명할 수 없다. 그러므로 그것을 생산하고 사용해도 아무런 문제가 되지 않는다."

내가 소비자로서 그렇게 화가 났던 것은 본디 매우 간단한 이 사태를 찬찬히 살펴볼 기회를 지금까지 전혀 갖지 못했거나, 않았다는 사실 때문이었다. 나는 대다수 사람들처럼 상점에서 파는 물건은 모두 사전에 충분한 유해성 실험과 검사를 거쳤을 거라 생각해 왔다. 그런 거짓 안전망 속에서 요람에 안겨 살았던 것이다. 적어도 유럽연합 내의 모든 나라가 그러했다. 이 환상이 얼마나 기만적인가를 보테 감독의 영화가 내 눈앞에 생생하게 펼쳐 보여 주었던 것이다.

사비네도 나의 분노에 공감했다. 그녀 역시 노리개젖꼭지와 젖병에 유독성 물질이 함유되어 있으리라고는 전혀 생각하지 않았던 것이다. 적어도 유럽에서 그런 일은 없을 거라 여겼다.

"정말 말도 안 돼! 살충제니 농약이니, 그런 유해물질 안 먹으려고 기를 쓰면서 비싼 돈 내고 유기농 식품을 사 먹었는데 그 포장지에 유독성 물질이 들어 있었다니……. 참 허망하다."

"사비네, 좀 냉소적으로 들릴지도 모르겠지만, 그렇게 함유된 유독물질이 미량이라는 게 문제를 더 어렵게 만드는 것 같아. 그런 물질을 직접 감지할 수 있다거나, 많은 사람들이 동시에 병에 걸리거나, 아니면 어떤 뚜렷한 징후가 나타나면 그때서야 사람들은 반응을 보이지. 장기적으로 어떤 결과가 나타날지에 대해서는 대다수 사람들은 별로 관심이 없어. 그들은 나만 괜찮으면 된다고 생각하지. 우리가 나서는 수밖에 없어."

그날의 대화는 그렇게 끝이 났다. 사비네는 성정이 나보다 더 느긋하고 덜 투쟁적이기는 했지만, 시작이 어렵다고 해서 너무 빨리 우리 실험을 내팽개치지는 말라며 기운을 북돋워 주었다.

"어디서 어떤 플라스틱 없는 제품을 살 수 있는지 알아내면 전부 다 기록해 놔. 나중에 혹 따라 할 사람들한테 큰 도움이 될 거야."

사비네의 말을 듣는 순간 반짝하고 새로운 아이디어 하나가 떠올랐다.

"그래, 그래야겠어! 하는 김에 우리 실험에 대한 일기도 써야겠다. 누가 알아? 혹 나중에 정말로 누군가가 우리의 경험을 바탕으로 뭔가를 시작할 수 있을지 말이야."

사비네는 활짝 웃더니 대번에 적당한 제목을 하나 생각해 냈다.

〈플라스틱 없는 장보기를 위한 박진감 넘치는 안내서〉.

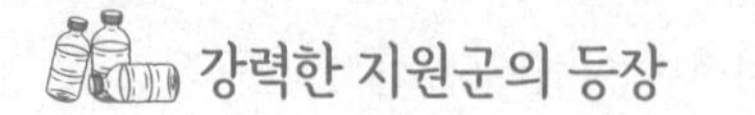

강력한 지원군의 등장

기록을 남기자는 생각은 점차 형태를 갖추어 갔다. 나는 그 기록을 우리 실험의 단초를 제공한 〈플라스틱 행성〉의 베르너 보테 감독에게 보여 주면 어떨까 싶었다. 영화로 미루어 보건대 보테 감독이 꽉 막히고 권위에 찌든 사람은 아닐 것 같았고, 이런 생생한 기록에 상당히 흥미를 가질 것 같았다. 그리고 우리가 실험을 계속해 나가는 데 도움이 될 만한 아이디어를 줄지도 몰랐다. 페터는 나의 얘기를 듣더니 그럴듯한 생각이라면서 글만이 아니라 사진이나 동영상을 첨부하는 것도 좋겠다고 말했다. 우리가 장을 보는 모습을 영상으로 보여 주면 어떤 제품을 사기 위해 저리 발품을 파는지가 확실하게 전달될 거라는 얘기였다. 〈플라스틱 행성, 실생활 편〉쯤 된다고나 할까.

나는 당장 베르너 보테 감독한테 이메일을 썼다. 그의 주소는 인터넷에서 쉽게 찾을 수 있었다.

존경하는 보테 감독님!

저는 산드라 크라우트바슐이라고 합니다. 물리치료사이자 세 아이의 엄마로 그라츠 인근에서 살고 있습니다.

2009년 9월 17일 슈타이어마르크에서 첫 상영된 감독님의 〈플라스틱 행성〉을 보고서 저는 큰 충격과 감동을 받고 '플라스틱 없이 살기'라는 실험을 해 보기로 마음먹었습니다.

남편과 세 아이도 기꺼이 이 실험에 동참하겠다고 합니다. 우리 계획은 최소한 한 달만이라도 가능한 한 플라스틱 없이 살아 보는 것입니다. 플라스틱 없이 장도 보고요.

이 실험을 이행하는 데에는 사전에 몇 가지 준비와 조사, 그리고 몇 가지 타협도 필요했습니다. 현재 계획으로는 오는 11월을 플라스틱 없이 사는 달로 선언하려 합니다. 이런 상황에서 아래 두 가지를 감독님께 여쭈어 보고 싶습니다.

1. 저는 이 실험의 과정을 기록으로 남겨(장보기 일기, 사진, 동영상 등) 실험이 끝난 뒤에 그 결과를 정리하고 싶습니다. 이 결과물을 감독님께 보여 드렸으면 하는데 혹 관심이 있으신지요?

2. 수많은 제품에 어떤 재료가 사용되고 있는지는 그리 분명치 않습니다. 이와 관련하여 몇몇 질문에 답해 주시거나 제게 필요한 연락처를 제공할 용의가 있으신지요?

답변해 주시면 저로서는 매우 기쁜 일일 것입니다. 그러지 않으신다 해도 감독님께서 이 영화를 만들어 주신 데 대해 깊이 감사드리고 싶습니다.

감사와 신뢰를 담아,

산드라 크라우트바슐

과연 감독이 내 편지에 반응을 보일까? 보테 감독이 매우 바쁜 사람일 것 같아 크게 기대하진 않았다.

그런데 겨우 두 시간이 지났을 뿐인데 답장이 도착했다! 나는 이게 도대체 어찌 된 영문인지 얼떨떨하여 메일을 읽기도 전에 환성부터 질렀다.

> 안녕하세요, 크라우트바슐 씨!
>
> 정말 멋진 일이군요! 당연히 제가 도움을 드려야지요. 귀하가 이 실험을 하면서 작성할 보고서가 기대됩니다.
>
> 아울러 영화 제작자인 토마스 보그너Thomas Bogner에게도 귀하의 메일을 참조하라고 보냈습니다. 많은 사람들이 귀하의 프로젝트로부터 배울 수 있다면 기쁘겠습니다.
>
> 귀하의 놀랍고도 유익한 실험을 널리 알리고 저도 함께할 수 있는 방안을 찾게 되리라 확신합니다!
>
> 곧 만나기를 기대하며
>
> 베르너 보테

나는 완전히 들뜨고 말았다. 이런 신속한 답장이라니! 그리고 이토록 긍정적인 내용이라니! 모든 것이 내 기대를 훌쩍 뛰어넘는 것이었다. 지난 며칠간 제대로 풀리는 일 없이 좌절만 맛보았던 나에게 이 답장은 뜻밖의 횡재와 같았으며 커다란 용기를 불어넣어 주었다.

그러나 페터는 특유의 태연한 반응을 보였다. 내가 지나친 기대를 가졌다가 혹 나중에 실망하게 될까 봐 염려하는 모양이었다.

"일단 두고 보자고. 의례적인 인사치레일지도 모르잖아?"

신중한 남편의 태도가 옳다는 것은 백번 인정해야겠지만 그래도 나의 기쁨은 쉬 사그라지지 않았다. 그리고 바로 그날 또 다른 메일 한 통이 더 도착하여 남편의 걱정이 기우라는 것이 판명되었다.

그 메일은 〈플라스틱 행성〉의 제작자 토마스 보그너가 보낸 것이었다. 그는 우리 아이디어에 큰 흥미를 갖고 있다면서 어떻게 하면 그 실험에 동참할 수 있을지, 적어도 인터넷을 통해서라도 광범위한 대중이 그 실험의 진행을 지켜보게 할 방법이 무엇일지 등을 자기 팀과 함께 논의하려 한다고 적었다. 또 전국 보급망을 갖춘 유명 일간지 하나를 이 일에 끌어들이기 위해 구체적으로 고민하고 있다고도 했다. 그 외에 우리를 직접 한번 만났으면 한다면서 우리를 빈으로 초대했다. 그 자리에서 보테 감독과 함께 이후의 진행과정에 대해 논의해 보자고 했다.

나는 기뻐서 미칠 지경이 되었다. 특히 '광범위한 대중'이라는 말이 너무나 환상적으로 들렸다. 그런 방식이라면 우리 실험이 '한 가정 안에서 일어나는 조금 특별하고 별난 일'이라는 한계를 쉽게 뛰어넘을 수 있을 것이기 때문이었다. 지금 와서 되돌아보면 실제로도 그러했다. 하지만 당시에는 그것이 유명한 영화감독과 제작자가 전폭적으로 지지해 준 것에 뿅 가는 바람에 갖게 된 하나의 환상일 뿐이었다. 많은 사람들이 우리 실험을 간접적으로나마 경험하고 동참함으로써 혹시 어떤 광범위한 대중적 움직임을 이끌어 낼 수도 있지 않을까 하는 상상은 꽤나 전형적이었다. 세상을 적어도 아주 조금은 더 좋게 만들 수 있다는 내 어린 시절의 믿음의 잔여물 같은. 말하자면 그건 '세상을 구원하는 기분'이었다.

그러나 남편은 나의 그런 들뜬 기분에 공감하지 않는다는 것을 살아온 짬밥을 통해 잘 알고 있었다. 그래서 나는 남편에게 따끈따끈한 전개 상황을 알려 줄 때마다 나의 느낌이나 주관은 배제하고 매우 사실적 형태로 전달하려고 애를 썼는데, 그건 내 나름의 전략이었다. 신중해서 나쁠 것은 없었다. 남편은 신문이라는 매체에 대해 몹시 냉소적인 사람이었다. 그는 신문의 진지성에 늘 삐딱한 눈길을 보냈고 활자매체의 미래에 대해 부정적인 견해를 갖고 있었다. 하지만 남편은 다행히 빈에서 만나자는 제안에는 순순히 응했다. 나에게는 일단 그게 핵심이었다. 뒷일은 두고 볼 일이고.

서서히 변해 가는 장보기 패턴

베르너 보테 감독과 협력할 가능성이 있다는 사실이 내 의욕에 마구 불을 질렀다. 나는 실험에 필요한 사전조사를 더 열심히 해 나갔다. 동시에 몇몇 친구, 가까이 지내는 사람들과 플라스틱이라는 주제를 가지고 더 많은 이야기를 나누었다. 그것은 소중한 사람들과 실험의 경험을 공유하고 싶었기 때문이다. 대화를 나누면서 플라스틱 없이 사는 생활에 도움이 될 만한 힌트도 많이 얻을 수 있었다.

예를 하나 들자면 친구 니콜이 내 이야기를 듣고 자기 아이들이 그때까지 사용하던 플라스틱 도시락을 바로 양철 비스킷 통으로 바꾸는 것을 보고, 왜 나는 저런 생각을 못했을까 싶었던 경우였다. 물론 그 양철통은 최적의 대안은 아니었다. 대개 필요 이상으로 크고 꼭 닫히지도 않는 데다 쉽게 찌그러졌기 때문이다. 적당한 크기의 견고한 스테인리스 통을 구할 수 있으면 좋으련만 그 방면으로는 아직 눈이 밝은 편이 아니어서 아쉬운 대로 당분간은 양철통으로 버티기로 했다.

게르하르트한테서도 도움을 받았다. 그는 근사한 알루미늄 상자를 빌려주었다. 나는 장 보러 갈 때마다 소시지나 치즈를 거기에 담아 달라고 했다. 그 상자는 사기나 유리로 된 것에 비해서 월등하게 세련

돼 보여서 물건을 파는 사람들이 삐딱한 눈길로 바라보거나 이상하다는 듯 고개를 절레절레 흔드는 일을 막아 주었다. 물론 남들이 그런 반응을 보인다고 내가 기죽을 건 아니지만, 어쨌든 그 물건 덕에 나는 뭔가 있어 보이는 사람으로 대접받는 행운을 누렸다. 하얗게 빛나는 알루미늄 상자를 내밀며 "치즈는 여기 담아 주세요."라고 말하면 상인들은 "아, 네네. 여부가 있겠습니까요." 하는 표정을 지었다. 그건 "치즈를 반으로 길게 잘라서 이 잼 병에다 넣어 주세요."라고 하는 것보다 훨씬 더 전문가스러운 울림을 주었던 것이다.

우리의 그런 별난 장보기도 서서히 자리를 잡아 가기 시작했다. 빵처럼 구워서 파는 식료품들은 애초부터 무리가 없었고 스파게티 같은 면류나 액상 식품의 문제도 다행히 해결되었다. 그것도 단번에 여러 곳에서. 라거하우스Lagerhaus•의 농산물 코너에서 우리 동네에 사는 농부 한 분이 직접 생산한 통곡물 면류를 판매하고 있었는데, 물론 보통의 경우엔 비닐봉지로 포장해서 팔았다. 하지만 그는 우리 얘기를 듣고 처음에는 좀 미심쩍어하다가 정 그렇다면 별도로 2킬로그램짜리 종이 포장으로 준비해 주겠다고 약속했다. 또 우리는 그곳에서 생태적으로 아무런 문제없이 포장되어 있고 맛도 탁월한 요구르트도 발견했다.

그 외에도 마치 누군가가 우리을 실험을 지원이라도 하는 듯, 원하는 양만큼 용기에 담아 갈 수 있는 우유 자판기가 시범적으로 설치되기도 했다. 축산농가에서는 보통 초저녁에만 우유를 살 수 있는데

• 오스트리아의 농촌 지역에 주로 위치한 체인형 대형 매장. 주로 농산물을 판매해서 기능적으로 우리의 농협 판매장과 유사한 데가 있다.

비해 그 자판기는 24시간 내내, 심지어 일요일에도 고객을 기다려 주었다.

또 니콜에게서 슈파SPAR라는 체인형 슈퍼마켓에 가면 비닐 창 없이 순전히 종이로만 된 상자에 담긴 면류를 살 수 있다는 정보도 얻었다. 이 모든 도움은 내가 거의 3주일 동안 유기농 전문점이며, 친환경 상점, 시장, 심지어 농가에 이르기까지 온갖 데를 돌아다니며 정말 우리가 이렇게나 많은 플라스틱에 둘러싸여 살아가고 있었던가 하는, 소위 '플라스틱 쇼크'를 호되게 겪고 난 뒤에야 주어진 선물 같은 것이었다.

그 이후 슈퍼마켓에 들를 때면 나는 언제나 두 가지 감정에 사로잡혔다. 하나는 당장 눈에 띄는 그 수많은 플라스틱을 바라보면서 느끼는 막막한 절망감이었고 다른 하나는 그럼에도 불구하고, 아니 그렇기 때문에 더욱 분발해야 한다는 오기 같은 것이었다.

슈퍼마켓에서 마주치는 플라스틱의 홍수는, 꼭 그런 포장재를 사용하지 않아도 될 법한 채소 및 과일 코너에서부터 시작되었다. 유기농 과일이나 채소를 왜 굳이 비닐로 포장해야 한다는 것인지 도무지 이해할 수가 없었다. 게다가 그런 농산품이 생산된 지역이 어디이며 제철에 난 것인가 하는 것까지 따지고 들면 장보기는 아예 포기하는 편이 나았다. 그런 식으로 살 수 있는 거라곤 고작 양배추 밑동이나 종이봉투에 담긴 유기농 감자 몇 알뿐일 것이기 때문이었다.

우유나 치즈 같은 유제품은 또 어떤가. 치즈 종류는 하나같이 비닐 코팅된 종이에 싸여 있거나 종이와 비닐이 조합된 상자에 들어 있었다. 가끔 알루미늄 박지로'만' 포장되어 있는 푸른곰팡이가 슨 치즈가 보이기는 했지만 좀 더 자세히 살펴보아야 할 것 같았다. 테트라팩에 든 우유 역시 비닐로부터 자유롭지 못했다. 버터 밀크, 발효 우유, 발효 크림이나 휘핑 크림의 경우도 상황은 다르지 않았다. 이것들은 예전에는 다양한 형태의 유리병에 담겨 팔렸다. 하지만 언제부턴가 그런 병들은 사라지고 없었다. 왜 그렇게 되었는지 그 이유를 모르겠다. 한번은 판매직원에게 그 까닭을 물어보았더니, "사람들이 그걸 원하질 않아요. 유리병은 너무 무겁고 번거롭거든요. 게다가 회수된 병을 씻는 데 비용이 많이 들고 물의 낭비, 또 강력한 세제의 사용도 문제가 되나 봐요. 그건 환경에 좋지 않지요."라는 대답을 들었다. 곰곰이 생각해 보니 옳은 말이었다. 병에 든 제품과 플라스틱 통에 든 제품이 나란히 진열되어 있을 때 내가 실제로 병에 든 걸 샀는지 아니면 다른 사람들처럼 가벼운 플라스틱 통에 든 걸 집어 들었는지 잘 기억나지 않았다. 다만 내 머릿속에는 유해한 세제를 대량으로 사용한다는 말이 깊이 각인되었다.

나는 기회가 되면 서로 다른 포장재의 다양한 생태적 대차대조표를 더 면밀하게 파헤쳐 봐야겠다는 생각을 갖게 되었다. 우리의 실험이 결국 거대한 자기기만에 빠져서는 안 되니까.

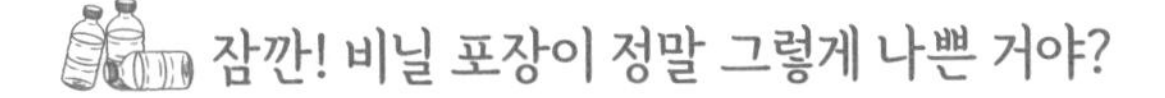

잠깐! 비닐 포장이 정말 그렇게 나쁜 거야?

한 가지 문제가 풀리지 않아 나는 여전히 사방을 뒤지고 다녔다. 비닐 없는 식기세척기용 세제를 여전히 찾지 못했기 때문이었다. 나는 길을 가다가도 슈퍼마켓만 보이면 들어가 청소 및 세탁용 세제 코너를 샅샅이 조사했다. 그 코너에는 온갖 색깔에, 다양한 크기의 플라스틱 병, 통, 튜브가 나란히 진열되어 있었다. 그걸 볼 때마다 나는 그야말로 '플라스틱 별'을 라이브로 체험하고 있구나, 하고 느꼈다.

종이상자 안에 감쪽같이 숨겨져 있는 비닐 포장을 피하기 위해 일일이 상자를 뜯어보고 싶었지만 그럴 수는 없는 노릇이어서 손으로 두드려 보기도 하고 흔들어 보기도 하며 진열대 앞을 헤매고 있을 때였다. 등 뒤로 누군가의 시선을 느끼고 돌아보자 거기엔 이웃사촌 루디가 의아한 표정으로 나를 바라보고 있었다.

"산드라, 대체 무슨 일이니? 신종 음악 연주하는 것 같다, 얘. 양 땜에 그러는 거야?"

"아, 루디. 실은 뭔가를 좀 확인할 게 있어서 그래."

대답을 하면서도 나는 내 행동을 멈추지 않았다. 루디는 도무지 이해가 가지 않는다는 듯이 다시 물었다.

"뭘 확인한다는 거야, 도대체?"

"아, 그게 그러니까…… 내가 한 달 동안 플라스틱 없이 살아보기로 했거든. 그래서 비닐 포장이 없는 식기세척기용 세제를 찾고 있는 거야."

루디는 내 말을 듣고는 더욱 무슨 소린지 알 수 없다는 표정을 지었다. 아무래도 좀 더 자세한 설명이 필요할 것 같았다. 하지만 비좁은 통로를 막고 서서 장황한 설명을 하기가 마땅치 않았고 또 마침 그때 새로운 상표 하나가 눈에 띄어서 그것도 확인해 봐야 했다. 설명을 하는 둥 마는 둥, 세제를 집어 들고 통의 접합부에 난 작은 틈을 비집다가 그만 손가락이 쑥, 틈을 뚫고 들어가고 말았다. 루디는 나의 행동에 많이 놀란 듯했다. 그녀의 표정은 '이런 몰상식한 사람을 봤나!'라고 말하고 있었다. 나와 함께 있다는 사실이 창피한지 루디는 주변을 한 바퀴 둘러보고는 나지막이 속삭였다.

"좀 심하다고 생각하지 않니?"

세제는 역시 비닐 포장이 된 채로 통 속에 들어 있었다. 일진이 사나운 날이었다. 나의 실망감과 루디의 비난을 잠재우고 또 그녀에게도 나의 계획에 대해 제대로 설명할 필요가 있을 듯해서 차나 한잔하자고 제안했다. 함께 통로를 빠져나오는데 과자류 진열대를 지나게 되었다. 나는 또 거기서 새로운 문제가 떠올랐다. 감자 칩이었다.

감자 칩은 내가 가장 좋아하는 간식이었다. 아니, 단순한 간식을 넘어 나의 느긋한 휴식에 반드시 동반되어야 하는 필수 요소였다. 집에 비축되어 있는 감자 칩의 재고가 넉넉했던 관계로 당장 그것 때문에 동동거릴 이유는 없었지만 그걸 다 먹어 치운 다음이 문제였다. 과연 비닐로 포장되지 않은 감자 칩이 있을까? 만약 없다면 나는 감자 칩을 끊어야 하는 걸까?

"루디, 감자 칩 중에 혹시 종이에 포장된 게 있을까?"

이 질문으로 나는 제대로 걸려들고 말았다. 내 이웃은 가련함과 절망감이 뒤섞인 눈길로 나를 건너다보았다.

"내가 알 턱이 있겠니? 그건 상상도 할 수 없는 일이야. 감자 칩은 기름기가 많아서 종이에 싸면 금방 눅눅해지고 말 거야. 비닐이 없으면 안 돼. 혹 알루미늄 은박지라도 쓴다면 모를까."

나는 입을 다물고 말았다. 정말 일진이 좋지 않은 날 같았다. 남들이 보기엔 대수롭지 않을지 몰라도 감자 칩을 먹을 수 없다는 건 내 기분에 매우 큰 영향을 줄 수 있는 문제였다. 감자 칩 금단현상에 발목이 잡혀 실험을 포기해야 하는 사태가 생기는 건 생각만 해도 끔찍한 일이었다.

"이런, 네가 엉뚱한 비닐 이야기를 하는 바람에 깜박 잊었어. 사야 할 게 있는데."

루디가 가라앉은 내 기분에는 아랑곳하지 않고 급히 방향을 바꾸었다. 나는 거의 멍한 상태로 그녀를 따라갔다. 루디는 곡류, 콘플레이크, 뮈슬리 등이 진열된 코너로 가더니 몇 가지를 골라 카트에 담았다. 그때 정말 우연하게도 내 눈에 확 띄는 게 있었다.

"완전 유기농 제품! 100% 생분해되는 포장!"

어떤 뮈슬리 봉지에 선명하게 박혀 있는 문구였다. 나는 서둘러 그걸 집어 들고 자세히 들여다보았다.

"이 뮈슬리 포장 봉지는 천연 원재료인 셀룰로오스로 제작되었으므로 100% 생물학적 분해가 가능하며 퇴비화될 수 있습니다. 다 드신 후 포장지는 폐지 수집함에 넣어 주시기 바랍니다."

그날의 사나운 일진도, 내 실망감도 한 방에 보상 받는 기분이었다. 나는 특대 포장의 뮈슬리 여러 개를 마구 챙겼다. 아이들이 특히 좋아하는 초코 뮈슬리까지 있었다. 아이들이 기뻐하는 모습을 상상하며 나는 득의양양해졌다. 하지만 루디는 별난 이웃 때문에 또 한 번 남의 시선을 끌어야 했는데, 계산을 마친 루디가 물건 담을 비닐봉지를 당연한 듯이 집어 들었을 때 오지랖 넓게도 내가 끼어들어 여분의 천 쇼핑백 하나를 그녀에게 건넸던 것이다. 루디는 전혀 달가워하지 않았다.

"제발! 그만큼 남의 눈총 받았으면 됐잖아. 난 이게 더 익숙해."

루디는 조그맣게 투덜거리고는 자기 물건을 그 빠삭거리는 새 비닐봉지에다 착착 주워 담았다.

하지만 커피숍에 마주 앉자 분위기는 금방 누그러졌다. 루디는 많은 사람들이 보는 앞에서 내가 튀는 행동을 하는 게 다소 불편했던 모양이었으나 둘만 있게 되자 우리 실험에 자기도 흥미를 느끼고 있다는 걸 숨기지 않았다.

내가 우유병 문제에 대해 이야기하자 그녀는 테트라팩의 생태 대차대조표가 전반적으로는 보증금 붙은 병보다 더 나을 것이라는 의견을 내놓았다. 우유병이 더 친환경적일 거라는 보장은 어디에도 없으며 그건 일반화된 고정관념에 지나지 않을지도 모른다고 했다. 나는, 설사 그 말이 옳다 하더라도, 건강 측면에서 볼 때 플라스틱은 여전히 부정적이라며 반박했다. 루디는 그건 모호한 근거로 남을 겁주는 말이라고 되받아쳤다. 오늘날 우리는 우리가 알지 못하는 수많은 유독성 물질에 둘러싸여 살아가고 있을 터인데 거기서 완전히 벗어난다는 것은 어차피 구조적으로 불가능한 일이므로 한 가지 측면에서의 노력이란 부질없는 것으로 귀결되기 십상이라고 했다. 그리고는 덧붙였다.

"난 어쨌든 플라스틱 속의 독성물질을 더 고민하고 싶지 않아! 그래 봤자 내 정신만 사나워질 거야."

많은 사람들이 루디와 같이 생각한다는 걸 물론 나도 잘 알고 있었다. 나 역시 얼마 전까지만 하더라도 플라스틱에 대해 별다른 주의를 기울이지 않고도 잘만 살아왔다. 합성소재가 유발하는 잠재적 위험을 심각하게 생각이나 한 적이 있었던가. 나의 변화는 지극히 최근의 일인 것이다.

하지만 지금은 아니다. 나는 이제부터라도, 우리 가족부터만이라도 달라지려 마음먹은 터였다. 사람들을 설득하고 변화를 이끌어 내고 싶었다.

나는 열성을 다해 루디에게 얘기했다. 합성소재를 생산할 때 투입되는 화학물질이 우리의 호르몬 대사에까지 영향을 미친다는 점, 물고기의 성性을 바꾸어 놓을 만큼 독성이 강하며, 인간에게도 불임, 당뇨 또는 암을 유발할 위험이 있음을 지적했다. 또 그러므로 적어도 식료품만큼은 유독물질을 방출할 수 있는 재료로 포장되어서는 안 된다고 주장했다. 나아가 건강 측면에서뿐만 아니라 쓰레기 처리와 자원의 고갈 문제를 놓고 보더라도 플라스틱은 사용하지 않는 것이, 최대한 적게 쓰는 것이 좋다는 점을 전해 주고 싶었다.

하지만 루디는 그런 무시무시한 전망에도 불구하고 별다른 동요 없이 듣고만 있더니 또 다른 차원의 문제를 제기했다. 과연 종이가 대체 포장재로 정말 그렇게 완벽한가 하는 데 대한 의문으로, 결국 종이를 생산할 때에도 마찬가지로 유독 화학물질이 투입되지 않느냐는 것이었다.

"종이를 만들 때 쓰는 표백제를 생각해 봐. 그게 플라스틱의 유해성보다 덜할 것이라고 어떻게 보장하지? 또, 물론 이건 부차적인 거지만, 종이 포장지에 인쇄할 때 쓰는 잉크에 치명적인 독성이 있을지도 모르잖아?"

예리한 지적이었다. 비록 종이가 별 문제없이 재활용될 수 있고, 또 지속적 조달이 가능한 원자재로 만들어지기 때문에 환경 측면에서 볼 때 비닐보다는 더 나은 포장재라 여기는 나의 생각에는 여전히 변함이 없었지만, 루디의 지적은 나에게 생각거리를 안겨 주었다. 우리의 실험이 결국 하나의 악을 다른 악으로 대체하는 것이라면 무슨 의미가 있겠는가 하는 생각이 들었던 것이다. 우리의 실험이 유의미한 대안을 찾아내는 데에 이바지하지 못한다면 아니함만 못한 것 아니겠는가. 나는 그녀의 말을 수긍하지 않을 수 없었다.

"루디, 네 말이 맞을지도 몰라. 어떤 물질이 인간이나 자연에게 더 유익한 것인지 정말 엄정하게 따져 보아야 할 것 같아."

나는 한동안 뜸을 들이다가 말을 이었다.

"그렇다고 그게 요즘 더 기승을 부리는 과잉포장 문제를 없애 주지는 않아. 식기세척기용 세제만 봐도 그래. 종이상자에 그냥 담아도 될 텐데 굳이 왜 그걸 또 한 번 비닐로 밀봉해서 넣느냔 말이야."

"그거야 달리 볼 수도 있지. 네 말처럼 플라스틱이 그렇게 무서운 화학 폭탄이라도 되는 듯이 걱정해야 한다면 그걸 그냥 맨손으로 만지는 건 괜찮겠어? 자기 건강을 염려하거나 환경에 뭔가 좋은 일을 하려는 사람이라면 그런 물건 자체를 사용하지 말아야지."

나는 뒤통수를 한 방 얻어맞은 것처럼 정신이 멍해졌다. 루디의 비판이 과격하기도 했지만 그녀가 덧붙인 말 때문에 더욱 그랬다.

"단지 포장이 종이냐 비닐이냐 하는 게 문제가 아냐. 그런 물건을 계속 사용해야 하는 생활방식이 더 큰 문제지. 근본은 외면한 채 지엽적인 것만 시시콜콜 따지는 게 어쩌면 더 큰 문제일지도 몰라."

생각거리가 또 하나 늘어난 셈이었다. 플라스틱 없는 대안적 생활을 추구한다면서 나는 루디가 지적하는 맥락에까지 내 생각의 지평을 넓히지 못하고 있었던 것이다. 그날 루디가 했던 지적은 두고두고 떠올라 나를 돌아보게 만드는 교훈이 되어 주었다.

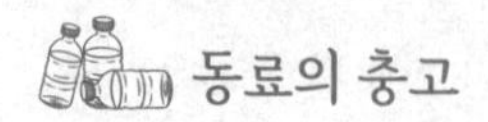

동료의 충고

집에 도착하자마자 베로니카에게서 전화가 왔다. 그녀는 나와 같이 근무하는 물리치료사였다. 나는 평소 그녀로부터 건강하고 생태적인 생활방식에 대해 은근히 많은 것을 배우고 있는 터였다. 그녀의 남편 토니, 두 아들 루카스와 펠릭스도 우리 식구들과 친하게 지냈고 두 가정이 서로 내왕도 잦았다.

내가 베로니카를 오래전부터 눈여겨보며 신통해한 것은, 그녀가 신발을 몇 년에 한 번 꼴로 사는 정도인데도 그 신발이 전혀 낡아 보이지 않고 말짱하다는 사실이었다. 물론 그 신발은 내가 사 신는 싸구려 신발 서너 켤레의 가격은 되었다. 그렇다고 베로니카가 사치를 한다는 얘긴 아니다. 베로니카도 나 못지않은 벼룩시장과 중고 가게 애용자였다. 하지만 그녀는 구입하는 물건의 품질을 꼼꼼히 따지는 편이었다면, 나는 늘 더 싼 게 없나 살피는 타입이었다.

나는 베로니카에게 우리 살림을 플라스틱으로부터 해방시키려는 창대한 계획을 세웠노라고 신나게 떠들어 댔다. 하지만 어째 그녀의 반응이 신통치 않았다. 베로니카는 속으로 '얘가 왜 이렇게 흥분하는 거지?' 라며 약간 얼떨떨해하는 것 같았다.

"얘, 산드라, 네 말은 알겠는데, 글쎄 뭐, 우리 집엔 그 정도까지 플라스틱 제품이 넘쳐 나는 건 아냐."

나는 잠깐 말을 멈추고 머릿속으로 그녀의 집 안을 찬찬히 그려 보았다. 그랬다. 그 집은 다소 휑하다 싶을 정도로 살림살이가 적었고 그런 만큼 플라스틱도 우리 집보다는 월등히 적었던 것이다. 또 우리 애들과 비슷한 또래의 그 집 아이들한테는 장난감이 훨씬 적었고 그나마 대부분 나무로 된 것들이었다. 사정이 그러니 베로니카로서는 내가 열심히 설명하는 걸 듣고는 웬 호들갑인가 싶었던 모양이었다. 어쨌든 베로니카는 내 설명을 끝까지 들어주었다. 그러고는 이렇게 말했다.

"그래, 참 엄청난 계획을 세웠구나. 그런데 산드라, 난 솔직히 말해서 네가 플라스틱의 유해성에만 주목하는 게 별로야. 그건 한 가지 면만 보는 것 아닐까? 종이라고 해서 완벽하게 유해물질 없이 생산된다고 믿는 건 넌센스에 가까울걸?"

공교롭게도 아까 루디가 하던 말과 매우 흡사했다. 나는 그제서야 확실히 깨달았다. 내가 너무 흥분상태라는 것, 그래서 사물의 다양한 측면을 살피지 못하고 오직 한 가지에 꽂혀서 남들은 다 생각하는 측면을 간과하고 있다는 사실을 말이다.

어쨌든 베로니카도 플라스틱의 유해성에 대해서만은 전혀 이의를 제기하지 않았다. 그녀가 대화의 말미에 들려 준 얘기는 플라스틱이 인체에 얼마나 치명적인가를 단적으로 드러내 주는 사례였다. 그 이야기 덕분에 나는 내가 세운 계획이 여전히 정당하다는 것을 다시금 확인하고 다소나마 위안을 얻었다. 그건 베로니카 남편의 지인 이야기였다.

그 사람은 자동차 판매업에 종사하고 있었다. 그 분야에서는 일상적인 일인데, 그는 회사로부터 주기적으로 새 자동차를 지급받아서 영업에 활용하다가 일정 시간이 지나면 그 차를 전시용이나 시승용 차량으로 돌리고 또 다른 새 차를 지급받는 식으로 일했다. 그런데 그가 건강 문제로 큰 고통을 겪기 시작했다. 처음에는 심한 두통과 어지럼증이, 그다음에는 수족감각장애와 시력장애가 나타나더니 급기야는 부분적인 마비 증세까지 찾아왔다. 그런 상태가 한동안 지속되다가 팔에 힘이 빠져 뭔가를 쥐지도 못하게 되었다는 것이다. 온갖 신경계 관련 질환을 다 의심해 보고 진단도 받아 보았지만 명료한 결과는 나오지 않았다. 결정적인 힌트를 준 사람은 그의 직업 활동을 면밀히 파악한 한 신경과 의사였다. 그 의사는 새 자동차가 내뿜는 '증기'가 문제를 일으켰을 수 있다고 진단했다. 그는 즉시 차를 좀 오래된 걸로 바꿨고 그 뒤 병세는 눈에 띄게 나아졌다. 그렇게 두세 달을 보낸 뒤 지금은 아무 불편이 없는 정도가 되었다는 얘기였다.

베로니카의 이야기를 듣자 어린 시절 새 자동차를 타면 종종 두통, 현기증, 메스꺼움에 시달렸던 일이 떠올랐다. 그땐 그게 멀미라고 생각했지만 나는 같은 차라도 버스를 타고서는 멀미를 느끼지 않고 곧잘 타고 다녔었다. 딸 말레네도 특히 여름철에 자주 이와 비슷한 불편을 호소했다. 무더운 날에는 거의 6년이나 된 우리 자동차에서도 여전히 '화학약품' 냄새가 꽤나 났던 것이다.

어디를 둘러봐도 환경이나 건강에 해로운 요소들이 숨어 있는 것 같았다. 평소에는 의식하지 못하고 무감각하게 살아가지만 곰곰 생각해 보면 등골 오싹한 일이 아닐 수 없었다. 더구나 그런 유해한 요소들에서 완전히 벗어나 살아가는 일은 불가능할뿐더러 가급적 피해 보려는 것조차도 결코 쉽지 않다는 것, 이날의 대화로 나는 이 점을 분명히 인식했다. 골치가 아팠다. 우리 실험이 원래 계획했던 것보다 훨씬 더 광범위한 규모를 띠게 될 것 같다는 예감 때문이었다.

냉장고, 세탁기, 청소기는 어쩌지?

저녁 시간, 남편에게 낮에 있었던 일을 얘기할 때 우리의 대화는 그 내용이 좀 달라져 있었다. 식기세척기용 세제가 문제가 아니라 식기세척기 사용 자체를 할 것인가 하는 차원으로 화제가 옮아가 있었던 것이다.

"그렇지. 세척기가 합성소재로 만들어진 걸 간과했네. 플라스틱 없이 산다고 하면 그런 것까지 당연히 포함해서 생각했어야 하는데 우린 세제 포장 문제에 매달려 있었어. 더구나 합성수지란 게 뜨거운 물을 만나면 유해물질을 더 많이 방출할 텐데 말이지. 세제는 그다음에 추가적으로 문제가 되는 거고."

"내 딴엔 세제를 최대한 적게 쓰려고 나름 애썼는데 하나는 알고 둘은 모르는 일이었나 봐. 그리고 사실 생활에 꼭 필요한 세제 같은 걸 사용하는 데 그렇게까지 민감해야 하는 걸까, 환경에 대한 나의 책임은 어디까지인가, 그런 생각도 들었어."

우리는 식기세척기를 실험 기간 동안만이라도 전혀 사용하지 않는 문제에 대해 진지하게 얘기를 나눴다. 나는 일단 반대했다. 무엇보다도 실질적인 이유를 댔다. 첫째, 나의 가사 일이 더 늘어난다는 점을 들었다. 남편이나 아이들이 많이 분담해 주기는 하겠지만 아무래도 설거지는 내 몫으로 남겨질 공산이 크고, 그런 일이 잦다 보면 때로 그날의 내 컨디션에 따라서 집안 분위기가 나빠질 우려가 있다는 이유도 댔다. 두 번째로는 식기세척기가 에너지를 덜 쓰는 방식이라는 이유였다. 세척기 안에 설거짓감을 가득 채워 효율을 높인다면 전기 보일러로 물을 데워 손으로 설거지를 하는 것보다는 훨씬 에너지가 절약될 거라고 말했다. 그리고 물 사용량도, 기계가 완전 구닥다리만 아니라면 손 설거지보다 훨씬 줄일 수 있다고도 했다.

하지만 남편의 반박도 매서웠다. 우리 집에선 겨울철에 주로 장작을 때는 난로로 난방과 조리, 온수를 다 해결하는데 전기 낭비가 웬 말이며, 설거지하는 횟수도 분명 자기가 더 많을 거라며 목소리를 높였다. 그런 다음 마치 시혜자라도 되는 양 덧붙였다.

"그러니까 나로서는 반대할 아무런 이유가 없어. 한 달 동안 식기세척기 없이 한번 지내 볼 수 있는 거지, 뭐."

나는 꼬리를 내리고 바로 수긍했다. 이로써 비닐 포장 없는 식기세척기용 세제 논란은 자동적으로 해소되었다.

얘기는 자연히 다른 기기들의 사용 문제로 확대되었다. 우리 집 구석구석에 들어차 있는 합성소재로 된 기기들, 냉장고며 전자레인지, 냉동고, 세탁기, 진공청소기 등등은 어떻게 할 것인가?

일단 전자레인지는 쉽게 합의가 되었다. 그렇지 않아도 우리는 그걸 음식 데울 때에만 잠깐씩 써오던 터라, 없다고 해서 크게 불편할 것 같지 않았다.

냉장고는 결정하기가 쉽지 않았다. 겨울이 다가오는 데다 우리 집 지하실이 비교적 서늘한 편이어서 한시적으로 냉장고 없이 지내는 것도 전혀 상상할 수 없는 일은 아니었으나 나는 꽤 걱정스러웠다. 말이 쉬워 그렇지, 주부의 입장에서 매번 집 밖으로 나가 지하실까지 오르내린다는 건 보통 문제가 아니었다. 남편은 문밖에다 나무상자 같은 걸 두고 거기다 식료품을 보관하는 게 어떻겠냐고 절충안을 냈지만 냉장고 없이는 아무래도 안 될 것 같았다. 반대. 또 우리 실험은 계절에 상관없이 굴러가야 하므로 결국 냉장고는 그냥 두기로 결론을 내렸다.

냉동고의 경우는 그리 오래 고민할 필요가 없었다. 과일과 우리 텃밭에서 난 채소, 남편이 농사를 짓는 동료에게서 사 온 쇠고기 등으로 이미 꽉 차 있었기 때문이다. 그것들을 다 소진할 때까지는 그냥 쓰되 그때까지 실험이 계속 이어진다면 다시 의논하기로 했다.

진공청소기는 쓰지 않기로 결정했다. 한 일 년 전쯤 나는 집먼지 진드기에 대한 알레르기가 있다는 확진을 받은 터라 진공청소기 돌리는 일은 남편이나 아이들이 하고 있었는데 그것도 이제는 빗자루로 대신하기로 한 것이다. 카펫은 자주 두드려 먼지를 털었고 필요한 경우 빨았으므로 진공청소기를 한시적으로 사용하지 않는 것은 아무런 지장이 없을 것 같았다. 또 조금이라도 전기를 아낄 수 있으니 생태적인 삶에 부합하는 일이기도 했다.

하지만 이런 결론을 내리는 데 약간의 우여곡절이 있었다. 옆에서 우리 대화를 꽤나 정확하게 따라오고 있던 사무엘이 아주 냉정하게 "그런데 비질할 땐 진공청소기 돌리는 것보다 더 많은 칼로리가 필요해요. 또 시간도 더 오래 걸려요. 이 말은 더 많은 음식을 먹어야 한다는 것이고, 그러면 또 추가로 음식 만드느라 더 많은 에너지를 써야 할걸요?"라고 끼어들었던 것이다. 열세 살 난 아들의 논리는 사뭇 콕 찌르는 데가 있었다. 하지만 결과를 뒤바꾸지는 못했다. 다만 빗자루 사용이 식료품 소비의 급격한 증가를 가져온다고 분명하게 밝혀지면 다시 논의하기로 의견의 일치를 보았다.

가장 결론을 내리기 어려웠던 것은 세탁기였다. 우리 집에서는 주로 내가 세탁기 돌리는 일을 담당해 왔는데, 왜냐하면 남편에게 그 일을 맡겨 놓으면 빨랫감을 너무 함부로 다루었기 때문이다. 청바지건 하늘거리는 블라우스건 한꺼번에 쓸어 담아 세탁기를 돌려 버리면 낭패를 당하는 건 바로 나였다. 나는 세탁기는 계속 사용해야 한다는 입장이었다. 가족 구성원 모두가 적어도 자기 빨래를 제 손으로 한다면 모를까, 세탁기 없이 빨래를 해낼 자신이 도저히 없었다. 빨랫감의 상당부분을 차지하는 운동복을 각자가 손빨래하면 된다는 주장이 공감을 얻기도 했지만, 아서라, 그 규칙이 철저히 지켜지리란 보장은 어디에도 없었다. 나는 쌓인 빨래 더미에 깔려 숨이 막힐지도 모를 일이었다. 세탁기는 쓰기로 결정.

세탁물 건조기는 어차피 갖고 있지 않았다. 다만 플라스틱 재질의 빨랫줄이 문제였지만 그건 얼마든지 자연섬유 노끈이나 철사로 교체가 가능했다.

믹서나 헤어드라이어 같은 소형 가전기기는 사용하지 않기로 했다. 우리 집에는 오래된 막대형 믹서가 두 개 있었지만 그 정도의 불편은 기꺼이 감수하기로 했고 머리는 어차피 그냥 말리는 경우가 대부분이었으므로 별 문제 없었다.

텔레비전, 스테레오 전축, 컴퓨터, 카메라, 비디오카메라 같은 것들은 논의하지 않았다. 너무 과격하면 일을 그르치기 십상이고 애초 정한 원칙, '재미있어야 한다'에 어긋난다는 판단이었다. 그것들이 보테 감독과 만날 때 중요한 주제가 될 수도 있다는 정도만 얘기했다. 비록 우리의 결정과는 다른 결과가 나올지라도.

그동안 편히 써 오던 다양한 기기들을 더 이상 쓰지 못하게 될 때 우리가 겪어야 할 불편이 적지 않을 것이란 점은 명백했다. 귀찮지만 하지 않을 수 없는 일인 설거지나 청소 따위를 두고 누가 할 차례인지를 따지고 있는 우리 모습이 눈에 선하게 그려졌다.

그날 저녁 또 하나의 문제가 해결되었다. 사소해 보이지만 몹시 절박한 문제였던 화장실 휴지를 드디어 찾은 것이다. 절친 사비네가 메트로Metro• 에서 드디어 재활용 종이로 만든 일회용 손수건을 발견했노라고 전화로 알려 왔다. 사비네는 이제 우리의 열렬한 지원자가 되어, 어딜 가든지 플라스틱 없는 물건이 없나 살피는 게 새로운 버릇이 되어 있었다.

"포장도 골판지 상자야. 비닐 없으니까 염려 마. 문제는 낱장 사이즈가 좀 크다는 건데, 니네 집 변기 막히면 어떡하니?"

"별 걱정을 다 한다, 얘. 잘라서 쓰면 되지 뭐."

이틀 뒤, 일회용 손수건 200장짜리 묶음 25개가 들어 있는 골판지 상자를 드디어 손에 넣었다. 그걸 사는 데 든 돈은 20유로, 아주 싼 값은 아니었다. 하지만 그 정도 양이면 우리 식구가 적어도 반년은 충분히 사용할 수 있을 것 같았다. 나는 말레네와 함께 한 묶음을 꺼내

• 독일의 체인형 대형 슈퍼마켓.

반으로 잘라 보았다. 생각보다 훨씬 깔끔하게 잘렸다. 휴지를 담아 둘 작은 바구니가 금방 채워졌다. 말레네는 몹시 뿌듯한 모양이었다. 딸애는 퇴근해서 돌아오는 아빠에게 달려가 자랑스럽게 외쳤다.

"아빠, 이제 나뭇잎을 모을 필요는 없어졌어요!"

우리 계획은 조금씩 앞으로 나아갔다. 애초에 정한 원칙에 따라 기본 방침을 세웠고 꼭 필요한 물품의 구입 문제도 대부분 해결되었으며 가족들의 열의와 주변의 애정 어린 도움도 큰 힘이 되었다. 유감스럽게도 감자 칩에 대해서는 여전히 해결책이 보이지 않았지만 그렇다고 거기에 걸려 일을 망칠 수는 없는 노릇이었다. 그래서 우리는 이 실험을 가능한 한 빨리 본격적으로 시작하기로 했다. 대략 3주 동안의 치열한 준비 끝에 내린 결론이었다. 코앞으로 닥친 베르너 보테 감독과의 만남에 대해서도 웬만큼은 준비가 된 느낌이었다.

보테 감독을 만나러 빈으로 출발하기에 앞서 우리는 아이들을 슈타이어마르크 북동쪽에 있는 소도시 뮈르츠추슐라크Mürzzuschlag의 시부모님 댁에 맡기기로 했다.

우리의 계획에 대해 그저 대충만 전해 들으신 두 분은 늘 그랬다시피, 당신들의 연세에도 불구하고(애들 할머니는 일흔이 넘었고 할아버지는 이미 여든 중반이었다) 우리의 새로운 계획에 대해 큰 관심과 함께 개방적인 태도를 보였다. 다만 시어머니는 우리가 일을 너무 부풀려서는 안 될 것이라는 말과 함께, 플라스틱이 전혀 없는 장보기와 생활이 제대로 될 것인지 걱정하며 이렇게 덧붙였다.

"그 일로 너희들이 스트레스를 받아서는 안 된다."

나는 준비를 해 오는 동안 어느 정도는 타협이 불가피하다는 것을 내 스스로가 확인했기 때문에 시어머니 말씀에 동의하지 않을 수 없었지만, 대답은 이렇게 흘러나왔다.

"곧 다시 내다 버리고 말 물건을 날마다 사들이는 게 오히려 부풀리는 일이죠. 저희들은 음식 먹는 걸 거부하려는 것도 아니고 살아가는 데 정말 필요한 것들을 거부하려는 것도 아니에요. 문제는 금방 쓰레기로 버려질 무의미하고 지나친 포장들이거든요. 이걸 좀 피해 보자는 건데, 제 생각에는 부풀리고 말고 할 것도 없을 것 같아요."

시어머니는 느긋하게 반응했다.

"네 말이 맞구나. 요새는 정말 쓸데없는 것들이 많기도 하지. 예전에 우리가 어떻게 살았는지 조금만 생각해도 알 수 있잖니. 그때는 포장이 다 뭐냐, 죄다 그냥 팔았지. 그래도 우리는 잘 살았단 말이지."

"그렇죠, 어머니? 정말 먹는 걸 생각하면 어쩌면 옛날이 훨씬 더 나았는지도 몰라요."

나는 오늘날 넘쳐 나는 저 온갖 종류의 패스트푸드를 떠올렸다. 그리고 어디서 수입되는지 아무도 모르고, 대량의 살충제가 뿌려지고, 심지어 유전자 조작이 자행되고, 기나긴 운송과정에서 손상이 되지 않도록 방사선을 쬐고서 그것도 모자라 요란하게 포장되는 식료품들을 생각했다.

"우리가 먹은 것이란 그저 철따라 나는 것들이 다였지. 냉장고가 없었지만 저장과 갈무리를 잘해서 겨울도 잘 넘겼고. 또 그땐 쓰레기가 거의 나오지 않았어. 우린 늘 장바구니를 갖고 다녔단다. 또 설사 포장이라는 게 있다 해도 종이 말고는 뭐가 있기나 했니?"

그 많은 플라스틱은 도대체 언제부터 쓰이기 시작한 걸까? 나는 옛 기억을 더듬어 보았다. 우리 할머니는 늘 바구니를 팔에 끼고 장을 보러 가셨다. 하지만 요구르트 컵, 마가린 통, 기름기가 스며들지 않도록 코팅된 버터 포장지 정도는 당시에도 이미 있었던 걸로 기억한다. 그러나 시간이 흐를수록 포장은 점점 더 복잡하고 화려해졌다. 딱히 어느 시점을 기해 한날한시에 이루어진 것이 아니라 가랑비에 옷 젖듯이, 우리도 의식하지 못하는 사이에 진행된 일이었다. 그리고 아, 이건 좀 문제인걸, 싶어졌을 때는 이미 늦어 있었다. 세상은 플라스틱에 단단히 둘러싸여 그것에서 벗어나는 일은 구조적으로 불가능한 지경에 이르고 말았다. 자본주의적 욕망은 끊임없이 새로운 상품을 만들어 세상에 내놓았고 지금도 그런 추세는 전혀 수그러들 기미가 보이지 않는다. 사람들은 상품의 홍수에 떠밀려 뭘 골라야 할지 결정을 내릴 수 없게 되었고 또 무엇이 유익하고 무엇이 해로운지 구별하는 것도 쉽지 않게 되었다. 신기하게도 이 모든 일들은 서로 복잡하게 얽혀 있다.

"그래, 어쨌든 나는 너희들이 어떻게 지내게 될지 가슴이 다 설레는구나. 하지만 너무 지나치게 하지는 말아라."

시어머니는 마지막으로 한 말씀 하시고 대화를 끝맺었다. 나는 좀 더 내 생각에 빠져 대체로 플라스틱이 없던 시어머니의 어린 시절, 그러니까 1930~1940년대의 시골 분위기를 상상해 보았다. 문명 발전의 상징이기나 한 듯이 새로운 상품들이 세상에 나오기는 했지만 아직 보편화가 되려면 한참 멀었고 이토록 마구 쓰고 버리는 시절이 오리라고는 상상할 수가 없던 시절이었다. 비록 내가 뒤늦게나마 그런 일상에 변화를 주어 보려고 준비를 하고는 있지만, 불과 수십 년 전에 사람들이 어떻게 그렇게 플라스틱이 전혀 없이도 잘들 살아갈 수 있었는지 나로서는 제대로 상상할 수 없었다.

내 머릿속에서는 수많은 생각과 질문이 명멸했다. 나는 새삼스레 거실을 찬찬히 둘러보았다. 내 눈길은 난로를 겸한 화덕에서부터 의자를 거쳐 소파, 전화기를 올려놓은 서랍장, 그리고 텔레비전을 올려 둔 탁자를 훑고 지나갔다. 하나같이 세월의 흔적이 역력한 물건들이었다. 나는 이때까지 시댁의 세간살이들이 어떤 재질로 되어 있는지 따위가 궁금했던 적은 단 한 번도 없었다. 그런데 이제 와서 새삼 둘러보니 시댁에는 오직 오래된 목재가구들만 주인과 함께 세월을 버텨 내고 있는 게 아닌가!

나는 값이 싸다는 이유로 장만한 우리 집의 이케아IKEA 식탁을 떠올렸다. 불과 두 해가 지났을 뿐인데도 그 식탁은 낡고 추레한 몰골로 언제 버려질지 모를 자신의 운명을 예감하고 있는 듯했다. 말만 목재가구였지, 나무를 갈아서 압축한 판재에 비닐 재질의 코팅을 입혀서 조립한 식탁은 들여놓은 지 고작 몇 주가 지났을 때부터 삐걱거리며 흉한 틈새를 드러냈고 조그만 충격에도 흠집이 생기고 말았다. 거기에 비하면 시댁의 '목재가구'들은 40년이 지나서도 여전히 견고하고 아름다워 보였다. 합성소재로 된 물건이라고는 텔레비전, 전축, 전화기 등이 고작이었으나 그나마 손때 묻은 구형 모델들이었다.

나는 나도 모르는 사이에 자리에서 일어나 주방을 호기심 가득한 눈길로 살피기 시작했다. 설거지용 세제가 든 플라스틱 병, 그리고 소박한 주방용 가전 외엔 합성소재나 플라스틱으로 된 물건은 거의 눈에 띄지 않았다. 나는 싱크대 서랍을 열었다. 그때 시어머니가 다가와 물었다.

"애야, 뭘 찾으려고 그러냐?"

"아니에요, 그냥 둘러보는 거예요, 플라스틱으로 된 게 뭐가 있나 보려고요."

시어머니는 웃으셨다.

"거긴 없어. 내가 가진 플라스틱 보물들은 여기 다 넣어 놨지."

시어머니는 싱크대 아래의 수납장 문 하나를 열어 주었다. 거기엔 터퍼 밀폐용기 서너 개가 들어 있었다. 그게 전부였다. 나는 머리를 절레절레 흔들 수밖에 없었다. 플라스틱으로 된 조리용 숟가락조차 없었다.

"이건 뭐 거의 없는 거나 마찬가지네요. 저희 집 창고를 한번 보시면……."

나는 맥없이 중얼거리고 시어머니의 허락을 받아 나머지 방들도 샅샅이 훑어보았다. 욕실, 현관, 침실, 한때 아이들 방으로 쓰던 곳, 마지막으로 지하실 저장고와 세탁실까지. 화장품이나 각종 세제가 들어 있는 플라스틱 통들이 없지는 않았지만 우리 집에 있는 것에 비하면 거의 없다고 해도 될 만큼 그 수가 적었다.

시댁을 한 바퀴 둘러보고 확실하게 깨닫게 된 것은 우리 생활의 방만함이었다. 꼭 필요하지도 않은 물건을 사들이고, 그러니 당연히 쓰지도 않은 멀쩡한 새 물건들이 집안 구석구석에 쌓여 먼지를 뒤집어쓴 채 방치되고 있었다. 살림 솜씨가 없다거나 헤프다거나 하는 차원을 넘어서 뭔가 근본적인 생활태도의 문제였다. 그리고 그것은 대량소비 시대를 아무런 문제의식 없이 살아가는 세태의 문제인 듯도 싶었다. 부박한 유행에 휩쓸려 새것을 좇아 샀다가 조금만 싫증이 나면 바로 버리는 식의 구매 행태에 철저히 물들어 있는 생활. 물론 변명의 여지가 없는 나 개인적인 문제도 있었다. 지난 여러 해 동안 내가 차근차근 장만한 플라스틱 통과 보관함만 봐도 그랬다. 집을 제대로 한번 정리정돈해 보고자 그런 물건들을 사들였지만 결국 그 물건들마저 정리정돈의 대상이 되고 말아서 집은 더욱 어질러지는 악순환. 거기다가 사 모은 거의 모든 물건들이 합성소재로 만들어져 있다는 사실. 시댁 '견학'은 새로운 발견이었다.

특히 플라스틱 하나 없이 깔끔히 정돈된 지하 저장고에서 시부모님이 손수 만든 잼과 과일절임이 담긴 수많은 저장용 병이 늘어서 있는 목재 선반 앞에 섰을 때, 나는 내 생활 전반을 되돌아보고 고쳐나가겠다는 무모한 결단을 내려 버렸다. 시어머니는 쓰지 않는 저장용 유리병 몇 개를 챙겨 주며 나를 격려했다.

"이것들은 20년도 훨씬 넘었지만 이렇게 멀쩡하잖니. 예전에 스칸디나비아로 캐러밴 여행을 갔을 때 아주 잘 썼단다. 여기다 음식을 담아 가서 여행 내내 먹었거든."

그리고 시어머니가 덧붙인 마지막 말씀이 마음에 깊이 남았다. 물론 그 순간에는 당신의 말씀이 옳은 것인지 확신하지 못했지만, 나는 두고두고 그 말씀을 떠올리며 그 혜안에 동의할 수밖에 없었다.

"뭔가 새로운 시도를 하려다 보면 종종 그렇게 옛 물건들에 다시 손이 가는 법이란다."

괜한 짓을 벌인 걸까…?

"당신, 어머니랑 무슨 이야기를 그렇게 한 거야?"

빈으로 가는 차 안에서 남편이 물었다. 시댁에 머무는 시간 내내 신문에 코를 박고 있더니 그래도 신통하게 내가 어머니랑 얘기 나누는 것을 흘려듣고는 있었던 모양이다. 나는 시어머니와 나눈 얘기를 간추려 들려 주고는 몇 시간째 내 머릿속을 맴돌고 있는 생각에 대해 얘기했다. 원재료인 석유 값이 그렇게 싸지 않은데도 불구하고 플라스틱은 왜 그렇게 대량으로, 그것도 그렇게나 싼 값에 생산될 수 있는지 궁금하다고.

나는 페터가 석유 이야기만 나오면 흥분한다는 사실을 깜박 잊은 걸 이내 후회했다. 그는 평소 대다수 사람들이 아무런 거부감 없이 승용차를 몰고 다니는 것을 못 견뎌 했는데 아니나 달라, 그런 세태에 대해 한바탕 성토를 퍼부었다.

"당신도 한번 보라고. 다들 기름 값 비싸다고 투덜거리기만 하지, 석유 소비가 불러오는 환경문제나 기후변화엔 관심도 없어. 조금만 걷거나 자전거를 타도 될 거리를 무조건 차를 끌고 가. 석유 자본이 기후변화가 야기하는 손해에 돈을 댈 것 같아? 석유가 인간의 시간 차원에서는 전혀 재생 가능하지 않다는 점은 제쳐 두더라도 말이야. 빈까지 자동차를 몰고 간다? 이거 있을 수 없는 일이야."

"알았어. 다음에는 기차 타고 가."

나는 순순히 그의 말을 인정했다. 그의 말이 옳기도 했거니와 원래의 주제로 돌아가 얘기를 하고 싶었기 때문이다. 포장용이든 저가 제품용이든, 플라스틱은 일차 원료의 획득이 제한되어 있음이 분명한데도 어떻게 그렇게 싸게 생산되는 걸까?

"인간의 사고능력이 지구의 석유 매장량보다 더 제한적이라서 그래. 석유가 바닥나든 말든, 환경이 망가지든 말든 일단 쓰고 보는 거지. 지구의 미래 따위가 뭐 그리 중요해?"

페터가 짐짓 덤덤하게 말했다. 그리고 나는 그의 말이 옳을지도 몰라 오싹해지면서도 웃지 않을 수 없었다.

"좋아. 우리라도 이제부터는 그 짓을 그만두자. 플라스틱도 쓰지 말고 자동차도 가능한 한 적게 몰도록 애써 보는 거야."

문제점에 대해 그렇게 이야기를 나누다 보면 이론과 전략을 수립하는 일은 그리 어렵지 않다는 느낌이 든다. 하지만 실행하는 것은 당연히 훨씬 더 어렵다. 어떻게 하면 다른 사람들에게 확신을 심어 주고, 그들의 생각과 행동을 변화시킬 수 있을까? 어떻게 해야 말로만 그치는 '세계 구원론'에서 벗어나 구체적이고 따라할 만한 가치가 있는 행동에 나서게 될 것인가? 우리는 이 문제와 관련하여 코앞으로 다가온 베르너 보테 감독과의 만남에 큰 기대를 걸었다.

그간 계획을 실행에 옮길 준비를 해 오는 과정에서 페터와 나는 자주 뜨거운 논쟁을 벌였었다. 우리가 계획한 실험의 근본적인 모순에 관한 것이었다. 나는 〈플라스틱 행성〉의 제작자 토마스 보그너와 몇 차례 메일을 주고받고 있었는데, 그가 한 번은 메일을 통해 아주 의미심장한 질문을 한 적이 있었다.

"플라스틱 소재의 물건들 없이 어떻게 블로그에 글을 써 올리거나 필요한 사진을 찍으실 건가요?"

물론 ^^ 같은 이모티콘이 붙어 있기는 했지만 이 질문은 나에게 꽤나 심각한 걱정을 불러일으켰다. 우리의 실험을 인터넷을 통해 대중에게 공개하자는 보테 감독과 보그너의 아이디어에 대해 내가 맨 먼저 떠올린 것은 우리가 너무 과격한(이라고 쓰고 '현실을 무시한'이라 읽는다) 활동가의 모습으로 비치지는 않을까 하는 점이었다. 그 생각만 하면 내 머릿속에서는 생생한 동영상 하나가 자동 재생되는 기분이었다. 카메라가 돌아가는 가운데 페터가 플라스틱 조명 스위치를 뜯어내고 벽을 깨뜨려 합성소재로 된 수도 파이프를 걷어내는 모습……. 무척이나 신경 곤두서게 하는 상상이었다. 괜히 플라스틱 없이 살아 보겠다고 나대는 바람에 세상 사람들로부터 혹 잘못된 기대를 일깨워 낸 것은 아닐까? 애당초 불가능한 일에 멋모르고 덤빈 것은 아닐까? 그래서 사람들로부터 조롱이나 받는 것은 아닐까?

보그너가 메일에서 암시했다시피 카메라와 컴퓨터 없이 실험의 진행과정을 대중에게 알릴 방법은 없다. 다시 말해서 합성소재로 된 모든 기기를 일상생활에서 완전히 추방한다는 것은, 설사 실험 동안만이라고 해도, 전혀 불가능하다는 것이 분명하다. 우리는 그 점을 인정하고 받아들이지 않을 수 없었다. 그전에 생활가전 중에서 무엇을 남기고 무엇을 제외하느냐를 두고 한 차례 격론을 벌일 때에도 그 문제는 끊임없는 논쟁을 유발했다. 한 가지 예로 내가 페터에게 이 문제를 거론하면서 실험 기간만이라도 텔레비전 없이 살아 보자고 제안했을 때 그는 완강하게 고개를 저었다. 사실 우리 가족은 그다지 텔레비전을 많이 보는 편은 아니었다. 하지만 페터는 축구 중계를 안 보고 살 수는 없다고 엄포를 놓았다. 단 한 달이라도 안 된다는 것이다. 반면에 나는 라디오나 오디오 없이 산다는 것을 상상하기 어려웠다. 아이들 입장에서는 각자의 라디오나 CD 플레이어, 학습용 컴퓨터가 그러했다.

당시의 대화로 내가 분명히 인식한 것은 이러한 기기들을 생활에서 배제한다는 것은 말로는 가능할지 몰라도 실제로는 매우 어려우며, 무리해서 없애는 것이 가정의 평화에 상당한 위협이 될 뿐만 아니라 시대착오적인 일처럼 보인다는 점이었다. 우리는 이미 컴퓨터나 텔레비전, 휴대전화 등이 없이는 살아갈 수 없는 구조 속에 편입되어 있는 것이다. 나의 업무는 상당 부분 휴대전화의 도움을 받아야 지속 가능했고 아이들의 학습에 컴퓨터는 필수적이었다. 비록 내가 과잉소비와 정보의 홍수, 우리 삶의 세계적 네트워크화에 대해 매우 비판적 입장에 서 있기는 했지만, 한 달 동안 '19세기처럼 살기' 류의 사례를 만들고 싶지는 않았다. 게다가 우리 실험은 그 수많은 플라스틱 없이도, 약간의 불편을 감수해야겠지만 여전히 즐겁고 유쾌하게, 사회에서 외톨이가 될 필요 없이, 그것도 지속적으로 살아갈 수 있음을 입증해야 하는 것이다. 다만 어느 선까지 플라스틱을 수용하며 살 것인가 하는 기준을 보테 감독, 보그너와 함께 진지하게 의논해 보고 싶었다.

빈에서의 첫날은 오랜 친구 카린과 에발트의 집에서 신세를 졌다. 친구 부부는 우리를 따뜻하게 맞아 주었고 우리가 빈을 방문하게 된 이유에 대해서도 큰 관심을 보였다. 하지만 사실 나는 마음 한구석에 약간 켕기는 구석이 없지 않았다. 왜냐하면 카린이 한때 그 유명한 밀폐용기 터퍼 제품 판매업에 종사했던 적이 있었기 때문이다. 내가 가진 대부분의 터퍼 제품은 사실 카린을 통해 사들인 것이었다. 그중에서도 원심분리 방식의 채소 탈수기는 나를 비롯한 '온 유럽의 주부들'을 얼마나 매혹시켰던가! 그건 내가 그때까지도 자주 사용하던 몇 안 되는 터퍼 용기 중 하나였다. 그래서 카린이 그 회사를 그만두었을 땐 내가 다 낙담했을 정도였다. 하지만 세상일이란 참 묘해서, 이제는 내가 그렇게나 숭배하던 터퍼 용기를 무슨 바이러스처럼 여기게 되었으니, 우리 대화의 주제 때문에 행여 그녀가 개인적으로 공격받는다고 느낄 수도 있지 않을까, 몹시 신경이 쓰였던 것이다.

하지만 다행히도 카린과 에발트는 우리의 아이디어에 대해 아무런 거부감도 드러내지 않았다. 오히려 카린은 일상적인 삶을 왕창 뒤집으려 한다는 우리 이야기를 아주 통쾌하게 여기기까지 했다. 그러면서도 섣불리 평가를 하거나 자신들의 입장을 정당화하려고 하지도 않았다. 나는 그들의 태도가 건강한 자신감의 표현이라고 느꼈다. 두 사람은 평소에도 우리와는 확실히 다른 가치관과 생활방식을 갖고 있었다. 일례로 우리는 오래전에 그만둔 비행기 여행을 그들은 무척이나 즐기는 편이었다. 그래서인지 나는 그날 밤 그들과 논쟁을 벌이거나 그들을 설득하려는 시도를 자제하는 일이 전혀 어렵게 느껴지지 않았다.

다음 날 드디어 베르너 보테 감독을 만났다. 약속 장소는 〈플라스틱 행성〉 제작사인 노이에 센티멘탈 필름Neue Sentimental Film 건물이었다. 긴장과 흥분으로 신경이 약간 날카로워지는 건 어쩔 수가 없었다. 이 첫 만남은 과연 어떻게 진행될 것인가?

보테 감독은 한 30분 가량 늦게 도착했다. 나중에야 알게 되었지만, 그의 엄청나게 빡빡한 일정을 고려한다면 그건 제때에 온 것이나 다름없었다. 대화를 나눈 지 얼마 되지 않아 나는 영화를 통해 갖게 된 그에 대한 인상이 실제와 그대로 들어맞는다는 걸 확연하게 느낄 수 있었다. 보테 감독은 재미나고 느슨한 구석이 있으며 다소 혼란스럽기도 하고 매력적이었지만, 그러면서도 아주 보통의 사람이었다. 우리는 서로 죽이 잘 맞았다. 앞으로 진행할 실험의 가장 중요한 몇몇 항목에 대해서도 일사천리로 합의했다. 이 프로젝트를 거대한 스펙터클로 여기면 어쩌나 하는 나의 걱정도 기우였다. 우리는 말까지 트기로 했다.

무엇보다도 페터가 대화에 활발하게 참여하는 걸 보면서 나는 마음의 짐 하나를 내려놓을 수 있었다. 지난 몇 주 동안 내가 분명히 알게 된 것은 이번 거사가 정말 제대로 진행되려면 페터가 이 일을 용인하는 것만으로는 충분치 않다는 점이었다. 그가 흔쾌하고 즐겁게, 또 아무 조건 없이 뒤를 받쳐 줄 때에만 가능한 일이었다.

더 큰 다행은 플라스틱의 허용 범위에 대해 우리가 그렇게나 머리를 쥐어뜯으며 고민했던 게 쓸데없는 일이었다는 데에서 오는 안도감이었다. 그들은 합성소재로 된 살림살이는 당연히 계속 써도 된다고 말했다. 보테 감독은 심지어 그것이 바람직하다고까지 했다. 그렇지 않을 경우 실험이 너무 과격하다는 느낌을 줄지도 모르고, 따라서 사람들이 "어, 저거 재미있겠는데? 우리도 한번 해 볼까?" 하고 가볍게 시작하는 것을 방해할 거란 이유였다. '한 가정의 비장한 투쟁'보다는 많은 사람들의 작은 실천이 더욱 소중하지 않겠느냐는 보테 감독의 말을 들으며 나는 속으로 '하느님 감사합니다!' 안도의 한숨을 내쉬었다. 그 문제야말로 내 가장 큰 걱정거리였으니까.

토마스 보그너는 우리 블로그를 어떻게 구성할지에 대한 자기 생각을 이야기했다. 그는 한 달 동안 정기적으로 우리의 플라스틱 없는 장보기 경험을 알려 달라고 했다. 그러면 그 글에 맞게 짧은 동영상을 만들어 보충하겠다는 것이었다. 그 밖에도 그는 블로그에다 플라스틱 제품을 대체할 수 있는 생활용품을 생산하는 회사들을 소개해 주자는 아이디어도 냈다. 뭐 나로서는 '그보다 더 좋을 수는 없다.'였다.

함께 점심을 먹으면서 우리는 얘기를 계속했다. 그 자리에서는 유력 일간지와 협력하는 문제가 화제에 올랐다. 페터는 평소처럼 신문의 진정성에 대해 의혹을 내비치며 탐탁해하지 않았다. 남편의 신문에 대한 불신은 상당히 뿌리 깊은 편이었는데 놀랍게도 보테 감독의 현란한 설득력은 그런 남편을 간단히 돌려세웠다. 보테 감독이 신문과의 협력관계야말로 우리 실험에서 절대적으로 필요하다는 점을 온갖 사례와 수사법, 심지어 협박에 가까운 어조까지 동원해 설득하자 드디어 페터도 수긍하게 되었던 것이다.

"그 기자를 내가 개인적으로 잘 알고 있는데, 이 일에 관심이 아주 많아. 뒤통수칠 사람도 절대 아니고. 그러니 아무 걱정 마."

마지막으로 보테 감독이 말했다. 그가 이긴 것이다. 페터는 이렇게 말하며 꼬리를 내렸다.

"알겠네. 우선 한번 만나 보고 좀 더 두고 보기로 하지 뭐."

"맞아, 그렇게 하세. 내가 먼저 소개를 해 줄 테니까 일단 만나 봐. 바로 인터뷰하자고 들지 모르니까 그건 자네들이 알아서 하고."

일간지 문제는 그렇게 매듭지어졌다. 화기애애한 식사가 끝나 갈 무렵 마침내 보테 감독이 폭탄 하나를 터뜨렸다.

"자, 이 정도면 얘기는 거의 되었고……. 참, 그리고 시작하기 전에 자네들 집을 한번 싹 치워야 하는데, 알고 있지? 그것부터 촬영하면 좋을 듯한데."

순간 내 머릿속에는 〈플라스틱 행성〉의 장면들이 떠올랐다. 지구촌 방방곡곡의 사람들이 자기네 살림살이 중에서 플라스틱과 합성 소재로 된 물건들을 모조리 들어내는 장면이었다. 끝없이 쏟아져 나오는 물건들을 보면서 저 믿을 수 없을 정도의 소비라니, 싶었던 기억이 선명했다. 간단히 끝낸 집은 단 한 가구뿐이었다. 그들이 모아 놓은 플라스틱 더미는 조그마했다. 인도의 어느 판자촌에서 찍은 장면으로, 결코 일반적인 사례는 아니었다. 그들의 집엔 플라스틱을 따지기 전에 세간이랄 것 자체가 별로 없었으므로. 하지만 미국과 중부 유럽 어느 가정의 플라스틱 더미는 참으로 거대했다.

나는 더럭 겁이 났다. 저 주인공이 나라면? 맙소사, 생각만 해도 끔찍한 일이었다. 지난 몇 주를 지내 오면서 그러잖아도 우리 집 구석구석에 쟁여진 플라스틱 물건들이 날이 갈수록 불편하게 눈에 밟히면서 신경을 긁는 참이었는데, 이젠 그걸 온 세상에 대고 광고해야 하는 순간이 닥쳐온 것 아닌가! 보테 감독이 내 표정을 읽은 건지 이렇게 덧붙였다.

"아, 물론 우리 스태프들이 도와줄 거야. 다큐 찍을 때도 그랬어. 팀 전체가 함께 달려들면 간단히 끝나니까 너무 염려 말라고."

'그게 아니야! 감독 당신은 내가 얼마나 많은 터퍼 용기를 갖고 있는지 몰라서 그래!' 속으로 비명을 지르며 감독을 밉살스럽게 쳐다보는데 이번에는 남편이 염장을 질렀다. 너무 잘된 일이라며 맞장구를 치고 희희낙락. 집안 살림이란 걸 모르는 남자들에게 둘러싸여 있는 걸 한탄하며 나는 할 말을 잃고 앉아 있었다. 눈치도 없지, 남편이란 작자는 한술 더 떠서 그런 대대적인 세간살이 정리 이벤트가 우리 살림에 어떤 긍정적 결과를 가져올 것인가에 대해 신나게 파고들기 시작했다.

우리는 마지막으로 이 프로젝트를 언제부터 공식적으로 시작할 것인가에 대해 간단히 의견을 나누었다. 영화계의 두 인사는 이 행사의 출범을 알리는 의미 있는 뭔가가 있어야 한다는 생각이었다. 홍보 효과에 목매는 사람들다웠다. 나는 11월 초의 내 생일 파티를 출범일로 하자고 제안했다. 그러자면 자연 우리 살림 정리는 그 전에 이루어져야 했다. 나는 마음을 단단히 고쳐먹었다. 기왕에 벌어진 일, 으랏차차 해치우고 볼 심산이었다.

"페터 말처럼 이 기회에 모조리 정리해 버릴 거야. 그리고 손님들한테 대체물품들을 선물로 받겠다고 하는 거지. 자기네들 집에서 안 쓰는 물건 중에 그런 게 있을지도 모르잖아."

보테 감독은 내 아이디어에 아주 반색을 했다. 그리고는 '플라스틱 없는 생일 파티' 초대장을 블로그에 올릴 첫 글로 하면 어떻겠냐고 제안했다. 모두들 두 말 없이 찬성. 정말 쌈빡한 결말이었다.

대화를 마치고 집으로 돌아오면서 나는 두 사람을 마치 아주 오래전부터 알고 지낸 듯한 느낌이 들었다. 그리고 우리 가족이 시작하려는 모험이 그 뛰어난 전문가들의 도움에 많이 빚지겠구나 하는 걸 강하게 느꼈다. 또 그 무엇보다 우리가 애초 생각했던 것보다 훨씬 많은 사람들을 이 실험에 동참하도록 만들 수도 있겠다는 희망도 조금 싹트기 시작했다.

집으로 돌아오는 차 안에서 나는 우리 집에서 없어도 괜찮을 플라스틱 물건들을 대중매체를 통해 알려질 만큼 철저히 없애 보자는 보테 감독의 발상에 대해 생각해 보았다. 말을 듣던 당시에는 덜컥 그러마고 했지만 세부적인 문제들을 곰곰이 생각해 보니 그건 정말 예삿일이 아니었다. 플라스틱 없이 살아 보자고 작정한 것부터가 어차피 쉽지 않은 일이긴 했지만, 그러나 어쨌건 우리의 일상도 마찰 없이 굴러가야 한다는 것도 명백한 사실이었다. 나는 영화사 팀이 들이닥치기 전에 우리 집에 있는 플라스틱 제품들을 미리 분류해서 좀 치워 두는 게 좋겠다는 생각이 들었다. 그래야 나중에 달갑잖은 당혹감을 피할 수 있을 것 같았다.

그러나 남편의 의견은 달랐다. 우리가 공식적으로 플라스틱을 치우기로 한 시점 이전에는 아무것도 손대서는 안 된다는 거였다. 그렇게 하지 않으면 그건 진짜가 아니라는 것이었다. 나는 남편을 열심히 설득했다. 그건 남을 속이려는 것이 아니라 단순히 준비하는 거라고, 당일에 가서 치우는 데 시간이 모자라면 그런 낭패가 어디 있겠냐고, 그건 영화사 팀들에게 큰 결례가 될 거라고. 온갖 궁색한 이유를 다 갖다 붙여 설득한 끝에 겨우 남편의 동의를 받을 수 있었다.

입을 뗐으면 실행에 옮겨야 하는 법. 며칠 뒤 남편과 나는 행동에 돌입했다. 시작은 부엌이었다. 남편은 특히 내 터퍼 용기 수납장에 눈독을 들이고 있었다. 그 수납장은 통째로 다양하기 그지없는 각종 플라스틱 그릇과 용기로 꽉 차 있었는데, 평소 페터는 그 꼴을 못 봐 아주 이를 득득 갈았다.

나는 그간 내 보물창고를 남편의 침탈로부터 지켜내느라 눈물겨운 노력을 해 온 터였다. "이 플라스틱 잡동사니들, 이제 그냥 싹 내다 버릴 거야!", "누가 이딴 걸 쓰겠어. 이건 몽땅 쓰레기라니까!"라고 외치며 선수를 치기도 했고 목소리를 착 내리깔고 "손만 댔단 봐라." 협박도 서슴지 않았다. 또 혀를 살짝 차거나, 말없이 이맛살을 크게 찌푸리는 등 내 보물들이 위기에 처할 때마다 나는 그때그때 적절한 행동을 함으로써 가까스로 지켜 낼 수 있었던 것이다. 남편은 어쩔 수 없이 매번 물러서기는 했지만 그럴수록 터퍼 밀폐용기에 대한 적의를 차곡차곡 쌓아 온 눈치였다. 집 안을 정리하자는 데 동의한 이유가 오직 그 터퍼 용기를 없애 버릴 기회라고 생각했기 때문이 아닌가, 의심이 들 정도였다.

남편 역시 지켜야 할 자기만의 보물창고가 있었다. 우리 집의 마당 한 귀퉁이에는 예전에 헛간으로 쓰던 건물이 하나 있는데, 우리가 이곳으로 이사 온 뒤부터 남편은 오래된 컴퓨터, 각종 부품, 라디오, 스위치, 케이블, 다양한 크기의 모니터 등 온갖 종류의 폐전자·전기 제품들을 그곳에 모아 두었던 것이다. 대학에서 전기 분야를 전공한 남편은 그 수집품들을 폐품이 아니라 언젠가는 부활하여 작으나마 제 몫을 훌륭히 해낼 예비전사처럼 보는 모양이었다. 우리 둘의 '수집품' 사이에는 어쨌거나 절묘한 균형 같은 것이 확고하게 자리 잡고 있었던 셈이다. 양쪽의 수집품은 계속 늘어 갔다. 하지만 그것들이 사용되는 일은 거의 없었다.

그제야 알아챈 일이었지만, 나는 필요한 터퍼 용기를 찾을 때 수납장 속 앞쪽에서부터 안쪽 깊숙한 데까지 고루 뒤지는 일이 거의 없었다. 수납장의 문을 열고 눈에 보이는 데만 쓰윽 훑어보고 말았으니 안쪽에 쌓여 있는 것들은 눈에 띌 일이 없었다. 그러다 보니 안쪽에 있는 물건일수록 내가 언제 그걸 사용했는지 기억이 나지 않았고 나중에는 내가 그것을 산 기억조차 없는 용기들과 맞닥뜨리기도 했다. 예를 들면 파란색 세 개짜리 푸딩 틀 세트는 단 한 번도 쓰이지 않은 채 그곳에 갇혀 가련한 운명을 이어 갔던 것이다.

빈에서 나는 보테 감독에게—온갖 잡동사니 가득한 우리 집 창고에 대해서는 언급하지 않은 채—작정하고 그 터퍼 용기에 대해 물어보았다. 사실 터퍼 밀폐용기는 플라스틱 제품치고는 고품질의 대명사로 통했다. 적어도 그 제품들에는 유해물질이 들어 있지 않다는 확답을 받고 싶었던 것이다. 그의 대답은 간단명료했다.

"터퍼 사장한테 직접 들었는데 생산과정에서 가소제는 불가피하대. 그걸 쓰지 않으면 제 기능을 발휘할 수 없다는 거야. 물론 짝퉁 터퍼라면 품질이 훨씬 못하겠지."

내가 어느 플라스틱 통을 열고 그 내용물을 살펴보며 망연해하고 하는데 남편이 내 뒤로 다가왔다. 통 안엔 하얀 일회용 플라스틱 포크가 가득 들어 있었다.

"이것들을 도대체 어디다 두어야 한담?"

남편은 승리의 기쁨을 전혀 감추려 하지 않았다.

"당연히 내다 버려야지. 내가 몇 년 전부터 그러지 않았냐고!"

"버려라, 버려라! 그게 도대체 무슨 말이야? 이 많은 플라스틱을 그냥 다 버릴 수는 없는 노릇 아니냐고! 또 설사 버린다고 해. 어디다 어떻게 처분하는지는 알아?"

"그야 노란색 재활용 봉지에 넣어 버리면 되는 거 아냐?"

"아닐 거야. 그 봉지는 폐비닐 버리는 용도라고. 게다가 이것들은 한 번도 안 쓴 거야. 돈 주고 일부러 장만한 거라고. 그런 걸 그냥 내다 버릴 수는 없잖아."

"흠, 어쩌면 가져가려는 사람이 있지 않을까?"

"멋지네. 우리는 쓸 생각 없으니 당신들이나 갖다 쓰세요? 흥, 정말 그럴듯하다!"

"한번 물어볼 수야 있는 거지. 그러니까 내 말은, 혹 그런 물건들을 새로 살 일이 있다면 그러지 말고 우리 걸 가져가라고 말이야."

"그러면 당신이 주변에 한번 물어봐. 당장 케이크 담는 쟁반 필요한 사람 있는지. 그건 정말 신상이잖아?"

남편을 향한 회심의 한 방이었다. 왜냐하면 그 쟁반은 불과 몇 주 전에 남편 자신이 호퍼Hofer• 에서 구입한 것이기 때문이었다. 하지만 남편이 호락호락할 리가 없었다.

"그건 당신이 터퍼 쟁반을 어디서 잃어버리고 끙끙 앓으니까 산 거잖아! 당신이 시켜서 샀지, 내가 그런 걸 왜 사?"

• 독일의 저가 슈퍼마켓 체인 알디(Aldi)의 오스트리아 내 상호.

우리는 한동안 서로 티격태격 말다툼을 하다가, 그렇게 해서는 아무런 진전이 없을 거라는 사실을 알아차렸다. 그래서 결국 창고에 임시로 그런 플라스틱 물건들을 쌓아 두기로 합의했다. 페터의 잡동사니 전기제품들 옆에! 그리고 완전히 버릴지 말지에 대해서는 결정을 뒤로 미루기로 했다.

그 일이 있고 난 뒤에도 페터는 여전히 나를 미심쩍어했다. 내가 미리 분류해서 어디로 치워 버림으로써 우리 집 살림살이의 현 상태를 감추려 하는 게 아닌가 하고 말이다. 하긴 그런 의심이 전혀 근거 없는 것은 아니었다. 왜냐하면 내가 우리 살림살이 가운데 차지한 플라스틱 물건의 규모를 알아 갈수록 점점 더 고통스러워졌기 때문이다. 그 어마어마한 규모를 만천하에 적나라하게 까발린다? 아, 그건 상상만 해도, 점잖게 말해서, '적잖이 쪽팔리는' 일이었다.

정해진 날짜가 다가옴에 따라 나는 점차 조급한 충동 속으로 빠져들었다. 되도록 볼썽사나운 것들을 보이지 않게 '감추고' 싶어지는 마음을 누르기 힘들었다. 우리 식구들은 하나같이 수집벽을 지녔던 것인지 온갖 허섭스레기들을 버리지 않고 차곡차곡 쌓아 두고 있었다. 고장 난 카세트에서부터 제대로 밀폐되지 않는 보온병, 네온 빛깔의 80년대 패션 장신구에다 팔에 끼우는 아기용 수영 튜브에 이르기까지, 그걸 다시 쓸 일이 어디 있다고! 마당에 쌓아 놓은 그런 물건들을 보고 사람들이 우리 가족을 행여 저장강박증 환자들로 여기는 것은 아닐지 걱정스러웠다. 물론 우리가 플라스틱 중독자라는 점은 감춰져서는 안 되었고 그럴 생각도 없긴 했지만…….

하지만 난관은 그걸로 끝이 아니었다.

애들 장난감은 다 어떡하지?

요즘 집집마다 아이들의 방이란 대개 작은 '플라스틱 세상'이기 십상이다. 우리 집도 예외가 아니었다. 이번 기회에 나는 아이들 방도 대대적이고 철저하게 정리할 작정이었다. 일을 나가지 않는 하루를 택해 나는 그 일을 해치우기로 마음먹었다.

사무엘, 말레네, 레오나르트는 꽤나 큼직한 방 두 개를 서로 번갈아 가며 쓰고 있었는데 여기에는 장점도 더러 있었지만 결정적 단점도 하나 있었다. 누구에게 방 어질러 놓은 것을 꾸중하든 그건 '다른 아이'의 탓으로 돌려진다는 것이었다. 그리고 그렇게 지목된 아이는 한사코 자기가 그런 게 아니라는 변명을 늘어놓았다. 방을 난장판으로 만든 책임은 이리저리 떠넘겨지다가 결국에는 부모의 권위를 내세운 최종 결정(아이들은 이를 대개 협박이라고 부른다)으로 세 아이가 공동으로 방을 청소하라는 명령을 받는다. 그런 뒤 하루 정도는 그런 대로 정돈된 듯 보인다. 그러다 다시 그 모든 난장판이 처음부터 되풀이되는 것이다.

늘 반복되는 이 지겨운 싸움의 결정적 원인은 한마디로 장난감이 너무 많다는 거였다. 평소에도 우리 가족은 장난감을 더 이상 늘리지 않으려고 온갖 그럴듯한 결정을 내리곤 했지만, 그럼에도 불구하고 아이들의 방에는 조금이라도 유행을 탄 장난감 종류는 총망라되어 있었다. 내가 초지일관 거부하여 사 주지 않은 거라곤 전자식 장난감뿐이었다.

아이들의 방은 가히 플라스틱 동산이었다. 우선 그 많은 장난감을 담아 두는 바구니에서부터 애들이 어릴 때 썼던 유모차와 카시트, 소꿉놀이 부엌 세트, 온갖 인형들, 말레네가 수집한 슐라이히Schleich*의 말馬 피규어들, 듀플로Duplo와 레고Lego 블록, 자동차 경주 궤도 장난감, 동물 모양의 수많은 봉제완구, 자잘한 크기의 온갖(그래, 온갖!) 완구들……. 거기다 레오나르트가 석 달 전 생일선물로 받고서는 아주 하루 종일 끼고 사는 플레이모빌Playmobil의 고성古城 등등 모든 게 플라스틱이었다!

아이들이 아직 학교에서 돌아오지 않은 시간, 나는 아무런 방해도 받지 않고 아이들의 방을 둘러보았다. 내 머릿속에는 어떤 장면 하나가 생생하게 떠올랐다. 완전히 넋이 나가 울고불고 하는 아이들, 카메라가 돌아가는 가운데 아이들이 애지중지하는 장난감을 매몰차게 빼앗는 나의 모습. 보테 감독이 참 친절하고 다정다감한 사람이라는 건 이번 기회에 알게 됐지만, 아무리 그렇다 한들 그 아수라장 같은 현장을 그가 웃으며 받아들여 줄지 알 수 없는 노릇이었다.

나는 머리를 세게 도리질 쳐서 그 장면을 지워 버렸다. 남편과 나는 애당초 우리 아이들에게 플라스틱 물건들을 버리라고 강요하거나 설득하지 않기로 뜻을 모았었다. 다른 한편으로 아이들도 처음부터

* 각종 교육용 피규어를 제작하는 독일의 완구 제조업체.

대화와 논의에 동참했으므로, 우리는 적어도 이 실험이 지속되는 동안에는 아이들이 자발적으로 장난감과 떨어져 지낼 준비를 해 주기를 바랐다. 나는 맨 먼저 학교에서 돌아온 막내 레오나르트에게 장난감 고성을 잠시 치워 두면 어떻겠느냐고 부드럽게 물어보았다. 레오의 반응?

"안 돼, 절대로!"

녀석은 단칼에 잘라 버렸다. 내가 좀 더 자세히 설명하거나 해명할 기회도 주지 않고 입을 댓 발이나 내밀고서는 발소리를 쿵쿵 내며 바깥으로 나가 버렸다. 다행스럽게도 큰애 둘의 반응은 괜찮았다. 저희들도 장난감이 너무 많다 싶었던지 어느 정도는 정리해도 괜찮다고 여기는 것 같았다.

"네 좋아요. 어차피 갖고 놀지도 않는 것들은 치워도 돼요."

사무엘은 그렇게 말했고 말레네는 한 걸음 더 나아가 자기는 이미 그런 생각을 하고 있었다고 뽐내듯이 대답했다. 나로서는 기쁘기 한량없는 일이었다. 다만 말레네는 슐라이히의 장난감 말들은 계속 갖고 놀고 싶다고 단서를 달았다. 우리 셋은 화기애애하게 창고로 들어가야 할 장난감들을 추려서 방 한쪽 구석에 모아 놓았다. 그동안 막내 레오나르트는 혹시나 자신의 고성을 치우지나 않는지 도끼눈을 뜨고 방 한쪽에서 어슬렁거렸다. 나는 고집불통 그 녀석에게 이렇게 골라낸 것들은 내다 버리거나 남에게 줘 버리는 게 아니라 잠깐 동안 다른 곳에 치워 두는 것이라고 다시 한 번 설명해 주었다. 그리고 치워 두었던 장난감 중에서 꼭 다시 갖고 놀고 싶은 게 있다면 얼마든지 꺼내 올 수 있다고 설명했다.

"그래도 싫어요."

막내는 그게 치워지는 순간 영원히 제 곁을 떠나 버릴 게 뻔한데 어른들이 이를 숨기고 자기를 살살 꼬드기고 있다고 믿는 눈치였다. 때로 애들은 어른들 말보다 자기보다 두세 살 많은 '언니'나 '형아'들의 말을 더 신뢰하는 법이다. 막내를 설득한 것은 말레네였다.

"이런 바보, 그게 아니라니깐! 마당에서 사진만 찍고 도로 준다고. 우리가 '실험'을 시작하려면 그렇게 해야 해."

말레네가 야무지게 '실험'을 위해서라고 말했을 때 나는 터져 나오려는 웃음을 깨물어야 했다. 말레네가 여간 대견한 게 아니었다.

"그럼 알았어. 진짜로 사진만 찍는 거지? 누가 갖고 가지 않도록 누나도 도와줘야 해."

사무엘과 말레네는 '진짜 영화감독'이 제작팀을 이끌고 와서 촬영을 한다는 사실이 마냥 신기하고 신나는지 사뭇 적극적이었다. 둘은 그때까지 내가 미처 생각하지 못했던 문제까지 끄집어냈다. 학용품 문제였다. 학교에 다니는 애가 셋이나 되는 집에서 이건 꽤나 심각한 문제였을 텐데 내가 까먹고 있었다는 사실이 놀라웠다.

해마다 학년 초가 되면 아이들은 다양한 종류의 교재를 새로 준비해야 했다. 큰애가 쓰던 걸 물려 쓸 수도 있는 일이었지만 말처럼 되지 않았다. 어디에 처박혀 있는지 찾는 것도 어려웠고 새것을 바라는 애들의 희망도 무시하긴 힘들었다. 그러다 보니 해마다 새걸 사 주게 되었는데 한 번 쓰고 버릴 거라면 값이라도 싸야 해서 주로 저가품을 사 안겼다. 그 결과 아직 쓸 수 있는 연필깎이만 해도 여러 개였고, 플라스틱 자 따위는 수를 세기도 힘들 정도였다. 큼직한 비닐 케이스에 담겨 세트로 팔리는 사인펜은 포장도 뜯기지 않은 채 방치된 것들도 있었다. 돈을 들여서 쓰레기를 사들인 꼴이 아닐 수 없었다.

이 문제는 시간을 두고 아이들과 찬찬히 의논을 해 볼 가치가 충분했다. 하지만 우선은 꼭 필요한 것들만 골라내고 나머지는 모두 버리기로 했다. 남은 물건은 작은 나무 상자 하나도 다 채우지 못할 만큼 적었으나 버릴 물건은 커다란 플라스틱 바구니를 가득 채우고도 남았다.

10월 말, 우리가 플라스틱 없이 살아 보기로 마음먹은 지 한 달 넘게 지났다. 보테 감독과 제작자 보그너가 마침내 방문 날짜를 알려 왔다. 그날 이른 오후, 두 사람은 스태프 네 명과 함께 우리 집으로 들이닥쳤다. 이제 드디어 결행의 때가 온 것이다.

그동안 우리 식구들이 부분적으로나마 미리 정리해 둔 게 큰 도움이 되었다. 남편은 꼼수를 쓰는 거 아니냐고 반대했었지만 막상 닥치고 보니 그건 물정 모르는 소리였다는 게 증명되었다. 우리 집 구석구석에서 쏟아져 나온 플라스틱 제품들은 영화사 사람들을 놀라게 하기에 충분할 만큼 어마어마했던 것이다. 한 시간이면 몽땅 집 바깥에다 쌓아 놓고 촬영을 마칠 수 있을 것이라고 보았던 보그너가 특히 놀랐다. 그는 우리 가족의 수집벽을 과소평가했던 것이다.

미리 정리하는 과정에서 그냥 지나쳤던 물건들이 영화사 사람들의 예리한 눈에 띄어 끄집어져 나올 땐 우리도 놀랄 지경이었다. 우리 딴에는 유달리 철저하게 치웠다 싶던 아이들 방에서 특히 더 그랬다. 아이들 방 옷장 깊숙이 처박혀 있던 박스에서는 성냥갑 크기의 온갖 자동차들이며 달걀 모양의 곽 안에 든 작은 인형들, 세계 저축의 날에 받은 선물, 광고용 선물이나 경품 추첨에서 받은 것 등등 온갖 잡동사니들이 쏟아져 나왔다. 포장이 뜯긴 다음 운이 좋으면 조립되기도 했지만, 대부분은 그런 운도 누려 보지 못하고 영원히 상자 한쪽 구석에 처박혀 버리고 만 것들이었다. 아이들은 환성을 지르며 거기에 달려들어 마치 오랜만에 친구를 만난 듯 법석을 떨고……. 어른들은 그 모습을 지켜보며 그 이별의식이 끝날 때까지 좀 기다릴 수밖에 없었다.

그렇게 두 시간쯤 작업이 진행되자 우리 집 앞마당은 플라스틱 물건들로 동산이 하나 생겨났다. 그래서 우리는 다시 들여와서 써야 하는 텔레비전 같은 전자제품들을 일부러 끄집어내는 번거로움은 피하기로 했다. 그 와중에도 보테 감독은 플라스틱 더미를 그림 좋게 찍는 것에 정신이 팔려 있었다. 하지만 페터가 마구간 창고에서 낡은 정원용 가구며 스키 장비, 오토바이 헬멧 등을 꺼내 오자 그도 혀를 내두르지 않을 수 없는 모양이었다.

"자네들 참 대단한데? 미국 사람들도 이 정도는……."

나도 영화의 그 장면을 기억하고 있었다. 어느 미국 가정이 꺼내놓은 플라스틱 물건 더미를 보면서 그 양에 새삼 놀라기도 했지만 속으로는 우리 집도 저에 못지않을걸……, 하며 씁쓸해했던 것이다. 보테 감독이 그런 나를 위로하듯이 말했다.

"이 정도면 훌륭해. 그림 잘 나오겠어. 결국 우리가 보여 주려는 건 오늘날 보통 사람들이 얼마나 많은 플라스틱에 파묻혀 살아가는가 하는 거니까 말이야."

"내가 봐도 많긴 하네. 근데 저것들 언제 다시 치우나, 난 그게 걱정이야."

"염려 말라고. 우리 팀은 이미 그 분야 베테랑이 다 됐어. 깨끗하게 마구간 창고로 치워 줄 테니, 자네들은 저걸로 전시회나 한번 기획해 봐."

우리는 함께 웃었다. 어느 정도 소란스러움이 가라앉고 스태프들이 좀 더 극적인 화면 구성을 위해 물건들을 이리저리 재배치하는 걸 지켜보면서 나는 서서히 내가 이 상황을 즐기기 시작했다는 것을 알아차렸다. 아무리 생각해 봐도 우리가 이렇게나 철저히 집 안을 비우는 기회는 다시 오지 않을 것 같았다. 나는 묘한 행복감에 휩싸여 우리 집 마당을 바라보았다. 남편과 아이들, 영화사 스태프들, 이웃집 아이들, 무슨 일인가 싶어 기웃거리다가 자신도 모르게 마당으로 들어와 일손을 보태는 이웃들, 모두가 부지런히 물건들을 모양내어 배열하는 일에 흠뻑 빠져 있었다. 거기에 모인 모든 사람들은 그 일에서 아주 각별한 즐거움을 느끼는 것 같았다. 그리고 나는 비로소 내 인생에서 뭔가 아주 특별한 일이 일어났다는 느낌을 강하게 받았다.

한 달쯤 전 우연한 기회를 빌려 태어난 아이디어와 작은 결심 하나가 우리에게 큰 기회의 문을 열어 준 것이 아닌가! 우리의 실천으로 뭔가를 바꿀 수 있다거나 적어도 변화를 이끌어내는 데 조금이라도 기여할 수 있다는 희망은 가슴 벅찬 것이었다. 그리고 내가 보그너와 보테 같은 사람들에게 영감을 주어 이 일에 끌어들일 수 있었다면, 다른 사람들에게도 그러지 못하란 법이 없지 않겠는가.

곧 오픈하게 될 우리의 블로그가 그런 희망을 현실로 바꾸어 줄지도 모른다. 나는 블로그에도 내 모든 노력을 쏟아부을 결심을 단단히 했다. 블로그는 우리의 체험과 경험을 수많은 대중에게 실어 나를 것이다. 사람들은 자기의 소비 행태에 대해 한번쯤 되돌아보고 하찮은 것이라도 바꾸어 보고자 마음먹을지도 모른다. 하나의 날갯짓이 불러오는 작은 변화, 그것은 희망이었다. 우리의 실천이 다른 사람들에게 동기를 부여할 수 있고 그럼으로써 나와 내 주변을 넘어 점점 퍼져 나가서 수많은 사람들이 이 대열에 동참하는 결과를 낳는다면 세상은 달라지지 않겠는가. 하루아침에, 순식간에 이루어질 일이 아니면 어떤가. 씨앗을 뿌리면 언젠가는 열매를 맺기 마련이다. 나는 이날 우리 집에서 벌어진 일이 참으로 깊은 의의를 지닌다는 사실을 온몸으로 받아들였다.

작업이 거의 끝나 가고 있었다. 이제 남은 일은 우리 가족이 플라스틱 동산 앞에서 촬영을 하는 정도였다. 보테 감독은 부엌에서 떼어 낸 파란 플라스틱 벽시계를 현관 정면의 지붕 합각머리 바로 아래, 그러니까 우리 집의 이마빡에 해당하는 곳에다 걸고 시간을 12시 5분 전으로 맞추었다. 종말의 시간이 5분밖에 남지 않아 행동에 나서야 할 시급한 상황이라는 걸 상징하는 시간이었다.

우리 가족이 사진 촬영을 위해 자리를 잡고 섰을 때에는 일을 시작하고부터 네 시간이 훌쩍 지나 있었다. 우리는 모두 비닐로 된 비옷을 입었고, 말레네는 거기다 노란 비닐우산까지 펼쳐 들었다. 사무엘은 지구본을 앞에다 두고 두 손을 그 위에 올려놓은 자세를 잡았으며, 레오나르트는 핫 휠즈Hot-wheels 경주차 모형 장난감을 안고 있었다. 남편 페터는 오토바이용 헬멧을 쓰고 헬로 키티Hello Kitty 비닐 봉제완구 하나를, 그리고 나는 한 손에 푸른색의 막대 믹서를 들고 케이크 통을 무릎 위에 올려놓았다. 이따금 남편과 말다툼하는 원인이 되기도 했던 그 통이었다.

우리 집에서 쏟아져 나온 산더미 같은 플라스틱 물건을 배경으로 카메라 앞에 서 있자니 여러 가지 감회가 밀려왔다. 나름대로는 친환경적인 삶을 꾸려 간다고 믿었던 나 자신의 안일함과 무지, 아무런 생각 없이 대량소비 행태에 젖어 마구 사들인 저 수많은 물건들, 늦었지만 그래도 플라스틱 없이 살아 보자고 결심한 일, 그리고 가족들과 나눈 수많은 대화, 보테 감독과의 만남, 그리고 지금 이 순간.

나는 앞으로 우리의 실험을 최대한 재미있게, 할 수 있는 만큼, 진심과 최선을 다해 진행해 보리라 마음먹었다. 우리가 아무리 애를 써도 대안이 없는 것들, 이를테면 텔레비전이나 컴퓨터, 카메라, 전화기, 자전거용 헬멧, 스키 장비, 파카나 비옷 등에 대해서 지나치게 거부함으로써 우리의 실험이 마치 은둔자나 금욕 수행자 내지는 극단적 일탈주의자들이 하는 기행奇行으로 비치는 것을 원치 않았다. 플라스틱이 가져다준 생활 전반에 걸친 순기능을 도외시한다는 것은 어불성설이다. 그 물질은 우리의 적이 아니다. 다만 우리 생활에 유의미하게 사용되는 물건과 그렇지 않은 것을 구분하되, 우리 가족의 생활 스타일에 부합하는 정도에서 그 사용을 줄여 보자는 것이다. 우리 스스로를 옭아맬 필요도 없고 누군가에게 뭔가를 입증할 필요도 없다.

나는 우리의 실험이 어디까지나 서방 문명사회에서 보통의 삶을 살아가는 사람들이 생활 가운데에서 '누구나 실천할 수 있는 조금 특별한 행동'이기를 바랐다. 너무 높은 기대수준을 내세우는 바람에 우리의 일상이 부담스러워지거나 생활 가운데서 느끼는 소소한 기쁨을 빼앗겨서는 안 될 일이었다. 내가 비록 열정을 다해 이 일에 달려들고는 있지만 그것은 결국 플라스틱 쓰레기 좀 줄여 보고, 불필요한 것들을 좀 덜 사고, 또 그럼으로써 삶의 질을 조금이라도 개선해 보고자 하는 개인적 실험일 뿐이다. 무슨 대단한 성과를 내고자 하는 야심이 앞서서는 안 될 것이다. 거창한 명분에 휘둘린다면 스스로를 옥죌 위험이 너무 많다. 우리 실험은 인간적이어야 하며, 타협과 실패도 있을 수 있다. 우리는 '완벽주의'라는 환상에 시달리지 않을 것이다.

촬영을 끝내고 모든 사람이 달려들어 물건들을 마구간 창고로 치우는 일까지 거뜬히 끝냈다. 모든 게 완벽했다. 마침내 토마스 보그너가 말을 꺼냈다.

"자, 한 가지 알려 줄 게 있네. 이 프로젝트 이름을 뭐라고 붙여야 할지 그동안 고민을 많이 했는데 말이야……. 〈플라스틱 없는 집Kein Heim für Plastik〉 어떤가?"

사람들이 모두 떠났다. 나는 다시 한 번 집 안을 천천히 둘러보았다. 빽빽이 채운 물건들이 빠져나가면서 방은 더 넓어졌고 여유로워졌으며 더 커 보였다. '비우면 더 넉넉하고 아름다워진다.'는 말을 실감하면서 나는 뿌듯한 행복감에 젖어 들었다.

2부

이제 출발이다

시작 선포식을 겸한 생일 파티

집 안을 완전히 뒤집어 플라스틱을 치워 낸 뒤 우리 가족은 모두 두고두고 그 결과에 만족했다. 아이들도 깨끗이 정리된 방을 훨씬 아름답게 여기는 눈치였다. 특히 맏이로서 방 하나를 독차지하게 된 사무엘의 기쁨은 이루 말할 수 없는 모양이었다.

그러나 늘 익숙하게 사용하던 물건이 없어짐으로써 생긴 불편함도 물론 있었다. 특히 부엌의 작은 식탁에 놓여 있던 의자가 그랬다. 골격은 금속이었으나 좌대와 등받이는 플라스틱으로 되어 있던 그것을 남편이 냉큼 치워 버렸는데, 다 이유가 있었다. 남편은 플라스틱 좌대에서 발생하는 정전기에 아주 질색을 하면서 오래전부터 그 의자들을 눈엣가시처럼 여기던 차에 이번 기회에 얼씨구나 없애 버렸던 것이다. 그걸 대체할 물건들이 마련될 때까지는 우리는 식당 방에 있는 큰 식탁을 쓸 수밖에 없었다.

그 외에 아쉬운 것은 식품 저장용기였다. 전에는 당연히 터퍼 용기에 담거나 랩을 씌워서 냉장고에 넣곤 했는데 이제 우리 집엔 그런 것들이 없었다. 나는 이틀 앞으로 다가온 내 생일잔치를 그런 물품들을 마련하는 절호의 기회로 삼을 작정이었다. 그래서 아예 초대장에 내가 받고 싶은 품목을 적어 넣기로 했다.

초대장

- 플라스틱 없는 생일 파티에 여러분을 초대합니다! -

이미 여러분들도 잘 알고 있다시피,

저희 가족은 거의(바라건대 '거의'에 불과하기를……) 불가능한

한 가지 실험을 하려고 합니다.

그래서 '한 달 동안 플라스틱 없이 살아 보기' 실험의 시작과

저의 생일을 한데 묶어 조촐하게 축하하는 자리를 마련하고자 합니다.

우리 집 살림살이 가운데 플라스틱으로 된 물품을

죄다 정리했다는 사실은 이미 알고 계시겠지요.

그래서 저는 조금 특별한 생일 소망을 갖게 되었습니다.

제가 이 초대장 끝에 적어 놓은 물품 목록은

현재 저희들에게 없는 것들입니다.

저는 이 실험의 의의를 생각해서 여러분의 집, 또는

부모님, 할아버지, 할머니 댁 또는 형제자매들의 집을

한번 둘러봐 주십사 하는 부탁을 드리고자 합니다.

더 이상 아무도 사용하지 않는, 당연히 플라스틱이 들어 있지 않은

물건이 어딘가에 나뒹굴고 있지나 않은지를 말입니다.

뭔가 찾아 내신다면 그 물건을 선물해 주셔도 좋겠습니다.

아, 물론 선물이 없어도, 여러분의 참석만으로도 충분합니다!

절대로 선물을 따로 구입하진 말아 주시기를 간곡히 부탁합니다.

혹 비슷한 것들이 너무 많이 모이는 경우가 생긴다면
여러분들이 서로 교환하거나 그냥 다시 가져가시면 되겠죠?
저는 이 일이 매우 재미있으리라 상상하고 있습니다만,
바라건대 여러분들도 그랬으면 좋겠습니다.
혹 케이크 같은 것을 가져오시려는 분이 있다면 우리 프로젝트에
어울리는 혁신적인 운반수단을 떠올려 보시기 바랍니다.
벌써 짜릿한 기분이 몰려오는군요!
이제 제 희망 품목을 여기에 적겠습니다.

- 식탁용 나무 의자 네댓 개
- 종이, 금속, 목재, 대나무 따위를 엮어 짠 상자나 통
- 식탁에 둘 소금 통 및 후추 그라인더
- 알루미늄 같은 금속 소재로 된 통
- 아이들 장난감이나 잡동사니를 담기 위한
  다양한 크기의 덮개 달린 나무 상자
- 판지로 만든 견고한 신발 상자
- 작은 탁자
- 목제나 금속제 비누 곽
- 빵 담을 통
- 액체를 담을 때 쓸 금속제 깔때기
- 자기, 유리, 금속, 나무 재질의 저장 용기

특별한 하이라이트에 대해서도 하객들에게 미리 알려 주었다. 바로 베르너 보테 감독과 제작자 토마스 보그너가 참석한다는 사실이었다. 두 사람은 내 생일잔치의 여러 장면을 촬영해 우리 프로젝트 〈플라스틱 없는 집〉의 출범을 알리는 신호탄으로 쓸 계획이었다.

초대장을 받고 맨 먼저 연락을 해 온 사람은 소냐였다. 그녀는 나와 함께 직업교육을 받을 때부터 단짝이었던 오랜 친구로, 몇 달 뒤 첫 아이 출산을 앞두고 있었다. 아이가 많이 늦은 편이었는데, 그녀는 우리 애들을 자기 자식처럼 귀여워해서 내가 급한 일이 있을 땐 종종 돌봐 주기도 했다.

우리가 시골로 이사 온 뒤 그녀 부부는 우리가 살던 그라츠의 낡은 집으로 이사해 살았다. 남편 페터가 할아버지에게서 물려받은 집이었다. 우리는 그 집의 지하실과 다락방, 장비 보관창고나 정원의 간이창고 같은 곳에 안 쓰는 물건들을 그냥 남겨 두고 왔는데 서로 잘 아는 처지라 편의를 봐 준 셈이었다. 그리고 가끔씩 우리가 그곳에 남겨 둔 것들 중에서 무엇이 아직 그대로 있는지를 소냐를 통해 알게 되는 경우가 있었다. 소냐가 집을 정리하다가 처치 곤란의 그런 물건들을 어찌해야 좋을지 얘기한 적이 더러 있었기 때문이었다. 까맣게 잊고 있던 그런 물건들이 화제에 오를 때마다 우리는 당장 날을 잡아서 깡그리 정리해 버리자고 씩씩댔지만 늘 유야무야 넘어가고 말았다. 우선 당장 다급하게 치워야 할 만큼 집이 좁지는 않아서 눈에 띌 때만 거슬리는 그런 경우였던 것이다. 그랬는데 이날 소냐의 전화 목소리는 유난히 유쾌하고 약간의 장난기도 섞인 듯했다.

"네가 선물로 받고 싶은 게 정말 그런 낡은 물건들이니?"

"그렇다니까, 얘는. 비싼 거 바라는 게 아니란다."

"하하, 그래 알았어. 너, 기대하고 있어라."

친한 친구의 목소리에 실린 장난기를 못 알아챌 리가 있겠는가. 나는 무슨 꿍꿍이냐고 다그쳤지만 그녀는 웃기만 할 뿐 구체적인 얘기는 더 이상 하지 않았다.

"그래, 말하기 싫으면 관두렴. 어쨌든 난 플라스틱 대용품을 찾아야 하는 판이라, 안 쓰는 유리나 목제, 철제 제품이 필요해. 근데 너 정말 왜 그러니? 네가 무슨 생각을 하고 있는지 정말 궁금하다."

"곧 알게 될 텐데 뭘 그래. 난 그저 확실히 해 두려고 그랬을 뿐이야. 어쨌든 우리 집에는 너한테 꼭 들어맞는 게 몇 가지 있어. 넌 그저 마음의 준비나 단단히 해 두면 될 거야!"

"너 이상한 거 들고 와서 사람 곤란하게 만들면 안 된다? 그날 보테 감독과 보그너 씨도 온단 말야. 선물 주고받는 장면 촬영할 텐데."

소냐는 재미있어 죽겠다는 듯이 더 크게 웃기 시작했다. 아하, 그녀가 노리는 게 무엇인지 대강 짐작이 갔다. 하지만 대체 어떤 걸로? 나는 궁금해서 미칠 지경이었다.

"너도 곧 보게 될 거야. 네 초대장에 적힌 대로 플라스틱이 전혀 없는 데다 당연히 오래된 물건이라는 것 정도만 알아 둬. 우린 그저 네가 내려 준 지침을 아주 충실히 따르는 거라고."

나로서는 기다리는 것, 그리고 정 안 되면 그걸 유머로 받아들이는 것 말고는 달리 도리가 없었다. 그러고는 곧 잊어버렸다. 조촐하다고는 해도 준비할 게 많아 머리가 복잡했기 때문이다.

초대한 사람은 대략 마흔 명이었다. 손님들 대다수가 먹을 것을 조금씩 들고 오기는 할 것이다. 그렇긴 해도 내가 따로 준비해야 할 음식도 있었다. 특히 굴라쉬 수프•를 육류가 든 것과 들지 않은 것 두 종류로 준비해야 했다. 거기에 넣을 쇠고기를 비닐 종이에 둘둘 말아서 사 온다면 원칙에 어긋나는 일이라 나는 뚜껑이 있는 큼직한 스테인리스 냄비를 들고 고기를 사러 갔다. 정육점 주인은 이제 놀라지도 않았다. 이미 여러 번 그런 방식으로 장을 보았던 것이다.

음료의 경우에는 아무런 문제가 없었다. 우리 실험에 걸맞게 음료를 준비하는 방법이 이미 확보되어 있었던 것이다. 사과 주스는 인근 농가에 주문했다. 그 집에선 유리병만 사용했고 빈 병은 회수해 갔다. 광천수는 다행히 공병 보증금이 있는 병에 담긴 것을 이웃 동네에서 살 수 있었다(유감스럽게도 우리 동네 가게에선 내가 찾는 물건들이 점점 줄어드는 것 같다). 포도주, 맥주 그리고 절반쯤 발효된 달달한 포도주 슈투름Sturm은 거의 대부분 병에 담긴 채 판매되니 문제가 없었다. 디저트용으로 쓸 밤도 넉넉히 샀다. 밤은 이웃 동네에서 포장 없이 무게를 달아 팔고 있었는데, 합성소재 그물망에 들어 있는 대형 슈퍼마켓의 밤과 달리 원산지도 이탈리아가 아니라 오스트리아였다.

대망의 그날이 밝았을 때 나는 모든 준비를 플라스틱 없이 훌륭히 끝낼 수 있었다. 손님들도 예외 없이 플라스틱 없는 생일잔치라는 우리의 방침을 잘 따라 주었다. 어떤 이는 대단히 기발한 방법으로 음식을 담아 왔다. 신발상자에 멋진 포장지를 덧발라 근사하게 모양을 내고

• 쇠고기와 양파, 양배추, 감자, 당근, 콩, 토마토 같은 야채류를 깍둑썰기해서 파프리카 등의 향신료로 양념하여 끓인 헝가리식 수프 혹은 스튜.

그 안에 바닐라 빵을 가득 채운 다음 자잘한 무늬가 있는 키친타월을 덮어 왔는데 어찌나 예뻐 보였는지 모른다. 손님들이 가져온 음식을 커다란 식탁 위에 올려놓자 그런 멋진 뷔페가 따로 없었다. 음식 종류도 다양하고 풍성해 보였을 뿐 아니라 놀라울 정도로 다채로운 색을 뽐냈다. 그것도 플라스틱 하나 없이!

또한 내가 소망한 선물들은 기대를 훨씬 뛰어넘고도 남았다. 서로 다른 모양의 나무 의자가 네 개, 나무와 돌로 된 비누 곽 한 개씩, 바구니 모양으로 엮어 짠 휴지통 세 개, 나무로 된 후추 그라인더 세 개, 금속제 깔때기 두 개……, 게다가 유리나 도자기 또는 금속으로 된 다양한 크기와 모양의 각종 보관용기를 수두룩하게 선물 받은 것이다! 다만 빵 담는 통은 마땅한 게 없었다. 하지만 내가 또 물건에 욕심을 내 쓰지도 않을 걸 쌓아 둘지 모른다고 지레 걱정한 남편은 자기 부모가 하던 방식, 즉 빵은 오븐 안에 보관하면 충분하다고 설레발이었다. 그러지 뭐.

마침내 보테 감독과 보그너가 도착했다. 그들은 깜짝 놀랄 선물을 갖고 왔는데, 비더마이어 풍•의 아름다운 침실용 탁자였다. 내가 그런 걸 얼마나 원했는지, 속마음을 꿰뚫어 보기라도 한 듯한 물건이었다.

"마음에 들었다니 다행이군. 자, 이걸 제자리에 갖다 놔 볼까?"

아, 이런 낭패라니! 사실 부끄럽지만 나는 플라스틱 물건 하나를 꼬불쳐 두고 있었는데, 그게 하필 침실용 탁자로 쓰고 있던 바퀴 달린

• 19세기 전반에, 독일과 오스트리아에서 유행한 가구와 실내 장식의 한 양식. 간소하고 실용적인 면이 특징이다.

2단 플라스틱 탁자였다. 침대 옆에 두고 스탠드와 책을 올려놓는, 나에게 없어서는 안 되는 물건이었다. 이걸 지키기 위해 며칠 전의 그 야단법석 와중에도 침실엔 아무도 들어가지 못하게 했었다. 하지만 이젠 침실 문을 열지 않을 수 없었다. 탁자를 들고 따라오던 보테 감독이 그걸 보고 멈칫 서더니 당혹스러운 표정을 지었다.

"어쩔 수 없었어. 저 공간에 딱 맞는 크기가 잘 없거든. 그리고 난 잠들기 전에 꼭 책 읽는 버릇이 있어서……."

내가 변명을 늘어놓자 보테 감독은 이내 표정을 바꾸고 설득조로 말했다.

"허허, 그럴 수도 있지. 하지만 지금이라도 내놓지 그래. 이 플라스틱 스탠드도 덤으로 말이지."

어쩔 수 없었다. 나는 카메라가 돌아가는 가운데 우리 집에 마지막으로 남은 플라스틱 물건을 들어내고 그 자리에 나무 탁자를 갖다 놓았다. 보테 감독은 나의 계면쩍음을 달래기라도 하듯이 부드럽게 말했다.

"이봐, 산드라, 이제는 밀고 나가야 할 때라고! 내가 다음에 올 때 좋은, 진짜로 좋은 스탠드 하나 선물할 테니 너무 아쉬워하지 마."

"그 말 꼭 지켜야 돼. 난 스탠드 없인 오래 못 버텨."

파티가 무르익어 가는 동안 토마스 보그너는 손님들을 상대로 인터뷰를 진행했다. 우리의 실험을 다들 어떻게 바라보고 생각하는지가 주된 질문이었다. 모두들 우리 실험에 대해 아주 긍정적이거나 적어도 중립적인 반응이라 마음이 놓였다. 드디어 나의 회심의 카드를 꺼내 들 때가 왔다. 나는 손님들의 주의를 집중시킨 다음 한쪽 벽을 덮고 있던 가리개를 벗겨 냈다. 벽에는 커다란 종이가 붙어 있었다. 우리가 아직 해법을 찾지 못한 문제들을 적어 놓은 종이였다.

"자, 이걸 좀 봐 주세요. 여기 이렇게 여러분의 도움을 필요로 하는 문제가 좌악 열거되어 있어요. 읽어들 보시고 누구라도 좋은 아이디어나 정보가 있으면 자유롭게 적어 주세요. 따끔한 지적이나 조언도 대환영입니다. 다들 한마디씩 적어 주시면 고맙겠습니다."

나는 앞으로 운영할 블로그의 리허설로는 썩 괜찮은 방법이라며 스스로 대견해하고 있었다.

식료품

- **치즈** 친환경 가게에서조차 랩으로 포장되어 있음. (이 랩에는 유해 성분이 얼마나 들어 있는가? 생분해 비닐로 된 것은 없을까?)
- **커피** 개봉된 상태로 판매되는 친환경 공정무역 상품은 아직 발견하지 못했음.
- **냉동 보관용 비닐봉지** 식품을 냉동 보관할 때 쓸 수 있는, 생분해 재질로 된 것은 없을까?
- **통조림** 통 내부는 예외 없이 비닐 코팅이 되어 있음.
- **양념류(바닐라 설탕, 베이킹 파우더 등)** 현재까지 비닐 포장된 것만 발견할 수 있었음. 건포도, 헤이즐넛, 아몬드도 마찬가지.

위생용품

- **화장실용 휴지, 휴대용 휴지, 키친타월** 비닐로 포장된 것뿐임.

- **탐폰, 생리대 등** 전부 비닐로 포장되어 있음. 대안 생리대는 값이 비싸거나 오스트리아에서는 구할 수 없음.
- **화장솜** 비닐로 포장되어 있음. 솜 자체도 대개는 인조섬유를 함유하고 있음.
- **콘돔** ???

신체관리용품, 화장품

- **화장품류** 소재는 천연물질이어도 대개 합성소재 물질로 포장되어 있음.

청소 및 설거지용 세제

- **식기세척기용 알약형 및 가루형 세제** 알약형은 하나씩 비닐 포장되어 있거나 전체가 비닐봉지에 싸여 종이상자 안에 들어 있음.
- **설거지용 수세미와 행주** 베텍스Wettex를 비롯한 여러 상표의 제품들은 예외 없이 인조섬유 재질로 되어 있음.(순면 재질의 천으로 된 것은 어디에?)

영·유아용 제품

- **젖병, 젖병용 젖꼭지, 노리개젖꼭지, 책가방, 필통, 책 꺼풀, 스케치북, 서류용 파일, 연필** 거의 대안이 없음.

의류, 직물

- **플리스** 파타고니아Patagonia 사의 제품에는 재활용 소재를 사용한 게

있다고들 하는데, 거기에는 유해물질이 들어 있지 않은가?

- **기능성 의류** 오로지 합성소재로만 되어 있음.
- **운동화** 조깅화, 축구화 할 것 없이 거의 모든 운동화들이 합성소재로 되어 있음.
- **스펀지 매트리스** 어떤 재료로 만들어지는가?

나는 소냐 부부의 등장을 몹시 기다렸다. 그녀가 선물로 준비했다는 깜짝 놀랄 물건이 대체 무엇인지도 궁금했지만, 그런 선물을 주고받으며 파안대소하는 재미난 장면이 보테 감독의 카메라에 담기면 좋겠다는 기대 때문에 더욱 그랬다. 하지만 아쉽게도 보테 감독은 바쁜 일정 때문에 먼저 자리를 떠야 했다.

그날 소냐 부부가 싣고 온 물건들은 정말 대단했다! 말 그대로, 들고 온 게 아니고 싣고 왔다. 둘은 우리 집 현관 입구에다 차를 대고 싣고 온 물건들을 산더미처럼 부려 놓았던 것이다. 침실용 탁자 두 개, 유리로 된 다양한 용기, 게르하르트가 내게 잠깐 빌려 주었던 것과 같은 낡은 알루미늄 상자, 법랑으로 된 낡디 낡은 요강과 나무 뚜껑, 그리고 그 외의 크고 작은 온갖 골동품들. 아마도 그것들은 남편의 할아버지 때부터 사용되다가 어느 날 다락이며 창고에 처박힌 채 잊혀 간 물건일 터였다. 소냐는 내 초대장을 읽고 다락방을 뒤져 그 잡동사니들을 찾아냈겠지. 선물로 줄 수 있어서 좋고, 다락을 정리할 수 있어서 좋은 일거양득, 일타쌍피의 기발한 생각이 아닐 수 없었다. 거기다 덤으로 모든 사람에게 눈요깃거리도 제공했으니. 사람들은 그 낡은 요강을 보고는 모두들 손뼉을 치며 재미있어했던 것이다. 물론 내 마음에도 쏙 들었다. 화장실용 쓰레기통으로는 아주 그만일 것 같았다.

파티가 끝나고 손님들이 모두 돌아간 후 나는 종이 포스터를 꼼꼼히 읽어 보았다. 몇몇 흥미로운 제안과 조언들이 들어 있었다. 나는 특히 브리기타가 적어놓은 걸 보고 매우 기뻤다. 브리기타는 그라츠 시내에 있는 브란트너Brandner라는 작은 상점을 추천했는데, 그곳에서는 온갖 양념류는 물론이고 말린 과일, 견과류, 건포도, 각종 차 및 아주 다양한 곡류를 포장하지 않은 채 저울에 달아 판매한다는 것이었다. 어차피 나는 직장일 때문에 그라츠로 가야 할 일이 잦은 데다 그 가게는 찾기도 쉽게 도로변에 위치해 있다니 그야말로 안성맞춤이었다.

기대했던 것처럼 콘돔에 대해서는 '재미있는' 내용이 주르르 달려 있었다. 압권은 "양의 내장을 잘 가공해 사용해 보시길!"과 "이 중차대한 일을 앞두고 금욕을 하시는 게 어떨지?"라는 것이었다. 남편과 나는 배를 잡고 웃었다. 콘돔은 천연고무로 만든 것이니 석유제품이 아니라는 지적도 있었지만 그 외 특별히 고려할 만한 힌트는 없었다. 비닐 포장이 되지 않은 콘돔에 대해선 그 누구도 듣지도, 보지도 못한 모양이었다.

학용품 문제에 대해서는 아이들이 주로 코멘트를 달아 놓았다. 나무로 만든 자, 가죽 필통과 가죽 책가방 같은 대안적 해법도 있었고 말레네가 써 넣은 글도 보였다. "잘 부러지지 않는 제대로 된 연필. 이건 포장되지 않은 것을 하나씩 살 수 있음!" 어떤 이는 환경부에서 발간한 〈학용품 현명하게 구입하기〉라는 안내책자를 읽어 보라고 권하기도 했는데, 언젠가 나도 한번 본 적이 있는 것 같았다. 어쨌든 다시 한 번 살펴보아야 할 부분이었다.

포스터에 열거되지 않은 분야에 대해서도 이러저러한 조언들이 있었다. 예컨대 어떤 이는 농담조로 나무로 된 스키로 갈아타라고 권했으며, 또 다른 이는 우리 자동차를 옛 마차하고 바꿔 버리라는 '창의성 번득이는' 제안을 하기도 했다. 웃자고 한 제안들이 많았지만 전체적으로 보면 수확이 적지 않았다. 그런 결과를 보니 블로그를 통해 의견 교환과 정보 교류가 활발히 일어나리라고 기대해도 좋을 것 같았다.

이번 생일잔치는 전반적으로 대성공이었다. 개인적으로도, 우리가 이제 막 시작한 프로젝트 측면에서도 그러했다. 그리고 나는 떨리는 마음으로 우리의 블로그 〈플라스틱 없는 집〉을 마주했다.

적응하기 어려운 '친환경' 칫솔

그날 이후 블로그를 살펴보는 일은 우리의 빼놓을 수 없는 일과가 되었다. 우리 집에서 벌어진 플라스틱 제품 제거 작전과 생일잔치를 담은 동영상, 그리고 우리 실험의 바탕이 된 아이디어 및 우리가 추구하는 목표에 대한 설명 등이 게시되어 있을 뿐 아직 특별히 볼 건 없었다. 하지만 며칠 지나자 서서히 글들이 올라오기 시작했다. 신통했다. 주로 짤막한 촌평들이었지만 나는 주의 깊게 읽어 보았다.

게리 한 가족이 플라스틱 없이 살아 볼 준비가 되었다고 선언하다니, 정말 대단하다. 앞으로 몇 주 동안 어떤 일이 벌어질지 기대된다. 그런데 과연 이 실험이 가족 사이의 갈등 없이 잘 진행될 수 있을까? 난 회의적이라고 본다. 하지만 두고 봐야겠지. 멋지게 성공을 거두길……. 파이팅!

에디 굉장한 발상이다. 하지만 과연 잘될까? 칫솔, 치약 등은 어떤 대안이 있지? 또 식료품들은 거의 모두 비닐로 포장되어 있는데?

로베르트 바로 그래서 나는 이 사람들이 그걸 어떻게 해내는지 흥미진진하게 바라보고 있는 거다! 양치질은 버드나무 가지로 할 건가?

맙소사, 칫솔이라니! 그래, 나는 다시 이 문제 해결에 신경을 써야 했다. 그간 인터넷을 뒤지다 나무 칫솔을 발견하기는 했다. 독일의 어느 회사에서 생산하고 있었다. 거기까지만 알아 놓고 바쁜 와중에 더 이상 추적할 생각을 못 했는데, 한시가 급했다. 무조건 주문을 넣어 확인해야만 할 것 같았다. 내가 직접 써 보지 않은 물건에 대해 결코 제대로 설명을 할 수도 없고 또 그러고 싶지도 않기 때문이었다.

며칠 뒤 칫솔이 배송되었다. 하지만 유감스럽게도 나의 기대는 무너졌다. 칫솔 자체는 분명 '흠 잡을 데 없는' 물건이었다. 칫솔대는 나무였고 솔은 고도로 세정된 돼지털이었다. 하지만 칫솔은 하나씩 플라스틱 케이스에 개별 포장되어 있었다. 그것만이라면 말도 않겠다. 칫솔이 마치 파손되기 쉬운 물건이기라도 되는 양 비닐 뽁뽁이에 겹겹이 둘러싸여 박스 안에 고이 모셔져 있었던 것이다.

어이가 없었다. 나무로 된 튼튼한 칫솔이 운반 과정에서 부러지거나 훼손될 가능성이 얼마나 된다고 이렇게까지 포장을 해야 하는 것일까? 지난 여러 주 동안 내가 이미 여러 번 되풀이하여 깨닫게 된 것은, 한 개인이 생태적 관점에서의 합리적 삶의 방식을 추구하려고 온갖 노력을 다 기울여도, 바깥에는 늘 그 의지와 상관없이 불합리에 빠지고 말 위험이 있다는 사실이었다. 이는 쓰레기 안 만들기 측면에서 본다면 참담한 실패였다. 내가 쓰고 있는 플라스틱 칫솔이 친환경적이지 않다는 이유로 나무 칫솔을 구매하는 것이 이런 여건하에서 과연 가당키나 한지 회의가 들었다.

아무튼 그와 별개로 우리 가족은 일단 낯선 나무 칫솔에 적잖은 호기심을 느꼈다. 특히 말레네가 유난스러웠다. 딸애는 바로 이를 닦아 보겠다고 나섰다. 나는 이 어린 채식주의자에게 칫솔모가 무엇으로 되어 있는지는 일부러 말하지 않았다. 우리 가족은 다 함께 이를 닦아 보기로 하고 일렬로 늘어섰다. 사용 후기는 제각각이었다. 말레네는 처음에는 인상을 좀 찌푸렸지만 이내 새로운 느낌에 익숙해졌는지 "특별한 게 없는데?"라고 말하더니 "그렇지만 조금 다르기는 하네요."라고 덧붙였다. 나는 웃지 않을 수 없었다. 딱 내가 그런 느낌을 받았기 때문이다. 기본적으로 돼지털 솔은 별로 다른 느낌을 주지 않았다. 오히려 차이가 느껴지는 것은 표면이 플라스틱에 비하면 많이 거칠 수밖에 없는 나무 칫솔대의 촉감이었다. 어쨌든 우리 집 여자들은 그 칫솔에 대해 그리 나쁘지 않다는 평가를 내렸다.

하지만 우리 집 남자들의 경우에는 조금 달랐다. 남편은 이를 닦기 시작하자마자 나무가 구강점막을 긁어 입안에 상처가 날 것 같다고 불평했다. 사무엘과 레오나르트도 구체적인 이유는 말하지 않았지만 시큰둥한 반응이었다. 하지만 앞으로 한동안 새 칫솔을 사용하겠다고는 했다. 하지만 며칠 뒤 남편은 칫솔을 건네주면서 퉁명스레 말했다.

"이 칫솔 잘 보관해 둬. 나중에 구두 닦을 때 쓸 거야."

잠깐의 재미를 위해 5유로를 쓴 셈이었다!

며칠 뒤 나는 오스트리아의 회사 한 곳을 알아내는 성과를 올렸다. 그 회사 역시 그런 칫솔을 생산하고 있었다. 플라스틱 포장지 세례를 또 겪고 싶지는 않아 나는 먼저 그 회사로 전화를 걸어 포장을 어떻게 하는지부터 물어보았다. 여사장은 내 관심사를 즉각 이해하고는 칫솔을 우송용 종이봉투에 넣어 보내겠다며 나를 안심시켜 주었다. 우리는 그러고도 한참을 더 아주 열을 내 가며 이야기를 나누었다. 그리고 대화가 끝날 무렵 나는 칫솔 열 개를 주문했다. 내 친구들에게 하나씩 선물하면 색다른 기쁨을 줄 수 있을 것 같았다. 대안적 양치 도구와 친숙도를 높일 수 있는 기회는 흔치 않을 테니까.

그 무렵 우리 실험의 다른 난제들에 대한 해결책도 속속 마련되었다. 뭔가 가속도가 붙는 느낌이었다. 맨 먼저 휴대용 휴지. 이번에도 정보를 준 사람은 사비네였다. 그녀는 일회용 종이 손수건을 화장실용 휴지의 대안으로 알려 줌으로써 이미 한차례 큰 도움을 준 적이 있었다. 사비네는 위생용품 전문판매점인 데엠DM에서 새로운 종류의 휴대용 휴지를 발견했다고 알려 왔다. 그 제품은 종이상자 포장인데 그 어디에도 플라스틱을 쓴 흔적은 보이지 않는다는 것이었다. 나는 어떤 섭리 같은 것이 우리 실험을 돌봐주고 있다고 믿고 싶은 심정이었다. 사비네는 그런 내 속마음을 읽어 내기라도 한 듯 이렇게 말했다.

"너 정말 무슨 인맥이라도 동원한 거니, 아니면 오로지 우연인 거니? 하필이면 지금 이런 때에 이런 휴지가 시장에 다 나오다니 정말 신통하다."

나는 어깨를 으쓱해 보였다. 이따금 행운의 섭리 같은 것도 있기는 있나 보다. 하지만 그게 다가 아니었다. 사비네가 정말 내 귀를 번쩍 뜨이게 하는 소식을 하나 더 알려 주었다.

"참, 그리고 데엠에서 식기세척기용 세제도 새로운 걸 봤어. 알약 형태인데 수용성 비닐로 포장되어 있다고 쓰여 있더라. 수용성 비닐은 괜찮은 거 아닐까?"

그 수용성 비닐이라는 것이 정확히 어떤 것인지, 그것 역시 여타 비닐과 별반 다를 바 없는 재료로 만들어진 것인지 알 수 없었지만, 굳이 그 점을 강조한다면 뭔가 다르긴 다르지 않겠는가. 나는 당장이라도 달려가 확인해 보고 싶었다.

아닌 게 아니라 그 무렵 설거지가 약간씩 문제를 일으키던 중이었다. 식기세척기를 사용하지 않는 것은 전혀 문제가 될 게 없다고 큰소리를 치던 남편이 웬걸, 그 말을 더 이상 기억조차 못하는 것처럼 굴었기 때문이었다. 설거지는 점차 내 몫으로 떠넘겨졌다. 남편과 이야기를 해 보면 우리는 묘하게도 서로 상대방보다 더 자주, 그리고 더 깨끗하게 설거지를 한다는 주관적 느낌을 갖고 있다는 점이 확인되었다. 거기다 애들까지 설거짓감을 보면 슬그머니 사라져 버렸다. 그래서 나는 손 설거지 하는 일이 과연 그럴 만한 가치가 있는가 하는 의문이 들기까지 했다. 뭔가 적절한 해결책이 나와야 될 사안이었다.

청소도 문제였다. 진공청소기 대신 빗자루를 사용하는 게 설거지처럼 민감한 갈등을 불러일으켜서가 아니라 청소의 효과 때문에 그랬다. 아무래도 빗자루만으로는 깨끗해지지가 않았다. 장기간 지속적으로 관철될 수는 없는 방법이라는 게 드러난 셈이었다. 우리는 현실을 인정하기로 하고 조만간 어떤 결론을 내리는 가족회의를 열기로 했다.

사비네가 알려준 알약형 세제는 유감스럽게도 꽝으로 판명되었다. 데엠 마켓에 갈 기회가 있어 확인해 보았더니 포장지에서는 별다른 정보를 얻을 수 없었다. 결국 그 회사의 고객 서비스 센터에 전화를 걸어 여러 단계의 교환을 거쳐 알게 된 사실은 그 물질이 폴리비닐

알코올이라는 사실이었다. 수용성 합성소재였던 것이다. 이로써 내 희망은 비누거품처럼 터져 버리고 말았다. 식기세척기를 다시 가동하려면 필경 친환경 슈퍼마켓의 가루세제 코너를 다시 뒤져야만 할 것 같았다.

신문에도 나고 텔레비전에도 나오고

우리 실험을 대중매체를 통해 알리는 작업도 진척이 있었다. 강림절 기간*의 첫 토요일에 보테 감독이 광역 일간지 기자와 함께 우리를 방문했다. 그 기자는 매우 적극적이었다. 그녀는 강림절 기간 후반 두 주의 일요판과 성탄절 직후의 일요판, 총 세 번에 걸쳐 우리 인터뷰를 특집기사로 싣고 싶다고 했다. 일요판은 컬러로 인쇄된다는 점도 덧붙였다.

인터뷰는 순조롭게 진행되었다. 우리 아이디어를 바탕에서부터 설명하는 일이 매우 재미있기도 했다. 오히려 사진기자를 앞에 두고 모른 척, 포즈를 취하는 것이 더 힘들었다. 카메라를 앞에 두고 모른 척, 새로 구한 스테인리스 통에서 치즈를 꺼내거나 나무 칫솔로 이를 닦으면서 환하게 미소를 짓는 건 나로서는 몹시 곤혹스런 일이었다. 다행히 말레네가 이 역할을 맡아 주었다. 딸아이는 거리낌 없이 행동했다. 실제로 아이는 입안 가득 치약거품을 머금고서도 여전히 예뻐 보였고 사진기자 앞에서 방긋방긋 잘도 웃었다. 기사가 성탄절 앞뒤로 나갈 것이라서 걸맞은 분위기를 연출하기 위해 강림절 화환도 소

* 성탄절 전의 4주간.

품으로 동원되었다.

보테 감독이 함께 온 것은 의외였다. 원래는 중간에서 서로 연결만 해 주기로 했는데 신문에 대한 남편의 냉소적 태도가 맘에 걸렸던지 결국 함께 온 모양이었다. 또 보테 감독은 전에 약속한 스탠드도 선물로 갖고 왔다. 빈에 있는 어느 업체가 만든 거라는데 무척이나 아름답고 고급스러웠다. 스테인리스 몸체에 밝은 초록색 갓이 씌워진 모델로 전선과 플러그를 빼고는 합성소재가 전혀 사용되지 않았다. 흉물스런 푸른색 플라스틱 스탠드의 대용품 치고는 너무 호사스러운 거 아닌가 싶었다. 매일 밤 책 읽는 즐거움을 다시 누릴 수 있게 되어 나는 여간 기쁜 게 아니었다.

두 시간 반에 걸친 인터뷰를 끝내고 그들은 돌아갔다. 나는 그 여기자에게 기사를 너무 과장하거나 자극적으로 작성하지 말아 달라고 부탁했고 그녀도 그러마고 약속했다.

강림절 기간의 첫 일요일 특집판이 집으로 우송되었을 때 우리 식구들은 긴장과 설렘으로 잔뜩 들떠서 신문을 펼쳤다. '6주 동안 플라스틱 없이 살아 보기Sechs Wochen ohne Plastik'라는 제목이 뚜렷이 박혀 있었다. 말레네와 레오나르트는 신문에 난 자기 사진을 보고는 흥분을 감추지 못했다. 기사는 대체로 적절해 보였다. 나는 안도의 한숨을 크게 내쉬었다. 제목이 아주 딱 들어맞지는 않는다 싶었지만 기사는 차분하고 합리적 어조로 기술되어 있어서 우리 실험의 진정성이 적절히 드러난 느낌이었다. 몇 군데 사소한 오류와 축약이 눈에 띄긴 했지만 크게 문제 될 수준은 아니었다.

"거 봐, 그 기자가 약속을 잘 지켰잖아."

나는 남편에게 말했다. 그는 여전히 약간은 회의적이었다. 인터뷰를 할 당시 남편은 처음에는 그 자리에 함께하지 않으려 했었다. 보테 감독의 설득으로 결국 동참하기는 했지만.

"뭐, 그렇기는 하지. 그래도 일단은 두고 봐야지. 남은 두 꼭지가 어떻게 나올지 아직은 모르니까 말이야."

말은 그렇게 했지만 남편의 표정에서는 우리의 첫 인터뷰 결과에 그도 적잖이 흡족해한다는 것이 드러났다. 다음 날 학교에서 돌아온 사무엘과 말레네가 흥분해서 떠들어 댔다.

"우리 학교 애들, 엄청 많이 그 기사를 봤나 봐. 다들 대단하다고 난리도 아니었어. 우리 가족이 신문에 난 것도 그렇지만, 아니 어떻게 그런 실험을 다 하느냐고, 그게 더 신기하대."

다만 막내 레오나르트는 자기 반 애들은 아무도 그런 사실을 모르더라면서 시무룩했다. 하긴 2학년 꼬마들이 신문을 볼 리가 없지.

신문은 시작에 불과했다. 텔레비전 방송국 두 곳에서도 인터뷰 요청이 들어왔다. 인터뷰가 거듭될수록 나는 훨씬 더 안정감 있고 요령 있게 질문에 답할 수 있었다. 첫 인터뷰 때는 잘못하면 어쩌나 하는 생각이 앞섰지만 나는 점차 언론매체의 관심을 좋은 기회로 여기게 되었다. 또 카메라 앞에서 우리 실험에 대해 설명하는 일이 점점 재미있어졌다. 아이들도, 심지어 남편까지도 그 일에 호감을 갖게 되었다.

방송이 나가고 난 뒤의 반응은 신문과 비교가 되지 않았다. 폭발적이라고 해야 하나, 여하튼 수많은 긍정적 반응을 마주하자 나는 완전히 달아올랐다. 우리가 이미 발견한 많은 대안들에 사람들이 뜨거운 관심을 갖기 시작했고, 우리가 해결책을 미처 찾아내지 못한 문제들에 대해서는 대안이 될 만한 새로운 아이디어를 속속 제공해 주었다. 우리의 기대수준을 까마득히 뛰어넘는 반응이었다. 한 달 전만 하더라도 신문과 방송국에서 우리 실험을 보도해 줄 거라고 꿈이라도 꾸었던가. 또 우리 아이들이 다니는 학교에서는 몇몇 선생님들이 그 주제를 수업시간에 다루겠다고 알려 오기도 했다.

하지만 남편과 나는 그 어떤 환상에도 빠지지 말고 중심을 잘 잡자고 서로를 독려했다. 언론매체의 호들갑스런 관심과 그것으로 인해 벌어지는 여러 일들은 결코 오래가지 못하리라는 것을 우리는 너무 잘 알고 있었다. 신문이건 방송이건 그 종사자들은 주제의 의미보다는 시청률과 대중적 관심사에 언제나 초점을 맞추니까. 그렇긴 하지만 나는 뜻밖에 손에 쥔 이 기회를 어떻게든 잘 이용해야만 했다.

고백하건대 나는 이 실험을 시작할 무렵 나 스스로가 가진 너무 큰 희망과 기대를 다독거리느라 꽤나 애를 먹었다. 나는 여러 번 되풀이해서 어떤 백일몽에 사로잡혔는데, 그건 대충 다음과 같은 시나리오로 전개되었다.

우리 실험에 자극 받은 많은 사람들이 플라스틱을 거부하는 물결에 동참해 생활의 패턴을 바꾸기 시작하고, 그리하여 산업 및 경제계도 점차 이에 반응한다. 플라스틱 포장이 획기적으로 줄어들고 합성소재로 된 싸구려 제품들도 감산 추세가 두드러지면서 환경 및 건강 친화적인 생산방식과 제품 쪽으로 옮겨 가는 경향이 점차 강화된다. 이 변화는 비록 느리지만 확고하다. 이에 조응해서 삶의 모든 영역에서도 거대한 전환이 시작되어 석유 및 에너지 소비가 전반적으로 뚜렷한 감소세를 보인다. 이를 통해 기후변화도 서서히 약화되고……, 아, 이쯤 되면 나는 머리를 흔들면서 꿈에서 깨어나곤 했다.

솔직히 말하면 내겐 오래전부터 그런 유토피아적 환상이 있었다. 다만 달라진 것이 있다면 이제는 그런 환상에만 머물러 있지 않고 미미하나마 직접 행동에 나서고 있다는 점이었다. 그런 상상에서 긍정적인 자극을 받는 것이야 상관없다 하더라도 과도한 기대와 터무니없이 커다란 희망을 품는 일은 경계해야만 했다.

그렇기 때문에 실험을 시작한 이래로 나를 현실이라는 땅바닥에 늘 발을 딛고 서 있을 수 있도록 일깨워 준 사람들에게 나는 크게 감사했고 지금도 그러하다. 우리 실험에 원칙적으로 동의하는 이들조차도 "그래, 쓰레기는 정말 문제야!" 또는 "맞아, 사실 모든 게 너무 과도하게 포장되어 있어."라며 기꺼이 인정하다가도 "하지만 뭔가 변화가 있으려면 모든 사람들이 함께해야만 할 텐데, 그게 참……."이라거나 "그 정도로는 경제계의 생각을 바꾸지 못하겠지?"라고 덧붙일 때면 나는 냉정한 현실로 돌아와 사태를 직시할 수 있었던 것이다. 그럴 때면 나는 늘 "누구든 스스로 할 수 있는 일을 하는 것으로 이미 충분하다."고 말하곤 했다. 하지만 그조차도 나중엔 너무 큰 기대였던 걸로 판명될지 모른다.

다행스럽게도 남편 페터가 일관되게 보여 주는 침착함과 이성적 냉철함이 우리가 중심을 잡는 데 언제나 큰 힘을 발휘했다. 나도 따라 배워야 할 덕목임이 틀림없었다. 나는 조금이라도 의기소침해지거나 공연히 마음이 들뜰 때면 그간의 짧은 시간 동안 얼마나 많은 기적 같은 일들이 일어났는가를 떠올렸다. 많은 격려성 댓글과 코멘트가 담긴 블로그를 생각해 보는 것도 도움이 되었다. 어쨌거나 지금까지 내가 한 일만으로도 이미 내 능력의 범위를 크게 뛰어넘는 것이 분명한데, 거기에 더해 공연한 기대와 희망으로 나를 한계 이상으로 다그치는 일은 언제나 경계해야 했다.

공개토론에 나서다

그라츠의 폐기물 관리공단이 주최하는 '〈플라스틱 행성〉 특별상영과 원탁토론' 행사에 내가 패널로 초청되었다. 함께 영화를 보고 몇몇 패널들이 원탁토론을 벌이는데 보테 감독과 함께 초청된 것이다. 그간 언론매체와 여러 번 인터뷰를 했지만 그와는 또 다르게 가슴 두근거리는 일이었다.

영화는 세 번째 보는데도(그사이 나는 큰아이 둘과 남편 페터와 함께 영화를 한 번 더 봤었다) 몇몇 장면들은 전혀 새로운 느낌과 연상을 불러일으켰다. 무엇보다도 인도의 한 쓰레기 처리장에서 일하는 여성과의 인터뷰가 내 마음 깊은 곳을 뒤흔들었다. 그 사람들은 우리와는 분명히 다른 차원의 걱정거리를 갖고 있었다. 그곳에서 생활하는 사람들에겐 아기 젖병에 들어 있는 비스페놀 A 성분이 나중에 불임을 유발하는지 여부나 다양한 가소제 성분이 당뇨병과 과체중을 유발하는지 따위의 문제는 전혀 중요하지 않았다. 그들에게 있어서 절박한 문제는 아이가 자라서 가임기가 되었을 때 불임을 걱정하게 되느냐 마느냐가 아니라 그 아이가 과연 그때까지 목숨이나 부지할 수 있는가 하는 점이었다. 그런 쓰레기 처리장에서 일하며 살아가는 사람들에게 유해물질의 한계치라는 것은 딴 별에서나 적용되는 얘기였으며, 살아

남기 위해서 날마다 힘겨운 싸움을 벌여야 하는 그들에게 건강에 대한 염려 따위는 애당초 생겨나지도 않았다.

갑자기 알 수 없는 감정이 북받쳐 왔다. 나는 이 지구별의 가장 배부르고 안전한 곳에 앉아 젖과 꿀이 흐르는 삶을 향유하면서 어떻게 하면 더 나은 삶을 질을 누릴 수 있을까를 고민하고 있다는 자각이 문득 들었다. 이 얼마나 배부른 고민이란 말인가. 합성물질이 건강에 해로우니 대책을 세워야 해, 라는 우리의 걱정이란 말 그대로 배부른 소리가 아닌가. 생각은 꼬리를 물고 이어졌다.

건강과 양립 가능한 제품, 오염 없는 환경을 요구하는 것은 과연 그 문제에 대한 고민을 감당할 수 있는 사람들의 특권에 불과한가? 아니, 이 특권에는 그런 문제를 제기해야 한다는 의무도 포함되어 있다고 보아야 하는 것이 아닐까? 날마다 오직 생존을 위해 목숨 걸고 싸우는 데에 여념이 없는 저 모든 이들을 대신해서 우리들, 운 좋게 더 나은 곳에 살고 있는 우리가 책임지고 목소리를 높여야 하는 것은 아닐까?

또 인도 어느 빈민가의 일가족이 자기네가 갖고 있는 플라스틱 물건 전부를 오두막 앞에다 내놓은 장면도 전혀 다른 느낌으로 다가왔다. 그 장면을 보면서 나는 "생각은 전 지구 차원에서, 행동은 지역 차원에서!"라는 진부하기 짝이 없는 표어가 생각났다. 하지만 지역 차원의 행동이라는 게 그런 맥락에서라면 대체 어떤 의미를 가질 수 있단 말인가? 지속적 재생이 불가능한 원료로 만들어진 물건 이외에 다른 것을 선택할 여력이 전혀 없는 그 사람들에게 '지역 차원의 행동'이라는 건 일종의 외계언어 아닐까?

'지역 차원에서 행동하기'를 '전 지구 차원에서 생각하기'와 연결하여 조화를 이루도록 하는 일은 무지무지 어렵다. 왜냐하면 그것은 두 가지 일의 상호 연관성을 인식하는 능력이 갖추어져 있어야 하고 자기 스스로 그 관계 속으로 파고들어 가겠다는 자세를 전제로 하고 있기 때문이다. 딸 말레네가 하나하나의 개별적 행위가 어떤 의미를 갖고 있느냐고 물었을 당시 내가 그 아이에게 해 준 대답이 생각났다. 그때 나는 우리가 계속 플라스틱을 쓰면 사람들은 플라스틱을 더 많이 생산해 낼 것이며 플라스틱 쓰레기도 더 많이 발생해 크로아티아의 바닷가도 더럽히게 된다, 결국 우리가 이런 오염이 발생하는 걸 돕게 되는 셈이라고 설명해 주었던 것이다.

사실 당시 나는 나를 포함한 대다수 어른들도 제대로 인식하지 못하는 연관관계를 열 살짜리 딸에게 설명하려 했었다. 우리의 행동, 특히 우리의 소비 행태는 우리가 살고 있는 곳에만 영향을 미치는 게 아니다. 그 영향은 국경을 까마득히 넘어선 곳에까지 미친다. 재활용 시스템이 우리가 살고 있는 이곳에서 어느 정도(분명히 말하지만 어느 정도!) 작동한다고 해서, 그것이 우리가 플라스틱 물건을 마구잡이로 사도 좋다는 허가증이 될 수는 없다. 오히려 그런 행위는 전 세계의 플라스틱 생산을 촉진하고 지구가 점점 더 쓰레기로 뒤덮이도록 한다는 것을 알아야 한다. 재활용은 오히려 그런 산업이 지속적으로 수익을 올리는 데 도움을 준다고도 할 수 있다.

나는 우리 실험이 갖는 의미에 점점 더 깊이 다가가는 느낌이 들었다. 혜택 받은 사회에서 태어나 살고 있다는 사실을 마음속으로만 불편해하는 것은 아무에게도 유익한 결과를 가져다주지 않는다. 그런 사회의 과잉소비를 줄이려 애를 쓰면서 단순하게라도 실천할 수 있는 것, 즉 쓰레기 문제에서부터 행동을 시작하는 것이 조그만 변화라도 불러일으키는 가치 있는 일이 될 것이다.

나는 많은 사람들이 적어도 자기 주변에서부터 긍정적 변화를 일으키게 만들고 싶었다. 그래서 이런 원탁토론 같은 것이 그런 계기가 될 수 있으면 좋겠다 싶었다. 내가 이 토론을 통해 분명히 말해 주고 싶은 한 가지는, 일단 한번 시작해 보는 것으로 충분하다는 것, 완벽할 필요는 없다는 것, 그냥 길을 한번 떠나 보는 것으로도 충분히 의미 있다는 것이었다.

토론을 시작하기 전 나는 마음을 가다듬고 우리 실험이 갖는 의미들을 다시 한 번 곰곰이 생각해 보고 내가 해야 할 말의 논거를 정리했다. 청중들은 영화와 관련해서는 주로 추가적 정보나 플라스틱 산업계에 소비자로서 행사할 수 있는 압력의 수단이 어떤 것이 있느냐에 관심을 표한 반면, 나한테 기대한 것은 일상생활과 장보기에서 도움이 될 만한 아주 구체적 조언들이었다.

또 몇몇 사람들은 자신의 개인적인 견해를 많은 사람들 앞에서 공개적으로 피력할 수 있어서 기뻐하기도 했다. 예컨대 어떤 남자는 마치 나의 무지를 깨우쳐 주기라도 하려는 듯 유달리 열을 내어 주장하기를, 어차피 모든 쓰레기들은 다 재활용되므로 플라스틱을 둘러싼 이 모든 히스테리는 완전히 어불성설이라고 말하기도 했다. 플라스틱 폐기물들은 자동차 범퍼 같은 유용한 물건으로 재탄생되지 않느냐는 거였다. 그의 목소리에는 말싸움을 즐기는 듯한 느낌이 묻어 있었다.

하지만 다행히 나는 재활용 문제와 관련한 몇 가지 수치를 미리 조사해 둔 게 있었다.

나는, 전 세계에서 한 해 동안 소비되는 수백억 장의 비닐봉지 중에서 대략 1% 정도만이 재활용(리사이클링)되고 있다, 더구나 그런 재료가 이전과 동일한 목적에 재사용되는 경우는 그보다도 훨씬 더 드물다, 즉 동일목적 재활용의 가능성은 0에 수렴하며, 재활용될 때마다 그 가치가 더 떨어지거나 아니면 추가로 새로운 원료물질이 투입되어야 한다, 그래서 '다운사이클링'이라는 말을 쓰기도 한다, 고 말해 주었다. 폐기물 관리공단에서 나온 한 여성 패널도 나의 논거에 고개를 끄덕이면서, 그럼에도 불구하고 합성소재의 분리수거는 어떤 경우든 유의미하다고 강조했다.

모든 걸 과장이라고 주장하던 그 회의론자는 나의 반론에 입을 다물었다. 과학적으로 뒷받침된 수치 몇 개에 사람들이 얼마나 빨리 영향을 받는지를 입증해 주는 사례 같았다. 그 남자는 내게 불만의 눈길을 던지기는 했지만 그 뒤에 이어진 논의에는 더 이상 관심이 없어 보였고, 그다음 사람이 발언을 신청하자 토론장을 나가 버렸다. 우리 토론이 그 사람에게는 전혀 먹혀들지 않는다는 뚜렷한 증거였지만 다행히 대다수 다른 참석자들은 당혹감과 함께 관심을 보여 주었다.

하지만 몇몇 질문은 내가 지금까지 전혀 생각해 보지 못한 것들도 있었다. 예를 들면 우리 실험이 아이들에게 어떤 의미가 있는가 하는 것이었다. 많은 사람들은 아이들이 그 일로 인해 '가난 혹은 결핍'의 고통을 겪을 수 있음을 전제하고 있는 것 같았다. 열두 살짜리 딸을 둔 한 남자는 걱정스런 표정으로 도대체 플라스틱 없이 어떻게 그

다양한 음료를 자기 아이에게 사 줄 수 있겠느냐고 물었다. 내 말의 논지를 도저히 수긍할 수 없는 데서 나온 진지한 질문이 분명했다. 나는 적당한 답변이 아닐지도 모른다고 생각하면서도 가차 없는 진실 쪽으로 답변하는 수밖에 없었다.

"우리 아이들은 그런 음료를 마시지 않습니다. 적어도 집에서는 말이죠. 만약 우리 애들이 한사코 그런 걸 원했다면 저도 틀림없이 질문하신 분과 똑같이 어쩔 줄 몰라 했겠죠. 제가 알기로 그런 음료는 거의 100% 플라스틱 병에만 담겨 팔리고 있으니까요."

"그 댁의 아이들은 예외적인 경우로군요. 요사이 대부분의 젊은 애들은 그런 음료를 일상적으로 마시지 않습니까? 그런 데 함께 끼지 못하면 자신을 왕따라고 느끼거든요."

그 아버지의 걱정이 한편으로는 이해되었다. 하지만 다른 한편으로는 음료수조차 사회적인 필요에 따라 결정된다는 사실이 좀 우스꽝스럽기도 했다. 음료란 갈증을 달래기 위해 마시는 것 아닌가 말이다. 순간 내 머릿속에는 그날 저녁에 마시게 될 적포도주 한잔이 떠올랐다. 사실 그 포도주가 다만 갈증해소제로서의 기능만 한다고는 결코 말할 수 없다는 생각이 들었다. 애들에게 음료란 그런 것일까. 나는 솔직히 대답했다.

"우리 애들이 콜라나 환타 같은 음료수를 집 밖에서만 마실 수 있다는 사실 때문에 고통받을 수도 있으리라고는 여태 전혀 생각해 보지 못했어요. 네, 그건 인정합니다. 집에 가서 너희들도 그랬냐고 한번 확인해 보겠습니다."

그런데 이 대답이 그만 후속 질문을 재촉하고 말았다. 어떻게 하면 아이들에게 그런 것 안 먹게 할 수 있느냐는 질문이었다. 건설적 대화를 위한 양측의 선의와 진지한 관심에도 불구하고 얘기가 엉뚱한 곳으로 흘러가고 있다는 걸 깨달은 나는 마무리 조언으로 결말을 맺으려고 애를 썼다.

"제 생각에는 우선순위를 설정해서 무엇이 더 중요한지를 결정해야 하지 않을까 싶네요. 어쨌든 어떤 물건을 사거나 사지 않을 선택권은 언제나 질문하신 분이 갖고 계시니까요."

이제 더 이상 곤란한 질문은 없겠지, 라고 생각하고 있는데 또 다른 청중 한 사람이 별 대수롭지 않다는 듯이 질문을 던졌다.

"그런데 오늘 신고 계시는 스타킹은 소재가 무엇인가요?"

나는 평소 웬만해선 얼굴이 붉어지는 일은 거의 없는 편이라 친구들한테서 '강심장 철면피'라는 놀림을 당하기도 했다. 한데 이번에는 정말 얼굴이 화끈 달아오르는 기분이었다. 그런 낌새를 알아챈 보테 감독이 대신 나섰다.

"그야 천연 실크 아닌가요?"

모두가 웃었다. 그리고 그 명랑함에 나도 끼어들었다.

"네, 물론이죠. 아마 아주 조금 인조 실크가 섞여 있을 겁니다. 하지만 그 정도는 저도 타협할 용의가 있답니다."

그 사람이 더 이상 걸고넘어지지 않아서 천만다행이었다. 왜냐하면 우리 집 서랍장에 가득 찬 스타킹이 눈앞에 선명하게 떠올랐기 때문이다. 거기에는 어림잡아도 몇 년은 충분히 신을 만큼의 화학섬유 스타킹이 들어 있었던 것이다.

주제가 학용품과 문구류 쪽으로 넘어가자 토론이 활발하게 전개

되었다. 이번에는 폐기물 관리공단에서 나온 패널이 〈학용품 현명하게 구입하기〉라는 제목의 환경부 안내 책자를 언급했다. 생일잔칫날 손님 중 누군가가 그 책자 이야기를 했던 기억이 났다. 강당 입구에서 그 팸플릿을 나눠 주는 것을 보았으니 집에 갈 때 하나 얻어 가서 자세히 살펴보기로 마음먹었다.

내가 처음으로 대중 앞에 선 일에 대한 반응은 매우 긍정적이었다. '스타킹 탄로'에도 불구하고. 아니, 어쩌면 바로 그 일 때문일지도 모르겠다. 왜냐하면 들리는 말에, 내가 과격하지 않고 오히려 아주 유연성 있는 태도를 보여 줌으로써 오히려 많은 사람들이 신선하고도 마음 편하게 받아들였다는 평가가 많았기 때문이다. 그 토론회 이후 나는 완벽주의에 발목 잡히지 말고 기쁜 마음으로 실천하는 일에 더 집중해서 나아가야겠다고 다짐했다.

무한 소비를 부추기는 프레임이 문제

우리 실험이 출범한 게 11월 초니까 백화점들의 성탄 대목 장사가 시작되는 시점과 거의 같았다. 백화점마다 사랑스런 아기 구세주의 전령사인 니콜라우스 할아버지*가 문 앞에 등장하고 상점마다 산더미 같은 선물 꾸러미가 손님을 유혹하는 시기인 것이다. 나는 예전과 달리, 그렇게 쌓여 있는 사탕이나 과자, 조잡한 장난감 들을 보면서 니콜라우스의 선물에 깃든 '자비심'이 정말 너무 형편없는 게 아닌가 하는 의혹을 떨쳐 버릴 수 없었다.

어느 날 나는 식료품을 사려고 알디Aldi**에 들렀다가 선물 쟁탈전의 회오리에 휩쓸린 사람들을 목격하게 되었다. 하필 그날 니콜라우스 선물용 상품이 대량으로 입고된 모양이었다. 모든 판매대마다 선물을 사려는 사람들로 작은 소동이 빚어지고 있었다. 특히 아동 학습용 컴퓨터 판매대 앞이 가장 심했다. 사람들은 앞다투어 물건을 집어 갔다. 드디어 물건이 두 개 남았을 때 그걸 사려는 사람은 넷이었다. 물건이 손이 닿지 않는 곳에 진열되어 있어서 망정이지 그렇지 않

* 흰 턱수염을 길게 늘어뜨리고 붉은 외투를 입은 차림으로 12월 6일에 아이들에게 작은 선물을 나눠주는 존재로, 산타클로스에 해당하는 사람.

** 저가 상품 판매점의 대명사로 통하는 슈퍼마켓 체인.

았다면 물건을 서로 차지하려고 몸싸움도 불사하는 헐리우드식 코미디 영화 장면이 벌어지지 말란 법도 없어 보였다.

그 순간 나는 우리 집 헛간에서 먼지를 뒤집어쓴 채 처박혀 있는 학습용 컴퓨터가 생각났다. 운 좋게 중고로 구입했던 그걸 여기 갖다 놔도 사람들이 서로 차지하려고 별별 짓을 다 하려나? 하지만 사람들은 그 기계가 얼마나 새된 목소리로 끊임없이 쫑알대며 지시를 하는지, 또 뭔가를 누를 때마다 얼마나 조악한 멜로디를 연방 울려 대는지 전혀 모르고 있는 게 분명했다. 우리 아이들은 처음에만 반짝 혹했다가 하루도 지나지 않아 그 물건에 대한 흥미를 잃어 버렸다. 그건 아이들 방의 장난감 더미 저 아래로 가라앉아 버린 후 단 한 번도 부활하지 못했다. 그런 경험을 통해 배운 바 있던 나는 학습용 컴퓨터를 둘러싼 그 실랑이를 느긋하게 거리를 유지한 채 관찰하고 있는 자신을 발견했다. 예전 같았으면 나도 사람들 못지않게 전투적으로 그 물건을 손에 넣으려고 했을 것이다. 하지만 이젠 아니었다. 요 몇 달 동안의 분투는 생활에 유익한 것과 없어도 되는 것을 구분할 줄 아는 안목을 놀라우리만치 길러 주었던 것이다.

나는 할인점을 한 바퀴 죽 돌아보았다. 플라스틱으로 범벅이 된 성탄절 특수용 상품들로 가득 찬 진열대를 지나가자니 절로 영화 〈플라스틱 행성〉의 한 장면이 떠올랐다. 보테 감독이 슈퍼마켓에서 '플라스틱은 사람을 죽입니다'라거나 '플라스틱은 암을 일으킵니다' 따위의 문구가 적힌 스티커를 진열대 곳곳에 붙이는 장면이었다. 만약 내가 지금 여기서 똑같이 그런 일을 한다면 사람들은 어떻게 반응할까? 사람들이 싫어할지 아닐지, 또는 이런 무지막지한 과잉생산이 낳는 치명적 결과에 대해서 한 번이라도 진지하게 생각해 보게 될지 아닐지를 관찰해 보고 싶은 충동이 생겼다. 포장은 일단 제외하더라도, 성탄절이 지나자마자 아무짝에도 쓸모없는 물건으로 전락해 집 안을 이리저리 굴러다니거나 심지어 쓰레기통 속으로 직행하는 물건이 얼마나 많은가. 이런 과잉공급 상태를 만드느라 들어간 에너지와 자원은 얼마나 되며 그 불필요한 물건들을 생산하고 구매하느라 얼마나 많은 돈이 헛되이 쓰일까? 만약 그러지 않는다면 그 돈으로 어떤 의미 있는 일을 시작할 수 있지 않을까?

이런저런 상념에 빠져 할인점 안을 둘러보던 나는 양배추(그날 그곳에서 유일하게 포장하지 않은 상태로 파는 물건이었다!) 한 통과 비닐 대신 알루미늄 박지와 종이로만 싼 버터 한 덩어리, 통밀가루 2킬로그램, 설탕 1킬로그램을 카트에 싣고 계산대로 갔다. 계산대 옆엔 강림절 양초가 높다랗게 쌓여 있었다. 그걸 보니 강림절 화환*을 엮을 때가 되었구나, 하는 생각과 함께 참 철저하게 사람들의 지갑을 열게 만든다 싶은 감탄이 절로 흘러나왔다. 하지만 예년과 달리 나는 양초를 하나도 사지 않았다. 양초가 비닐 랩에 싸여 있었을 뿐 아니라 석유제품이기도 했던 것이다. 내게 필요한 밀랍 양초는 거기 없었다. 결국 나는 성탄절용 물건은 하나도 구입하지 않은 채 그곳을 떠났다. 이 무렵에 이런 일이 나에게 일어나다니, 전에 없던 경우였다.

저녁때 사비네를 찾아갔다. 우리는 포도주 한 병을 놓고 강림절 준비에 대해 이런저런 얘기를 나누었다. 나는 플라스틱 없이 보내는

* 전나무 가지를 둥글게 화환 모양으로 엮은 뒤 약간의 장식을 얹고 여기에 양초 네 개를 꽂은 것. 강림절 기간의 네 번의 일요일마다 하나씩 촛불을 붙인다.

우리의 첫 성탄절이라 준비과정이 아무래도 좀 까다로울 듯하다는 하소연을 사비네에게 털어놓았다.

강림절 화환부터가 문제다, 전나무 가지를 둥글게 구부려 고정시킬 때 나는 지금까지는 늘 비닐로 피복된 원예용 철사를 사용해 왔지만 이젠 더 이상 그런 재료를 쓸 수가 없다, 나중에 화환을 태울 때 나뭇가지와 함께 탈 수 있는 천연소재의 노끈이 필요한데 마닐라 삼끈 같은 것이면 딱 좋을 듯하다, 아이들 공작 재료가 든 잡동사니 함을 뒤져 보면 혹시 나오지 않을까, 양초도 쓰다 남은 걸 모조리 뒤져서 쓰기로 마음먹었다, 비록 키가 제각각인 몽당 양초들이겠지만 남김 없이 쓴다는 우리의 원칙에 너무 잘 들어맞지 않겠냐, 늘씬하게 생긴 값비싼 밀랍 양초는 다음 해의 몫으로 미룰 수밖에 없을 것 같다, 등등.

그런데 사비네가 값싸게 밀랍 양초를 마련할 수 있는 방법을 하나 알려 주었다. 공작재료 가게에 가면 포장되지 않은 밀랍 덩어리와 심지를 낱개로 살 수 있는데 그걸로 직접 만들면 된다는 것이었다. 만드는 방법도 아주 쉬워서 아이들과 함께하면 만들기 프로그램으로도 제격이라는 거였다. 멋진 아이디어였다. 이번 성탄절에는 그렇게 손수 만든 양초를 선물하면 좋겠다는 생각도 들었다.

그런데 왜 양초 같은 물건도 그렇게 꽁꽁 싸매듯이 포장을 하는 것일까? 랩으로 싸서 다시 비닐봉지에 넣고 그걸 또 종이 곽으로 한 번 더 포장을 한다. 그렇게까지 해야 할 이유가 없어 보이는데도 굳이 겹겹이 포장을 해야 정상이라고 생각하는 생산자나 소비자의 의식은 어디서 연유한 것일까? 나는 왜 지금까지 그걸 당연하게 받아들였을까? 먼지가 탄다거나 낡아 보일 수 있다는 사소한 단점을 해결하기 위해서라면 그 모든 포장도 저절로 정당화되는 것일까? 집으로 돌아오는 내내 이런 상념에 젖은 나는 우리가 사는 이 시대야말로 플라스틱의 시대일 뿐만 아니라 포장 망상妄想의 시대라는 사실을 인정하지 않을 수 없었다.

며칠 뒤, 아이들과 함께 큼직한 식탁에 모여 앉아 강림절 준비물 만들기에 들어갔다. 식탁 위에는 전나무 가지, 천연소재 노끈, 갈대로 둥글게 엮어 만든 테, 밀랍과 심지 등이 널려 있었다. 아이들이 즐거워했기에 망정이지 혼자였더라면 중노동이었을 것이다. 애들 공작재료 상자에서 어렵게 찾아낸 노끈은 모두가 짧은 동가리들이어서 그걸 일일이 연결해 쓸 만한 길이로 만드는 것도 여간 성가신 일이 아니었다. 예전에 원예용 철사로 할 때는 30분 정도면 그럴듯한 화환이 만들어졌건만 이번에는 거의 두 시간이나 걸렸다. 내가 화환을 만드느라 끙끙대는 사이 아이들은 스무 개 가량의 양초를 만들어 냈다. 제 손으로 만든 양초를 바라보며 아이들은 무척 뿌듯해했다. 우리는 올해의 강림절 화환이야말로 최고로 멋진 작품이라고 입을 모아 자축했다. 하지만 나는 거친 노끈을 갖고 하도 씨름을 해서 손가락 끝이 다 쓰라렸다. 그날 밤 블로그에다 "좀 더 쉽게 화환을 묶는 방법이 있을까요?"라고 질문을 올렸더니 누군가가 바로 댓글을 달아 주었다. "재봉실을 여러 가닥 꼬아서 만들면 되지 않나요?" 한 가지 일에 꽂히면 이 간단한 것도 생각하지 못하는 내가 참 멍청해 보였다. 면으로 된 재봉실은 집에 얼마든지 있었는데.

성탄절이 가까워 오자 온 마을이 점차 빛의 홍수에 잠기기 시작했다. 나는 원래 아이들과 함께 소박하게 비스킷을 굽고 양초에 불을 켠 뒤 음악을 듣거나 함께 노래를 부르는 것을 좋아한다. 하지만 이번 성탄절은 마음이 분주해서 그런 평화로운 사색의 시간을 빼앗기고 만 것이 안타까웠다. 또 예전과 달리 성탄절 기간의 그 모든 소란스러움이 아주 낯설게 느껴졌다. 끝도 없이 크리스마스 캐럴이 울려 퍼지고 사슴과 함께 불빛을 번쩍거리면서 소리를 지르는 니콜라우스 할배들이 다 뭐란 말인가? 우리 시골 지역에서조차도 거리마다 진열된 상품이 넘쳐 나고, 모든 출입문과 창문, 정원은 빤짝이는 전구로 뒤덮인다. 빛의 홍수가 온 마을을 휩쓰는 이런 풍경은 시끌벅적한 어느 미국 마을 같은 분위기를 풍긴다. 어딘가 억지스럽고 과장되어 있다는 느낌을 지울 수 없다.

나에게는 이미 여러 해 전부터 성탄절 무렵의 이러한 광적인 에너지 낭비가 눈엣가시였다. 유치원과 학교 그리고 각 가정에서 아이들은 불필요한 전등을 켜서는 안 되며 항상 에너지를 아껴야 한다고 교육을 받는 판인데 갑자기 온 천지가 쓸데없는 불빛으로 휘황해지는 이 광경을 어떻게 이해해야 한단 말인가? 그저 성탄절이기 때문에 그렇다고 넘어가기에는 이런 빛의 홍수는 분명히 지나친 데가 있었다. 그리고 그 지나친 정도는 해가 갈수록 더 심해지고 있으니……. 내가 너무 과민한 것일까?

다행스럽게도 우리 아이들이 이와 관련하여 제법 분명한 태도를 갖고 있다는 게 나로서는 기쁜 일이었다. 애들은 촛불을 몇 개 밝히고 이야기책을 읽거나 도란도란 얘기하는 것을 정원이나 창가에 밝은 조명을 주렁주렁 매다는 것보다 더 아름답다고 여긴다. 물론 이것은 부모의 세뇌를 받아서 그런 것일지도 모른다. 뭐, 세상엔 어떤 일을 바라보는 아주 다양한 방식이 있으니까 어느 것이 절대적으로 옳고 그르다를 단정할 수는 없다. 예컨대 내 동료 한 사람은 성탄절을 맞이하여 온갖 조명으로 환하게 장식하지 않으면 무슨 큰일이라도 나는 것처럼 생각한다. 아이가 다섯이나 돼 보통 때에는 한 푼이라도 아끼려고 근검절약이 몸에 밴 사람인데도 그렇다. 그녀는 비슷하게 생긴 집들이 길을 따라 일렬로 늘어서 있는 타운하우스 지역에 살고 있는데, 그 동네에서는 관행처럼 어느 집에서 가장 아름답게 조명 장식을 하는지 서로 은근히 경쟁을 하게 된다는 것이었다. 언젠가 그녀는 거기서 벗어날 수가 없다고 말했다. 무언의 집단적 압력이 너무 크기 때문에 그렇단다. 그 말을 듣고 나는 도무지 이해가 되질 않아서 이렇게 말해 버렸다.

"그럼 이웃 사람들이 장식하는 김에 너네 집 정원까지 하도록 내버려 두면 되잖아."

"그건 일을 너무 단순하게 생각하는 거야. 우린 남 덕분에 살아가는 사람이 되고 싶지는 않거든."

그 말을 들으니 한층 더 어이가 없었다. 성탄절 조명을 설치하지 않는다고 남에게 의존하는 게으름뱅이가 된다니! 그런 법이 도대체 어디 있단 말인가? 자기가 하고 싶으면 하고 하기 싫으면 마는 거지.

매사가 이런 식이었다. 내가 뭐 성탄절 조명기구가 죄다 플라스틱이라서만 화가 나는 것은 아니다. 오히려 더 큰 문제는 사람들이 주변의 눈치를 보느라, 혹은 분위기에 휩쓸려서 죽을 둥 살 둥 그것을 따라 한다는 사실이다. 결국 창문에 별이 반짝이는 커튼을 달거나 대문에 빛의 사슬을 걸어 아름답게 꾸미는 것도 자신의 기쁨을 위해서가 아니라 한 집단에 소속되기 위해서라니, 이런 앞뒤가 뒤바뀐 일이 어디 있단 말인가.

어쨌거나 성탄절 조명은 우리 시대의 집단적인 생활 패턴의 일부로 확립되었다. 중뿔나게 굴다가 남의 기분이나 망치는 자로 찍히지 않기 위해서라도 우리는 '뭔가를 소유해야만 하는' 존재가 되어 버린 것이다. 사실 성탄절 기간만이 아니라 한 해 내내 그렇게 산다. 나 역시 예외가 아니고. 고작 조명 장식 하나 안 한다고 무슨 큰일이나 한 것처럼 우쭐댄다면 큰 착각이다. 지난 여러 주 동안 나는 수도 없이 나 자신에게 물어보지 않았던가. 우리 집 헛간 창고에 쌓여 있는, 없어도 전혀 아쉽지 않은 저 많은 물건들을 도대체 왜 돈을 주고 샀느냐고, 또 무슨 이유로 쓰지도 않으면서 꽁꽁 쟁여서 간직하고 있느냐고 말이다. 아마도 나는 그것을 살 당시에는 대다수 다른 사람들과 똑같이 특정 물건을 그저 갖고 싶었기 때문에, 다른 사람의 집에서나 광고에서 그것을 보았기 때문에, 또 그것이 생활양식의 일부라는 광고의 꼬드김에 속아 넘어갔기 때문에 기꺼이 지갑을 열었을 것이다.

시장은 끊임없이 새로운 것을 만들어 내고, 광고는 온갖 현란한 기법을 동원해 그것을 사라고 부추긴다. 그 상품이 과연 생활에 꼭 필요하고 유의미한가는 논의되지 않고, 또 그것이 심지어 사람들의 건강은 물론 환경을 파괴하는 데 일조하고 있다는 사실은 철저히 가려진다. 우리는 마치 쳇바퀴 속에 사로잡힌 다람쥐이기라도 한 듯 그 속에서 뱅글뱅글 돌며 착하게 계속 물건을 사들인다.

만약 무언가가 우리를 흔들어 깨워 주지 않는다면, 혹은 우리 스스로 깨어나지 않는다면 우리는 쳇바퀴 속에서 무얼 하고 있는지, 또 우리의 행위가 어떤 시스템을 뒷받침해 주고 있는지, 그로 인해 우리가 어떤 손해를 입거나 입히는지 영원히 알지 못한 채 눈 먼 삶을 살아가게 될 것이다.

쳇바퀴에서 벗어나는 길은 없는가? 어디에 이 무한반복에서 벗어날 'esc' 버튼이 숨어 있는 것일까? 우리의 실험은 적어도 우리 스스로를 위해 이 물음에 답하려는 하나의 시도다. 성탄절은 빛의 잔치이기도 하지만 그 무엇보다도 먼저 희망의 잔치여야 하지 않겠는가.

좀 더 계속해도 될 만큼은 자신감이 생기다

우리 가족의 성탄절 준비는 화환 같은 장식품을 만들고 난 다음, 주말을 이용해 선물을 사는 순서로 진행된다. 특히 이 쇼핑은 전적으로 나의 몫인데, 남편 페터가 장 보는 일을 거의 공포로 여기는 수준이어서 어쩔 수 없이 그리 되었다.

이번 성탄절에는 때가 때인 만큼 우리의 실험에 부합하는 것으로 선물을 마련하기로 약속했다. 받는 선물이야 우리의 선택 밖에 있으니 어쩔 수 없다고 쳐도 적어도 우리가 주는 선물은 그래야 한다는 것이었다. 니콜라우스의 날인 12월 6일에는 분명 과자 한 보따리에다 올망졸망한 선물들이 들어올 것이다. 할아버지나 할머니, 친척들은 으레 그렇듯이 아이들에게 그런 선물을 한 아름 안겨 주고 아이들이 즐거워하는 모습을 흐뭇한 눈길로 바라보게 될 것이다. 그 선물에 플라스틱이 섞여 있더라도 뭐라 할 수는 없는 노릇이다.

쇼핑을 하기 전에 어떤 선물이 좋을지 미리 알아보았더니 각자에게 필요한 실용적인 것들과 목재 조립 세트가 인기가 높았다. 이 조립 세트는 아이 어른 할 것 없이 갖고 놀기에 안성맞춤이었다. 거기다 레오나르트의 특별한 주문이 더해졌다. 나무로 된 기사騎士 인형과 나무로 된 보트를 꼭 갖고 싶다는 거였다. 그동안 줄기차게 갖고 놀던 플라스틱 고성과는 "이제 많이 갖고 놀았으니까 됐어."라는 한마디로 간단히 작별하더니, 그 대신 이제 기사 인형을 가져야겠다고 선언했다. 그 기사는 장검을 쥐고 있되, 칼은 분리할 수 있어야 한다나. 레오나르트는 벌써부터 기사 인형을 갖고 벌일 온갖 모험을 상상하는 모양이었다. 손재주 좋은 아빠는 막내의 얘기를 귀담아듣고 그럴듯한 인형을 만들어 주게 될 것이다. 나무 보트는 형 사무엘이 만들어 주겠다고 나섰다. 아빠를 닮아 평소 나무를 가지고 뭘 만드는 것을 좋아하는 사무엘은 뭔가 목표가 생긴 것이 즐거운지 열정적으로 그 일에 매달렸다.

쇼핑 길에 나는 맨 먼저 그라츠에 있는 베르크푹스Bergfuchs라는 이름의 작은 가게부터 들렀다. 이 가게도 사비네가 알려 줬다. 등산 및 캠핑 용품을 주로 취급하는 곳이었는데 우리가 오래전부터 오매불망 찾아 헤매던 스테인리스 도시락도 있다는 거였다. 하지만 막상 가서 보니 알루미늄 통밖에 없었다. 우리가 맨 처음 장보기 투어에 나섰을 때 페터가 봤다는 것과 같은 것이었다. 알루미늄이라는 게 제조 과정에서 에너지를 특히 많이 소비하는 데다 건강 면에서 봐도 완전히 무해하지는 않다는 의혹이 있던 터라 사야 하나 말아야 하나 망설이고 있는데, 한 여성 점원이 친절하게도 카탈로그를 한 부 가지고 오더니 원하는 걸 찾아보라고 했다. 두어 페이지를 넘기자 밀폐 스테인리스 통이 크기별로 세 종류나 나와 있었다! 나는 너무나 반가워서 값도 물어보지 않고 크기별로 여러 개를 주문했다.

나는 기분이 좋아져서 그 가게가 마음에 쏙 들었다. 가게의 규모는 크지 않았지만 상품 구색이 아주 다양했는데 기능성 의류가 특히 많았다. 페터에게 줄 선물로 긴팔 셔츠를 생각하고 있던 나는 의류 코너를 면밀히 살펴보았다. 합성섬유로 된 것들 사이에 메리노 양모로 만든 셔츠가 있었다. 반가워라. 값은 꽤나 비쌌지만 품질은 아주 좋아 보였다. 다만 궁금한 점은 생산지가 어딘가 하는 점이었다. 태그를 살펴봐도, 라벨을 꼼꼼히 들여다봐도 원산지가 뉴질랜드라는 것만 나와 있었지 제조국은 잘 보이지 않았다. 나는 판매직원에게 생산지 확인을 부탁했다. 직원이 전화통을 붙들고 확인을 하는 동안 다른 직원은 나를 붙들고 그 기능성 양모 셔츠의 장점을 시시콜콜 늘어놓았다. 땀 냄새도 없고 쾌적한 온기를 선사하는 데다 피부 친화적이며 습기는 바깥으로 배출해 준다는 것이었다. 흠잡을 데 없는 옷이었다. 하지만 내게 전해진 말은 '메이드 인 차이나'.

나는 갈등에 빠졌다. 지구 반대편 중국 어디에선가 매우 의심스런 조건하에서 제작되었을 가능성이 무척 높은 그 옷은 머나먼 거리를 날아와 내 앞에 놓여 있었다. 이 옷 한 벌에 정말 이렇게 많은 돈을 써야만 하는가?

"공정무역으로 들어온 메리노 기능성 의류는 정말 없나요?"

젊은 판매직원 두 사람은 전혀 이해할 수 없다는 듯 나를 바라보았다. 그리고 나도 내 질문에 대해 웃지 않을 수 없었다.

"뭐, 다 그렇죠. 모든 걸 다 얻을 수는 없는 노릇이니까요."

나 자신을 향해 중얼거리며 다시 양모 셔츠를 만지작거렸다. 기능성 의류의 필요성에 대한 전반적인 의구심을 누르고 나는 결국 그 셔츠를 사고 말았다.

며칠 뒤, 주문한 스테인리스 도시락을 받으러 가게에 가서 나는 다시 열을 받고 말았다. 어느 정도 예상이야 했지만 그것도 어김없이 비닐에 싸인 채 종이상자 안에 들어 있었다. 종이상자 안의 비닐을 볼 때마다 노이로제에 시달릴 것이 아니라 차라리 그 대목에 대해선 과감히 포기해야 하는 것 아닌가 하는 생각까지 들었다. 어쨌든 그 점만 빼고 본다면 물건 하나는 마음에 쏙 들었다. 모양도 예쁘고 튼튼하며 뚜껑도 아주 야무지게 닫히는 게, 왜 이제야 나타났나 싶었다. 하지만 그 망할 놈의 비닐 싸개! 우리 집엔 이제 거의 3주가 지나도록 비닐 쓰레기는 하나도 없지 않은가 말이다. 낯간지러운 결론이긴 했지만 나는 비닐을 벗기고 가져가기로 마음먹었다. 누가 그 비닐 쓰레기를 버리든 어차피 쓰레기 자체는 발생한 것이지만. 나는 판매직원에게 비닐 싸개를 놔두고 가도 되느냐고 물어보았다. 그는 나에게 의미심장한 눈길을 보내더니 한마디 했다.

"물론이지요. 저희 가게에 공정무역 도시락도 없는데 그 정도는 감수해야죠."

드디어 니콜라우스의 날이 밝았다. 사무엘의 첫돌 이래 그 인자한 할아버지는 해마다 12월 5일 밤 우리 집을 찾아와 아이들에게 선물 꾸러미를 갖다주는 걸 한 번도 빼먹지 않았다. 올해에도 그 유구한 전통은 어김없이 지켜졌다. 다만 이번에는 선물의 내용물이 이전과 좀 달랐을 뿐이다.

아이들은 각자 유기농 면화로 짠 양말 한 켤레와 스테인리스 도시락 하나씩을 받았다. 큰아이 둘의 도시락에는 유기농 상점에서 장만한 말린 과일과 견과류가, 그리고 그런 것을 좋아하지 않는 막내 레오나르트의 도시락에는 바나나 칩이 가득 담겨 있었다. 그리고 할머니가 주고 가신 초코 니콜라우스가 하나씩 덤으로 들어 있었다. 세 아이 모두 크게 기뻐했다. 반짝이는 스테인리스 통이 진짜 은으로 만든 것처럼 보인다고 좋아했다. 통에 든 달달한 간식거리를 꺼내 먹으며 아이들은 연방 싱글거렸다. 우리는 플라스틱 없이 강림절을 보내는 데 꽤나 성공한 셈이었다.

그날 내가 받은 선물은 말레네가 준 '한 시간 동안 조용히 있게 해 주기 이용권' 세 장과 레오나르트가 준 '엄마 아빠 원하는 것 하기 이용권' 다섯 장, 그리고 맏이 사무엘이 준 '바닥 닦기 이용권' 다섯 장과 '창문 닦기 이용권' 세 장이었다. 아이들의 그런 선물은 언제나 큰 감동이었다.

강림절 세 번째 일요일에는 해마다 연례행사처럼 마리안네와 니콜이 제 아이들을 데리고 우리 집에 온다. 마리안네는 딸 말레네의 대모이자 우리 결혼의 증인이다. 벼룩시장과 오래된 물건을 좋아하고 우리가 이 실험을 시작할 때부터 남다른 관심을 보여 준 아주 좋은 친구다. 여자들끼리 오붓한 시간을 즐기는 데 방해가 될 뿐이라는 은근한 눈치에 남편 페터는 도망치듯이 산악자전거를 끌고 나가 버렸다. 짤막하게 겨울철 산악 트레킹을 즐길 모양이었다.

우리는 함께 과자도 굽고 밀랍 양초도 만들며 편안한 오후 시간을 보냈다. 여덟 명의 애들은 한 덩어리가 되어 정원에서 눈사람을 만드느라 법석이었다. 아무런 방해도 받지 않은 가운데 우리끼리 서로 이야기를 나눌 수 있는 멋진 기회였다.

두 친구는 우리가 실험을 시작한 이후에 자기네 집에서 일어난 변화들에 대해 이야기를 풀어 놓았다. 농가에서 우유를 받아다 먹고, 보증금 붙은 병에 담겨 팔리는 요구르트를 구입하며, 가능한 한 식료품을 직접 생산자에게서, 또는 시장에서 포장 없이 구하려고 애쓴다. 니콜은 장 보러 갈 때 나처럼 치즈나 소시지를 담을 금속제 통을 가지고 다닌다. 그녀는 유기농 식품점에서 비닐 포장된 것만 파는 경우가 있다고 불평했는데 그건 나도 겪은 일이었다. 왜 그런지 그 이유에 대해선 어디서도 명쾌한 설명을 들은 적이 없었다. 자신들이 생산한 고급 유기농 제품을 보호하는 데에 종이로만 부족하다면 왜 적어도 생분해되는 비닐이라도 사용하지 않는 걸까? 마리안네는 생분해성 비닐은 공기가 통하기 때문에 식료품 포장재로는 적합하지 않을 것이며 더구나 진공포장용으로는 사용할 수 없을 거라고 말했다. 우리는 식품의 보존기간을 가능한 한 길게 하는 것이 우리의 삶의 질에 과연 중요한지, 중요하다면 얼마나 중요한지를 두고 진지한 대화를 이어갔다. 소량을 구입해 신선한 상태에서 바로바로 소비할 수 있도록 식품의 구매 계획을 잘 세우는 것이 결정적이라는 점에 우리 셋 모두 동의했다. 포장재와 냉장고를 과신하여 두고두고 먹을 것처럼 끝도 없이 장을 보는 일은 없어야 한다는 것이었다. 그러자면 식품 소비 습관을 바꾸는 일이 무엇보다 중요했다. 우리는 각자 실천해 볼 만한 방안들에 대해 좀 더 고민하고 지속적으로 정보를 교환하기로 했다.

마리안네가 화제를 바꿔 나를 향해 물었다.

"얘, 이번 실험 끝나면 그 이후에는 어떻게 할 거니?"

나는 뭔가 허를 찔린 느낌이었다. 그간 실험을 준비하고 또 허겁지겁 실행해 오느라 그 점에 대해서는 생각해 보지 않았기 때문이었다. 또 실험 자체도 뭔가 이제 막 시작이라는 느낌이 강했고, 여러 영역에서 아직은 많이 부족하다고 생각하고 있었기에 더더욱 그 끝에 대해선 생각할 겨를이 없었다. 내가 말을 이리저리 얼버무리며 우물쭈물하고 있는데, 등 뒤에서 야무진 목소리가 들려왔다.

"우린 계속할 거예요! 아무것도 그만두지 않을 거예요."

말레네였다. 어느 틈에 들어왔는지, 말레네는 니콜의 딸 테레자와 함께 우리의 대화를 계속 듣고 있던 모양이었다. 나는 한동안 말이 나오지 않았다. 이제 열 살 된 내 딸이 실험 가운데서 나보다 훨씬 더 많이 배우고 있음이 분명했다. 어떤 일에 순수한 열성을 다해 실행에 옮기는 것이 어쩌면 아이들이 가진 천성일 수도 있겠지만, 나는 말레네의 분명한 태도가 무척이나 자랑스러웠다.

"그래, 네 말이 맞아, 말레네. 엄마는 왜 그런 생각을 못 했지? 우리는 지금처럼 얼마든지 계속할 수 있는데 말이지. 엄마도 너처럼 부족한 게 전혀 없어. 기껏해야 감자 칩이 가끔 그립기는 하지만 그것도 뭐, 엄마 친구들한테서 조금씩 얻어먹어도 되고 말이야."

니콜과 마리안네가 고개를 끄덕였다.

"이제 남편만 설득하면 되겠구나."

니콜이 말했다. 하지만 그 문제도 말레네가 이미 다 손을 써 놓은 모양이었다. 말레네는 자랑스러워 죽겠다는 듯이 밝게 말하며 환하게 웃어 보였다.

"아빠도 찬성이에요. 이미 약속한걸요."

"어머나, 말레네가 여간 아니구나. 아줌마가 다 놀랬네. 얘, 말레네, 이럴 게 아니라 우리 집에 와서 알렉스 아저씨도 좀 설득해줘. 우리 남편은 내 말로는 씨알도 안 먹혀."

마리안네가 말했다. 〈플라스틱 행성〉을 보지는 않았지만 우리 실험에 자극을 받아, 플라스틱 없이 사는 걸 웬만큼은 실천해 보고 싶어 하는 마리안네는 한숨을 폭 내쉬었다. 남편 알렉스가 그 문제에 관해 지레 경계를 하며 모든 게 지나친 과장이라고 주장한다나. 특히 막 짓기 시작한 집 문제로도 머리가 터질 지경인데 뭔 귀신 씻나락 까먹는 소리냐며 손사래를 치곤 한다는 것이었다. 우리는 마리안네에게 영화를 보면 혹 생각이 달라질 수도 있으니, 기회가 되면 남편과 함께 영화를 보라고 조언해 주었다. 그런 프로젝트는 가족 전원의 지원이 없으면 실행이 사실상 불가능하다. 마리안네의 집이 어떻게 될지는 두고 볼 일이었다.

며칠 뒤 토마스 보그너가 전화를 해서 우리 집 실험이 어떻게 되어 가는지 알고 싶다고 했다. 내가 말레네 얘기를 들려 주며 당분간은 계속할 거라는 뜻을 밝히자 그도 반색을 했다. 그는 연말까지 계속 블로그에 실험 상황을 올려 달라는 당부와 함께 이 실험에 대해 글을 써 보는 것이 어떻겠냐는 제안을 했다. 그 글이란 블로그에 올리는 보고 형식의 단문을 넘어서 본격적으로 이 주제를 다루는 것을 말했다. 그는 아무래도 이 프로젝트가 다음 해까지도 죽 계속해서 진행되기를 바라는 눈치였다. 그의 제안이 매력적인 건 사실이었으나 즉답은 할 수 없었다. 우선 남편과 상의해야 했다. 만일 글을 쓰게 된다면 그건 결국 내 시간의 상당 부분을 할애해야 할 테고 가족의 협조 없이는 힘든 일이었다.

하지만 놀랍게도 페터는 두말 않고(정말 말레네가 모든 수를 다 써 놓은 모양이네!) 동의해 주었다. 말만 그럴싸한 것이라든지 허세가 조금이라도 섞인 행동을 아주 싫어하는 페터의 기질로 보아 의외가 아닐 수 없었다. 그러고 보면 페터도 이 실험을 통해 변한 게 분명했다. 그는 우리 블로그에 자신만의 개인적인 소회를 담은 글을 불쑥 올리는가 하면 느닷없이 〈사방이 플라스틱Plastik überall〉이라는 노래를 지어 나를 놀라게 하기도 했다. 그가 직접 가사를 쓰고 곡을 만들어 녹음하고 심지어 작은 동영상까지 덧붙인 노래였다. 나는 깊은 인상을 받았고 토마스 보그너도 아주 재미있다는 응답을 보내왔다. 여기에 힘입어 페터는 우리 블로그를 위한 새 노래 작곡에도 덤벼들었다. 나로서는 여간 안심되는 게 아니었다. 남편도 이제는 확실한 우군이 되어 내가 '언론 노출'에 투자하는 시간을 더 이상 비판적으로 바라보지 않았기 때문이다. 다만 아이들이 자주 불평을 해 댔을 뿐이다. 엄마 아빠 중 누군가는 늘 컴퓨터 앞에 앉아 있다는 게 그 이유였다.

페터의 〈사방이 플라스틱〉 뮤직비디오

플라스틱 없이 보낸 크리스마스, 단 하나의 예외

그렇게 강림절 기간이 지나가고 드디어 대미를 장식할 성탄절이 바로 코앞으로 다가왔다. 우리 가족 모두는 예년처럼 선물 포장하는 일로 성탄절 준비를 시작했다. 선물을 예쁘게 포장하는 일은 인간의 기본적 욕구가 아닐까 싶을 만큼 아이들은 온갖 정성과 재주를 동원해가며 심혈을 기울였다. 비닐류를 쓰지 않아야 하고 쓰레기를 최소한으로 해야 한다는 원칙이 있었지만, 나는 아이들의 그 재미난 놀이를 방해하고 싶지 않았고 또 애들다운 창의성을 북돋워 주기 위해 나름 묘안을 짜냈다.

우선 애들이 마음껏 그림을 그리거나 색을 칠할 수 있는 큰 종이를 준비했다. 그리고 예전에 받았던 선물 포장지 중에서 버리기 아까워 모아 두었던 아름다운 것들을 맘껏 재활용하라며 나눠 주었다. 한편 페터와 나는 다른 대안을 택했다. 우리는 신문지를 활용하기로 했다. 선물 받는 이에게 적합한 기사나 독창적인 사진이 실린 신문을 찾아내 그게 눈에 잘 띄도록 포장을 해서 색다른 재미를 덤으로 선물하려는 전략이었다.

비닐 테이프나 화학 접착제 따위는 일절 쓰지 않았다. 천으로 된 리본이나 노끈, 밀가루 풀 등 천연재료들만 사용해서 선물을 포장하다 보니 시간은 좀 더 걸렸지만 뭔가 색다른 시도에서 오는 뿌듯함이 있었다.

사실 남편 페터는 이런 명절의 수선스러움을 부담스러워하는 편이다. 어딘가 불편해하고 제자리를 못 찾아 안절부절못하는 것이 겉으로 드러난다. 아이들 때문에 마지못해 받아들이긴 하지만 천성이 그런 걸 나는 알고 있었다. 내가 마냥 들뜨고 즐거워지는 것과는 정반대였다. 내가 포장을 끝낸 선물 더미 앞에서 "아, 이번 성탄절은 정말 기대가 돼!"라고 감정 실린 소리로 말하자, 그는 "당신이 그렇게 기쁘다니 다행이네."라고 대꾸했다. 해마다 되풀이되는 똑같은 말이었다.

12월 24일 늦은 오후, 내가 아이들과 함께 교회에서 예배를 올리는 동안 페터는 성탄 트리를 장식하고 그 아래에다 선물을 놓아둔 다음 저녁을 준비하기로 했다. 예배를 마치고 촛불을 밝힌 조그만 등롱을 들고 집으로 돌아오면서 우리는 직접 만든 양초와 성탄 시를 적은 카드를 이웃에 돌렸다. 성탄절의 공식행사는 이것으로 모두 끝이 났고 이제 우리 가족만의 오붓한 시간이 남았다.

남편이 마련한 맛있는 요리로 저녁을 마치고 우리가 좋아하는 성탄 노래도 몇 곡 부르고 악기 연주도 한 뒤, 마침내 선물 증정 시간이 되었다. 레오는 나무로 만든 기사 인형, 그리고 사무엘이 만든, 아직 완전히 마무리하지 못해 마지막 손질이 좀 더 필요한 나무 보트를 받고는 입이 벌어졌다. 페터는 오렌지색 양모 셔츠가 마음에 쏙 들었는지 그 자리에서 바로 갈아입었다. 말레네는 손수건이나 작은 물건을 넣을 수 있는, 뜨개질로 짠 작은 주머니를 받고는 감사를 표했다. 말레네는 주머니를 요리조리 뜯어보더니 총기 넘치는 미소를 지으며 말했다. “나중에 여기다 핸드폰을 넣을 거야.” 휴대전화를 사 달라는 은근한 압박이 아닐 수 없었다. 나 역시 질세라 그 말을 슬쩍 흘리며 사무엘과 레오나르트에게로 고개를 돌렸다. 두 아이는 이미 목재 조립 세트에 푹 빠져 있었다.

나에게도 아주 특별한 선물이 마련되어 있었다. 페터가 나무를 깎아 만든 하트 모양의 목걸이를 선물한 것이다. 지난해에 우리는 안전상의 이유로 정원에 있던 오래된 호두나무 한 그루를 베어 냈는데, 페터는 그 나무의 한 부분을 잘라서 간직하고 있다가 이번 성탄절을 맞아 깨끗하게 깎고 사포질한 다음 기름을 먹여 하트 모양으로 다듬은 모양이었다. 그걸 보석상에 갖고 가서 금줄을 달아 달라고 하여 아주 근사한 목걸이를 완성한 것이다. 감동이었다. 그 호두나무가 내게 얼마나 큰 의미를 지니는지를 잘 알고 있는 페터가 나를 껴안고는 나지막이 이렇게 말했다.

“봐, 이제 당신은 그 나무의 일부와 나의 일부를 언제나 몸에 지니고 다니게 된 거야.”

정말 로맨틱한 선물이 아닐 수 없었다.

선물 나누기를 마치고 못 쓰게 된 포장지는 불쏘시개용으로 따로 모으고 재활용 가능한 것은 잘 간추려 두고 나니 쓰레기가 하나도 생기지 않았다. 지난해의 산더미 같던 포장 쓰레기를 생각하면 정말 놀라운 발전이 아닌가!

성탄절 다음 날 우리 가족은 내 여동생 케어스틴네 집을 방문했다. 이것도 연례행사였다. 선물은 책 몇 권이었다. 시중에 나와 있는 거의 모든 책은 표지에 비닐 코팅이 되어 있고 더러는 책을 통째로 랩에다 싸서 판매하는 경우도 있었지만, 책을 읽지 않고 생활할 수는 없어 나는 책을 살 때마다 대놓고 욕을 하는 것으로 퉁 치기를 해 온 터였다.

제부 토마스는 우리 실험에 대해 거의 알지 못하고 있었던지 우리 얘기를 아주 재미있게 들었다. 거기다가 내가 블로그에 글까지 쓴다고 하자 혀를 내두르며 한마디 했다.

"정말 대단하십니다. 그런데 그걸 다 해낼 만큼 시간이 나던가요? 아니면 정말 할 일이 없어 그러시는 거예요?"

페터가 이에 즉각 반응했다.

"아, 그건 저 사람이 날 믿고 그런 거예요. 내가 있으니까 마구 일을 벌이는 거지. 그 바람에 살림이며 청소며 죄다 내 차지가 되어 아주 죽을 맛이에요."

두 사람의 농담에 모두들 한바탕 웃음을 터뜨렸다. 하지만 나는 왠지 그 말이 맘에 걸렸다. 두 사람 다 우스갯소리로 한 말이라는 걸 알면서도 뭔가 찜찜한 느낌이 마음에 남았다.

집으로 돌아오는 길 내내 나는 그 찜찜함의 정체가 뭘까 생각하느라 말이 없었다. 좀체 볼 수 없던 나의 침묵이 낯설었던지 남편이 괜찮으냐고 물었다. 나는 속마음을 털어놓았다. 이 실험이 언젠가는 우리의 관계에 부담을 줄 수 있을 것 같아 좀 겁이 난다고. 또 정말 대책 없이 너무 많은 일을 벌여 놓은 것 아닌가 싶어 걱정이라고. 또 그나마 우리 실험이 이 정도의 성공이라도 거둔 것은 우리 가족 모두의 협심이 있었기에 가능했을 터인데, 특히 내가 당신에게 얼마나 크게 의존하고 있는지 당신의 말로 인해 분명히 알게 되었다고. 나는 남편이 정말 우리 실험을 계속하려는 의지가 있는지를 알고 싶었다. 그는 망설임 없이 대답했다.

"그래, 내가 말했잖아. 재미가 있는 한은……."

"그래도 그게 너무 버거워지면?"

"그럼 그만두지 뭐!"

"우리가 그걸 제때 알아챌 수 있을까? 그러니까 내 말은, 위기에 빠져들기 전에 말이야!"

"두말하면 잔소리지. 당신 기분이 분명한 지표야. 당신이 잘 지내면 나머지 사람들은 다 오케이야."

나는 비로소 안심이 되었다. 우리는 아직도 출발점에 서 있었다. 이 실험을 하면서 마음이 편해야 한다는 것은 우리가 애당초 설정한 조건이었다. 만약 우리가 잘 지내지 못한다면 이는 본질적 조건이 더 이상 충족되지 않는 것이며, 따라서 우리는 실험을 중단하거나 바꾸어야 한다. 하지만 페터의 말처럼 모두에게 잘 맞고 재미있는 한은 그럴 필요성은 전혀 없을 것이다. 얼마나 오래 할지는 상관없다. 우리는 할 수 있는 한 계속 나아갈 뿐이다.

성탄절 연례행사의 마지막 절차로, 다음 날 우리는 뮈르츠추슐라크에 있는 시댁에 갔다. 두 분은 손자들에게 줄 선물을 마련하기 전에 늘 애들한테 전화를 걸어 무얼 갖고 싶으냐고 묻곤 했는데 레오나르트는 연을 갖고 싶다고 말했나 보았다. 그 얘기를 들었을 때 할아버지가 손자의 선물을 사는 걸 두고 내가 비닐이 어쩌니 실험이 어쩌니 한다는 게 영 내키지 않았고 또 그게 어리석은 짓이라는 생각이 들었다.

어린 막내까지 포함하여 우리 아이들 모두는 별난 엄마의 실험에 두말없이 너무나 잘 따라 주지 않았던가. 저희들이라고 어디 꼭 갖고 싶은 게 정말 없었겠는가. 이만큼 따라와 준 것만 해도 나로서는 무척이나 고마워해야 마땅한 일이었다. 아니, 따라와 준 게 다 뭔가. 사실 애들이 더 순수하고 열성적으로 실천에 나서지 않았던가. 그건 정말 대단한 일이 아닐 수 없었다. 거기다 대고 비닐 연이라서 안 된다고 제동을 거는 꽉 막힌 원칙주의자 엄마가 되고 싶지는 않았다.

그날 연을 선물 받은 레오나르트의 흥분은 정말 대단했다. 녀석도 비닐 연은 안 될 거라고 제 딴엔 지레 포기하고 있었던지, 막상 근사한 그림이 그려진 번쩍이는 비닐 연을 받아 들자 정말 꼴깍 넘어갈 만큼 좋아했다. 그 연은 올해 성탄절을 통틀어 유일한 비닐 제품이었다. 그래서 기쁨이 더 컸을지도…….

별난 한 해를 보내며 드리는 인사

연말연시 휴가는 소냐, 게르하르트 부부와 함께 알프스 엔스 계곡의 슈토더칭켄 산에 있는 한 오두막에서 보낼 예정이었다. 거기서 며칠 머물며 스키도 타고 송년잔치와 새해맞이도 할 계획이었다. 자그마한 스키 리조트인 그곳은 눈의 질이 아주 좋고 애들만 슬로프에 남겨 두어도 될 만큼 시야가 훤히 트여 있어서 아이의 안전을 우선적으로 고려해야 하는 우리 같은 가족이 가기엔 안성맞춤이었다.

소냐와 나는 이 휴가 계획을 짜는 데 숙달이 되어 있었다. 이미 여러 번 함께 그곳으로 휴가를 간 적이 있었기 때문에 무엇이, 얼마만큼 필요한지 훤히 꿰고 있었다. 하지만 올해에는 계획 짜는 것을 어렵게 만드는 요소가 몇 가지 있었다. 소냐 부부는 이 기간 동안 플라스틱 없이 지내 보자는 우리 제안에 동의하기는 했지만, 동시에 준비물을 어떻게 계산하고 꾸려야 할지 막막해했다. 편리한 식량조달 방식이던 비닐 밀봉 식료품을 모두 배제한다면 계산이 그리 간단하지 않았던 것이다.

게다가 식수가 특히 문제였다. 페트병에 든 생수 없이 어떻게 일곱 명이 먹을 충분한 양의 물을 그 오두막까지 가지고 갈 것인가 하는 문제는 엄청난 난제였다. 또 페터는 내가 준비한 맥주 한 상자로는 일주일을 버티기에 턱없이 부족할 거라고 걱정이 태산이었다. 임신 6개월째인 소냐가 제대로 된 음식을 먹어야 한다는 점도 계획 짜는 일을 더욱 어렵게 만들었다.

하지만 문제가 있으면 해결책도 있는 법. 우선 식수 문제는 운 좋게도 어느 낡은 캐러밴에 실려 있던 100리터짜리 스테인리스 물통 두 개로 해결할 수 있었다. 그것은 소냐의 집 부근에 방치되어 있는 캐러밴에 딸린 거였는데 우연히 게르하르트의 눈에 띈 모양이었다. 물을 채우고 옮기는 게 결코 만만한 일은 아니겠지만 그래도 엄청난 개수의 무거운 유리병보다는 훨씬 나을 터였다.

포장되지 않은 빵은 오래 보관할 수 없어서 4킬로그램만 계산에 넣었는데, 이는 비상시를 대비해 제빵용 밀가루 2킬로그램을 추가로 싸 가지고 간다는 조건이 붙고 나서야 사람들의 승인을 받을 수 있었다. 마지막 며칠은 그냥 뮈슬리로 아침식사를 때우려는 내 생각은 다수의 반대로 무산되고 말았던 것이다.

우유는 빈 주스 병에 담고, 날마다 치즈를 먹어야 한다는 임신부 소냐를 위해서 비닐로 밀봉된 여분의 치즈를 예외적으로 허용하되, 스테인리스 통에 넣어 간 치즈가 다 떨어졌을 때에만 먹기로 했다. 페터의 걱정거리는 한 번도 거론되지 않았다. 아마도 어마무시하게 부피가 늘어난 짐을 보고 페터가 맥주 한 상자만이라도 실을 수 있으면 그나마 다행이라고 지레 겁을 먹은 모양이었다.

모든 게 다 결정되자 나는 대강 결산을 해 보았다. 휴가 계획을 짜는 시간은 좀 더 걸렸지만 그 대신 돌아올 때에 정리하는 시간은 훨씬 줄어들 게 틀림없었다. 쓰레기가 거의 없을 테니 말이다. 그리고 비용이 조금 늘어나기는 했지만, 이는 우리가 선달 그믐날 자정에 하늘로 돈만 쏘아 올리지 않으면 충분히 상쇄될 정도였다.* 다만 아이들은 제각기 자기 용돈을 털어 폭죽과 미니 로켓을 몇 개 샀다.

준비는 모두, 완벽하게 끝났다. 그리고 우리는 떠났다. 차를 타고 달리면서 나는 속으로 다시 한 번 우리의 짐을 훑어보았다. 뭔 일 있겠어? 오두막에서 100미터쯤 떨어진 곳에 식당이 하나 있는데, 뭘. 어쨌든 굶주리는 일은 없을 거야. 최악의 경우 그 식당으로 몰려가면 돼. 그렇게 생각하니 마음이 편해졌다. 비록 그 방법이 '플라스틱 없이!' 라는 우리 원칙에 합당한 해법은 절대 아니겠지만…….

휴가는 원만하고 순조롭게, '먹이다툼' 없이 잘 흘러갔다. 늘 그랬던 것처럼 소냐의 많은 친구와 친지 들이 우리를 찾아왔다. 그녀는 그 지역에서 오랫동안 일도 하고 살기도 했던 것이다. 그들 중 몇몇 사람들은 우리의 별난 휴가 방식에 다소 냉소적 반응을 보이기도 했다. 그러거나 말거나.

모바일 인터넷을 장착한 노트북을 챙겨온 게르하르트는 나의 작은 '죄악'을 사진으로 찍어 그야말로 따끈따끈한 상태로 우리 블로그에 올렸다. 그 사진 속에서 나는 손님들이 갖다 준 과자와 사탕 등의 비닐 포장을 천연덕스럽게 벗겨 내며 활짝 웃고 있었던 것이다.

그러나 무엇보다도 기뻤던 일은 우리 실험에 대해 다소 비판적 태도를 보였던 소냐와 게르하르트가 이런 휴가를 아주 재미있어하며 뭔가 달리 생각하기 시작했다는 것을 확인할 수 있었던 점이다. 이는

• 독어권에서는 제야의 자정에 폭죽을 하늘로 쏘아 올리며 즐기는 풍습이 있는데, 폭죽 구입에는 적잖은 돈이 든다.

그들이 우리 블로그에 올린 글에 특히 잘 드러났다.

새해 첫날에 알프스의 오두막에서 사랑의 인사를 보냅니다.
걱정 마세요, 먹을 건 넉넉히 있으니까요.
보통으로 먹는 사람 여섯과 감자 칩을 무척이나 사랑하는
아주 늘씬한 여성 한 사람이, 우리를 좋게 봐준 많은 방문객들의
온정 덕분에, 잘 먹고 잘 지낸답니다. 매년 그랬듯 말입니다.
가져다주신 음식에 크게 감사!
어제는 감자 칩 두 봉지에다 폼베어Pombär와 졸레티Soletti 상표의
과자들도 얻었습니다. 폴리비닐 포장이 어찌나 야무지던지요!
어느 다정한 이웃이 아낌없이 따라 준, 플라스틱 잔에 담긴
글뤼바인Glühwein•에 대해서는 함구하지요.

이제 가장 중요한 것을 말해 볼까요?
대체로 플라스틱 없이 사는 재미가 쏠쏠하네요!
또 쓰레기는 정말 거짓말처럼 많이 줄었습니다!
무엇보다 페트병이 없었던 덕분입니다.
이제 우리는 플라스틱 쓰레기를 거의 만들어 내지 않고도
살 수 있다고 생각하게 되었습니다.
비록 산속 오두막에서의 휴가 중에 이따금 사소한 예외가
우리를 유혹하긴 해도 말입니다.

• 적포도주에 생강 따위의 향신료를 넣고 데운 술. 주로 성탄절을 전후해서 즐김.

또 식수가 들어 있는 스테인리스 물통은 아주 훌륭합니다.
다만 그걸 오두막까지 나르는 일이 다소 몸에 무리가
갈 수는 있겠지요. 한 60킬로그램쯤 나가니까요.
모든 사람들이 플라스틱의 90%를, 아니 한 70, 80%만이라도
지속적으로 포기한다면 정말 좋을 듯…….
그 정도는 마음만 먹으면 실천에 옮겨 볼 수 있지 않을까 싶네요.
마지막 몇 퍼센트는 힘이 들겠죠. 그건 뭐, 어쩔 수 없는 것이라
치자구요. 해 보시면서 재미를 만끽하시기를.

플라스틱이 거의 없는, 햇볕 다사로운 오두막의 발코니에 앉아
산속의 고요함을 즐기고 있는 소냐와 게르하르트가.

섣달 그믐날 밤에 마신 플라스틱 잔의 글뤼바인은 아닌 게 아니라 지난 두 달의 노력에 대한 극단적인 배신이요 엇박자였다. 더구나 두 번째 잔 이후에는 알딸딸해져서 그게 뭐 대수야, 하는 상태가 되어 버린 것이다. 어쨌든 나는 그 순간 우리를 초대했던, 상황이 어떤지를 전혀 모르는 다정한 이웃 오두막 사람들에게 우리의 실험에 대해 미주알고주알 설명할 뜻이 전혀 없었다. 그에 따라 우리가 좀 오락가락하는 연말연시를 보냈던 점은 솔직히 인정한다.

그럼에도 불구하고 소냐와 게르하르트의 글 마지막 몇 줄은 나에게 매우 희망적인 느낌을 주었다. 왜냐하면 그 두 사람은 우리 실험과 완전히 일체화가 되지 않은 경우였음에도 불구하고, 플라스틱 쓰레기를 만들어 내지 않는 게 그렇게까지 힘든 일은 아니라는 점을 인

정했기 때문이다. 소냐와 게르하르트는 이번 휴가를 계기로 그걸 그냥 체험으로 알았고, 기본적으로 회의적인 입장임에도 불구하고 매우 중요한 인식에 도달했던 것이다. 우리 모두가 '단' 50%만이라도 플라스틱 사용을 줄일 수 있다면 세상은 얼마나 달라질까?

우리는 아무런 문제없이, 아니 오히려 평소보다 더 행복하고 재미있게 휴가를 보냈다. 준비해 간 식료품은 충분하고도 남았다. 다만 소냐를 위한 비상용 치즈는 마지막 아침에 식탁에 올라야 했다. 그건 치즈가 부족해서라기보다는 임산부의 왕성한 식욕 탓이 아니었나 싶다. 심지어 식수도 부족함이 없었다. 더 좋았던 점은 휴가가 끝났을 때에는 물통이 거의 비어서 남자들이 그걸 옮기느라 끙끙대지 않아도 됐다는 것!

3부

실험을 넘어서

새해맞이 중간 결산

해가 바뀐 걸 계기로 한 번쯤 우리 실험을 전반적으로 되돌아보고 중간 결산을 해야 할 필요가 있었다. 무엇을 달성했고 어떤 대목에서 좌절했는가? 그리고 새해에는 뭘 할 수 있을까?

가장 두드러진 성과는 음식, 신체관리, 빨래 및 청소에 쓰이는 물품 가운데 플라스틱 포장 제품을 거의 제로에 가깝게 줄일 수 있었다는 사실이다. 그리고 화장실 변기 세정제, 지나치게 복잡하게 세분화되어 있는 청소용 세제(물때 제거용, 바닥 청소용, 곰팡이 제거용, 찌든 때 제거용 등등), 키친타월, 화장 지우는 솜, 설거지용 수세미 등등 우리의 일상에서 꼭 필요한 것도 아닌데 습관적으로 사용해 온 것들은 우리 집에서는 더 이상 눈에 띄지 않게 되었다.

그 결과 지난 두어 달 동안 우리 집에서 발생한 플라스틱 쓰레기는 주로 손님들이 가져온 물건이나 선물, 우편물, 그리고 원래 남아 있던 것을 다 쓰고 나서 생긴 각종 포장지가 대부분이었다. 우리는 이런 것들을 작은 자루에 모았는데, 꾹꾹 눌러 담으니 자루의 반도 차지 않았다. 쇠붙이와 빈 병 쓰레기도 마찬가지였다. 그동안 가급적이면 보증금 붙은 병에 든 걸 샀고 빈 병은 반납했으며 깨지지 않는 한 오래도록 쓸 수 있는 유리용기로 대체했다. 폐지도 거의 발생하지 않았다. 곡식과 말린 과일, 양념을 담는 종이봉투는 낡아서 찢어질 때까지 반복해서 사용한 덕분이었다.

또 한 가지 특기할 일은 플라스틱 없는 대체품을 찾는 과정이 흥미진진하기 이를 데 없었다는 점이다. 이건 무슨 보물찾기를 하는 듯한 흥분과 짜릿한 기쁨을 선사했다. 또 주변의 많은 사람들이 우릴 도와주려고 안달이어서, 열정적으로 정보를 물어다 주고 뭘 하나 찾아내기라도 하면 우리보다 더 즐거워하는 걸 지켜보는 것도 무척이나 재미있었다. 그리고 말끔히 정리된 자기 방에 아주 흡족해하는 아이들이 있었다. 비록 그사이에 레고 장난감 성은 다시 집 안으로 소환되기는 했지만.

이렇게 볼 때 이 프로젝트는 여러 측면에서 우리의 상상력을 자극하고 임기응변 능력을 크게 향상시킨 창의적 행위였고, 지금도 그러하다. 그리고 여전히 희망적인 사실은 우리가 종착점에 이르려면 아직 한참이나 남았으며 앞으로도 무궁무진하게 창의성을 발휘할 분야가 널려 있다는 점이다.

그리고 이 말은 꼭 덧붙여야겠다. 우리가 이 실험에 열과 성을 다해 매달린 한편으로 합성소재로 된 생활용품들, 가령 세탁기라든가 텔레비전, 냉장고, 컴퓨터, 청소기 등등에 대해서는 유연한 태도를 유지했다는 점이다. 그런 물건들을 무슨 적이라도 되는 양 철저히 내쳐 버렸다면 우리는 아마도 현실에서 아웃사이더로 고립되고 말았을 것이다. 하지만 우리는 그런 물품들을 사용하는 문제를 두고 훨씬 다각적이고 비판적으로 검토하고 고민해서 그 사용 여부를 결정했다. 꼭 그 덕분이라고 말하기는 어렵지만, 어쨌든 그간 많은 언론매체의 뜨거운 관심에도 불구하고 우리는 지금까지 '과격한' 사람들로 낙인찍히지는 않았다.

많은 사람들이 결정적인 요소라고 여기는 '지출의 증대'에 대해서는 정확한 수치를 제시할 수 없다. 내가 꼼꼼히 가계부를 작성하는 스타일은 아니지만 플라스틱 없는 장보기가 우리 생활비를 대폭 늘렸다고는 생각하지 않는다. 연말에 남은 우리 계좌의 잔고는 예년에 비해 더 많았으며, 저축해 둔 돈도 손을 타지 않은 채 고스란히 남아 있었으니 돈을 더 쓴 건 분명히 아니었다. 그래서 나는 이런 형태의 장보기를 편안한 마음으로 계속할 수 있었다. 하지만 꼭 알고 있어야 할 점은, 절약 가능성은 예상외로 식품 쪽이 아니라 일반적인 생활용품과 화장품 쪽에 더 많이 존재한다는 사실이었다. 따라서 이런 물품들을 구매하는 방식을 잘 살펴보고 줄일 수 있는 건 줄이는 게 꼭 필요하다.

이제 어떤 경우와 마주치더라도 거꾸로 되돌아가는 일은 없을 것이다.

새해가 시작되고 한동안 우리 일상은 소강상태를 맞이한 것처럼 잠잠했다. 실험을 시작한 이래 처음으로 나는 활동과 소통에 대한 욕구가 다소 잦아들었음을 알았다. 그 대신 우리가 새로 얻은 인식을 일상 속에서 확립하는 시간을 더 많이 갖게 되었다. 우리 실험의 제1부가 거둔 기대 이상의 성공 덕분에 나는 앞으로의 실험 경과를 꽤나 느긋하게 관찰할 여유를 가질 수 있었다. 더 이상 새로운 '증거'를 만들어 내기 위해 안달할 필요는 없었다. 관건은 이때까지 실천해 온 방식을 더욱 세밀화하고 최적화하는 일이었다.

그래서 내가 내린 결론은, 새해에는 더 이상 플라스틱 없는 대안적 생활에 주된 관심을 기울일 게 아니라, 오히려 이 복잡한 문제들을 두고 주변 사람들과 대화를 하는 데 더 힘을 쏟아야겠다는 것이었다. 그걸 대화의 주제로 삼을 경우 합성소재가 그저 문제의 일부이거나 해법의 일부이기만 할 정도로 대화의 지평은 훨씬 넓어진다. 또 가능하면 많은 사람들이 이해할 수 있도록 아주 실용적 차원에서 그 문제에 접근하고 싶었다.

그렇게 되면 사람들이 비록 많이는 아니더라도 생활 가운데서 최소한 몇 가지는 실천할 수 있다는 것을 나는 알게 되었다. 또 남은 문제는, 특별히 그런 문제에 관심을 갖지 않는 이들에게 어떻게 다가가는가 하는 점이었다. 양심의 가책이라는 것이 사람들의 태도를 장기적으로 변화시키는 괜찮은 동기유발 요소는 절대 아니지만, 그래도 어쨌든 양심의 가책 때문에 괴로워하는 사람들은 적지 않다. "나 혼자 어쩐다고 뭐가 바뀔까? 어차피 안 되는 거 아니겠어?" 같은 무의미한 상투적 표현 뒤로 숨는 것 말고는 아무 할 일이 없는 사람들이 그들이다. 물론이다. 다 되지는 않는다, 절대. 하지만 모든 게 다 되지는 않기 때문에 아무것도 하지 않아도 된다는 식으로 토론의 싹을 억눌러 버리거나 변화의 가능성을 애당초부터 배제하는 짓은 하지 말아야 한다. 쉽다 싶은 것부터 그냥 한번 시작해 볼 수 있는 것이며 그런 다음 천천히 앞으로 나아가면 되는 것이다.

또 어떤 사람들은 우리를 만나는 순간, 사실 이 문제에 원래 큰 관심이 없었음에도 불구하고, 어떤 형태로든 우리의 실험에 대해서 뭔가 알아봐야 할 의무 같은 것을 느끼는 듯했다. 정반대로 어떤 사람들은 플라스틱 문제 자체에 대해서나 그런 쓰레기를 발생시키지 않는 문제에 대해 아예 언급을 하지 않으려 한다. 이 문제에 그렇게 매달리는 나 자신조차도 그 일이 무조건, 그리고 언제나 재미있지는 않으며, 또 페터는 다른 사람들이 그 주제에 대해 말을 거는 것에 더러 불만을 토로하기까지 하는 판에, 하물며 다른 사람들이야 말해 무엇하랴.

그사이 나는 진정한 관심과 진부한 대화를 아주 잘 구별하게 되었다. 진정한 관심이 있을 경우에만 대화에 불꽃이 튈 수 있다. 그럴 때라야 다른 사람들이 나의 열정에 전염된다. 전제는, 나 자신이 그때 기분이 좋아야 한다는 것이다. 이것이 결정적 요소임을 나는 점점 더 뚜렷이 느끼게 되었다. 만약 우리가 이 실험을 정말 잘해 내려 한다면, 또 정말 이 새로운 삶의 양식이 옳다고 믿는다면, 즉 우리가 이 실험을 진지하게 여기면 여길수록 우리의 새로운 삶의 양식이 먼저 우리 자신에게 재미가 있어야 하고, 그 일을 통해 행복이 증진되어야 하며, 그 일을 하면서 생기는 힘든 부분이 우리에게 상처를 주지 않아야 한다는 점이 전제되어야 한다. 그런 바탕 위에서 우리의 생각을 다른 사람들에게 전파하려고 노력해야 비로소 성과가 있으리라는 것이다. 이것이 나 스스로에게 의미하는 바는, 문제를 덜 공격적으로 다루라는 것, 그리고 즉각적으로 반응해 모든 것을 설명하려 하지 말고 오히려 기다리면서 다른 의견에 귀를 기울이라는 것이다. 경청은 언제나 주장보다 앞서야 하는 법이다.

우리의 이야기와 경험을 블로그에 올리고자 마음먹었을 당시에 나는 블로그라는 매체가 정말 우리가 생각하는 것만큼 효과가 있을지 확신하지 못했다. 하지만 시간이 흐르면서 나는 블로그의 위력을 점차 깨닫게 되었다. 우리 실험에 대한 격려성 반응과 더불어 사람들이 자신만의 경험을 기꺼이 공유하는가 하면, 많은 조언과 호평이 날마다 올라왔기 때문이다. 물론 개중에는 말도 안 되는 것, 유치하고 냉소적인 것도 있었지만 나를 불쾌하게 할 정도는 아니었다. 그런 것보다는 긍정적인 반응의 물결이 압도적이었다. 일일이 답글 다는 일이 때로는 스트레스가 될 만큼 성가실 때도 있었으니.

신체관리 및 화장 관련 용품 이 분야는 대안을 찾기가 좀처럼 쉽지 않아 많은 사람들이 힘들어하는 것 같다. 사무엘도 이런 점을 꿰뚫고 있지 않았나 싶다. 실험 초기에 사무엘은 어떤 인터뷰에서, 플라스틱 제품을 쓰지 않기로 하면 무엇이 가장 큰 문제가 되리라고 생각하느냐는 질문에 대해 "아마 엄마가 쓰는 각종 화장품이 가장 큰 문제가 될 것 같아요."라고 대답했던 것이다. 사태의 핵심을 꿰뚫는 예리한 지적이었다. 사실 나는 처음에는 화장품을 완전히 포기하려 했었다가, 실행

단계에서 그렇게 하지 않기로 마음먹었다. 화장하는 즐거움을 포기하고 싶지 않았기 때문이다. 특히 밤에 외출할 때 하는 화장은 특히 즐거운 일이었다.

나는 여러 친환경 상점과 유기농 전문점에서 플라스틱이 아닌 용기에 담긴 화장품을 찾아 나섰지만 쉽지 않았다. 그러다 마침내 어떤 판매점 하나가 눈에 띄었는데, 그뤼네 에르데Grüne Erde• 라는 상호가 붙은 그 가게에 들어섰을 때 내 눈앞에는 믿을 수 없는 풍경이 펼쳐졌다. 입구 바로 맞은편에 마치 나를 위한 것인 양 작은 진열대가 하나 서 있었고 그 위에는 아이섀도, 볼터치, 커버스틱, 립스틱이 놓여 있었는데, 하나같이 목갑에 들어 있었던 것이다! 자세히 살펴보니 단풍나무였고 내용물은 다시 채워 넣을 수 있게 되어 있었다.

환호를 터뜨리기 직전 나는 잠시 주춤했다. 립스틱과 커버스틱의 경우 내부에 합성소재 재질이 들어 있었던 것이다. 하지만 적어도 아이섀도와 볼터치에는 정말 플라스틱이 하나도 없었다. 마스카라는 멋진 금속제 통에 들어 있었지만 솔은 유감스럽게도 플라스틱으로 되어 있었다. 나는 모든 제품을 아주 자세히 들여다보았다. 단풍나무 곽에 든 아이섀도를 사고 싶은 마음이 굴뚝같았지만 쓰던 게 아직 남아 있어서 다 쓴 다음에 갈아타기로 마음을 정했다.

분홍빛 점토를 이용해 만든 볼터치는 하나 샀다(이건 지금도 잘 쓰고 있다). 그 외에도 화장 지우는 작은 솜 하나, 염소젖으로 만든 얼굴용 크림 하나, 그리고 물비누를 담는 도자 용기도 두 개 샀다. 새로 산 식

• 푸른 지구라는 뜻.

기세척용 세제가 유리병에 들어 있어 따라 쓰기가 불편했는데 그 도자 용기에 덜어서 쓰면 딱 좋을 것 같았다. 룰루랄라 그 상점을 나오면서 나는 뭔가를 '안' 샀다는 것이 그렇게 유쾌할 수 있다는 걸 처음으로 느꼈다.

샴푸와 샤워용 물비누 종류도 어렵사리 대안이 마련되었다. 그건 주변의 뜻하지 않은 도움과 블로그에 올라온 조언 덕분이었다. 처음에 나는 남편의 권고에 따라 과감하게 고형 빨랫비누로 머리를 감아보았다. 실험의 목적은 이루어졌을지 몰라도, 나의 곱슬머리가 더 난리법석을 피우는 바람에 봉두난발이 따로 없었다. 한데 남편의 지인 두 사람이 이 딜레마에서 빠져나오는 데에 결정적 도움을 주었다. 오래전부터 그들은 천연재료를 이용한 신체 및 두발 관리 제품을 개발하는 일에 매달려 있었는데, 우리 실험에 비상한 관심을 갖고 여러 종류의 비누를 선물해 준 것이다.

이런 식으로 나는 두발관리용 비누와 친숙해지게 되었다. 그 비누는 포장이 전혀 없이도 손에 넣을 수 있었으며 품질은 시중의 일반적인 액체 샴푸에 견주어도 전혀 손색이 없었다. 그리고 그 비누에는 모발에 좋은 값비싼 성분까지 들어 있었는데, 대부분 유기농 작물에서 추출한 것이었다. 그런 만큼 비싼 게 흠이었다. 하지만 그 정도의 가격은 감수할 만큼 충분히 가치가 있었고, 또 우리의 구매습관을 바꾼 덕분에 낭비를 줄일 수 있었으므로 그런 추가적 부담은 상쇄되고도 남았다. 한마디 덧붙이자면, 그 두 사람은 지금까지는 플라스틱 용기에만 담아 팔던 액상 샴푸와 샤워용 물비누를 앞으로는 고객이 원할 경우, 되채움 가능한 유리병에도 담아 제공하려 한다니 이 또한 희

소식이 아닐 수 없다.

또 벨레다 사는 금속제 튜브에 담긴 샴푸를 판매하고 있다. 이는 우리의 첫 장보기에서도 이미 알게 된 사실이었다. 우리는 플라스틱 마개 정도는 용인하기로 결정했으므로 이 회사의 튜브 치약을 이따금, 특히 여행갈 때 잘 사용하고 있다.

여성 독자 한 분은 아주 색다른 조언을 올려 주었는데, 용암토 또는 세정토라고도 불리는 흙을 피부와 두발 관리에 두루 쓸 수 있다는 것이었다. 시험 삼아 친환경 유기농 전문점에서 로고나Logona라는 회사의 세정토 한 봉지를 샀다. 한 번 써 보자마자 나는 대번에 열광했다. 세정토는 점토를 갈아 만든 매우 고운 가루인데, 이걸 약간의 물과 함께 개어서 진흙 팩처럼 만든 다음 몸이나 얼굴, 머리를 감는 데 사용할 수 있었다. 미세한 흙 입자들이 세정 과정에서 때와 기름기를 순전히 기계적으로 흡수하는 것이다. 또 용암토에는 계면활성제가 전혀 들어 있지 않아 피부에는 물론 환경에도 좋다. 특히 경미한 아토피성 피부염이 있는 레오나르트에게 이 흙은 참으로 유용한 대안이었다. 물론 약간의 이질적인 점성과 아무 향기가 없다는 점은 개의치 말아야 한다. 달콤한 꽃향기와 고운 거품을 높이 평가하는 사람들에게 점토 빛깔의 물컹물컹한 물질을 쓰는 것은 다소 유쾌하지 않을 테니까 말이다.

치아 관리 치아 관리 용품의 경우에도 우리 집에서는 대안적 제품이 자리를 잡았다. 여러 해 전 내 치과 주치의가 설명해 준 대로, 나는 건강한 치아를 유지하는 데 치약이 그다지 큰 역할을 하는 것은 아니라는 이론을 믿는 편이다. 그 의사에 따르면, 치약으로 거품이 나면 특히 아이들은 그것만으로 치아가 깨끗해졌다고 여기곤 해서, 이를 제대로 닦지 않게 된다는 것이었다. 하지만 실제로 구강 위생에 훨씬 더 결정적 요소는 거품이 아니라 꼼꼼하고 기계적인 칫솔질이라는 설명이었다.

그는 또 양치용 소금이 치약을 대신할 수 있다고 알려 줬다. 양치용 소금이라는 것도 무슨 특별한 것이 아니라 잘 세정된 바닷소금이라는 걸 알게 된 나는 즉각 양치질 방식을 바꾸었다. 작은 병에 양치용 소금을 넣어 두고 이 닦을 때 사용한 것이다. 하지만 우리 집에서 그 소금을 쓰는 사람은 나밖에 없다. 나머지 식구들은 계속 금속제 튜브에 든 벨레다 치약으로 이를 닦는다. 특히 남편은 나무 칫솔도 여전히 받아들이지 않고 있다.

블로그의 한 독자가 조언해 준 것은 그다지 도움이 되지 않았다. 그녀는 미스왁Miswak 나무•를 사용해 보라고 권했는데, 그 나무에는 천연물질 형태의 '치약'이 함유되어 있어서 나뭇조각 한쪽 끝을 깨물어 뭉개서 부드럽게 만든 다음 그 목섬유질 단면으로 이를 닦으면 된다는 것이었다. 남편은 그 글을 읽더니 이렇게 말했다.

"당신이나 하나 장만해서 조용히 쓰셔! 나무 칫솔과 소금이 입속에서 난리를 쳐도 아무렇지 않을 만큼 무딘 사람이라면 모를까, 나는 못 쓸 것 같아."

하지만 나는 다른 이유로 그 나뭇가지를 주문하지 않았다. 플라

• 시왁(Siwak)이라고도 하며, 독일에서는 칫솔나무(Zahnbürstenbaum)라고 부르기도 한다. 불소가 대량 함유된 이 나무는 고대 때부터 중동 지역에서 칫솔로 쓰였다.

스틱으로 포장된 채 배달될 게 뻔했기 때문이다.

청소와 빨래 우리 블로그에서 많이 논의된 또 다른 분야는 청소 및 세탁용 세제다. 이와 관련해 놀라운 조언들이 여럿 올라왔는데, 고대의 세제에서부터 인도의 세탁용 견과류(이것은 요즘 슈퍼마켓과 위생용품 전문판매점에서도 구할 수 있다)를 거쳐 어떤 세제의 사용도 필요 없게 해 주는 초현대식 세탁용 세라믹 공에 이르기까지 매우 다양했다. 심지어 한 독자는 그 친환경 공을 시험해 보라며 보내주기까지 했다. 그런데 그 공이 비닐로 포장되어 있다는 게 마음에 걸렸고, 은銀 이온과 결합한 자기磁氣적 특성에 기초해 있다는 원리를 도무지 이해할 수가 없었다. 하지만 그 무엇보다도 그 공의 세탁효과가 확신을 줄 만큼 두드러지지가 않아서, 종이상자에 들어 있는 친환경 세제를 계속 사용해 오고 있다.

우리와 아주 가까운 곳에 사는 한 독자 덕에 나는 매우 흥미로운 힌트를 얻기도 했다. 그녀는 파흐Pach라는 회사의 세탁 및 청소용 세제를 권했는데, 그 회사는 바로 우리 사는 곳 인근 도시에 있었다. 가족이 경영하는 소규모 회사로, 오로지 천연원료만 사용해서 세제를 생산하는 걸로 나름 꽤나 유명하다는 거였다. 그 독자는 파흐 세제가 완전 생분해될 뿐 아니라 세탁효과도 탁월하다고 했다. 특히 좋은 점은 모든 액체 세제를 5리터들이 용기에 담아 사 올 수 있다는 사실이었다. 그 용기가 비록 플라스틱이긴 하지만 회수한 뒤 씻어서 재사용하므로 진정한 반복 사용 시스템이었다.

궁금한 마음에 파흐에 전화를 걸었는데, 회사 사장은 그 다목적 세제로 심지어 샤워를 해도 된다고 설명했다. 나는 당장 식기세척용 세제 5리터를 구입했다. 설거지용 수세미도 이미 합성섬유가 아닌 낡은 수건이나 퇴비화가 가능한 섬유질 소재로 된 것을 사용하고 있었으므로, 우리 집 주방에는 거의 완벽하게 실험의 목표에 부합하는 방식이 도입된 셈이었다.

그간 짬짬이 예전에 우리 집에서 쓰던 세제들의 내용물 성분을 인터넷에서 뒤져 보곤 했는데 한마디로 아주 살벌했다. 플라스틱 포장쯤이야 그런 성분의 유해성에 비하면 차라리 애교 수준일지도 모른다는 생각이 들 정도였다.

그런 '독한' 세제를 멋모르고 쭈욱 써 왔다는 사실이 참으로 놀라웠다. 아마도 이것은 과거로부터 계속 이어져 온 광고, 즉 '세균 없는 깨끗함'을 극적으로 부각시키는 광고에 어린 시절부터 지속적으로 노출됨으로써 형성된 어떤 기억과 맞물려 있는 것이 아닌가 싶다. 오늘날의 소비자 의식수준으로 보면 그런 세제는 유용하기보다는 오히려 건강 면에서 심각하게 우려스러운 제품이겠지만, 당시에는 바람에 흔들리는 흰 꽃처럼 눈부시게 하얀 빨래의 영상이 내게 깊은 인상을 심어준 게 틀림없었다. 그래서 나는 식탁보와 흰 블라우스를 위해서라면 꼭 그 특별한 세제를 사야 한다고 엄마에게 끊임없이 졸라 댔던 것이다. 이렇게 광고를 통해 형성된 인상은 나의 뇌리에 깊이 박혀서 하나의 고정관념처럼 '빨래 = 그 세제'라는 등식이 생겨나게 된 것일 터였다.

시중의 여러 세제가 환경 및 건강에 어떤 영향을 미치는지를 오로지 내용물질만 보고 검토하는 일은, 얄팍한 화학 지식을 지닌 평균적 소비자인 나로서는 예나 지금이나 여전히 아주 어려운 일이다. 하지만 실험 이전에 가끔 화장실 대청소를 하고 나면 몸이 고된 것보다 머리가 아픈 경험을 하기도 해서, 혹시 세제 때문이 아닐까 의심을 품긴 했었다. 그래서 실험을 하기 훨씬 전부터 덜 독하며 생분해가 되는 제품을 구입하려 나름대로 애써 왔다. 물론 그것은 명백한 한계가 있었다. 그저 뭔가 친환경적으로 산다는 기분 그 이상도 그 이하도 아니었다.

그러나 최근 두어 달 사이 우리 집에서 청소에 사용되는 세제는 거의 자취를 감추었다. 포장 용기의 문제에서 출발하긴 했지만, 그간 그런 세제가 얼마나 유해한지 잘 알게 되었기 때문이다. 그래서 전에 우리 집 욕실 한쪽에 있던 변기 세정제, 석회석 제거제, 다목적 세제, 유리 세정제 등등 온갖 세제들이 다 사라지고, 이제 그 자리에는 식초 한 병과 분말 형태의 구연산 한 통이 있을 뿐이다. 물론 그것으로 충분하다. 이 두 가지는 탁월한 기능을 발휘하고 있으며 가격도 비교할 수 없을 만큼 싸다. 또 우리 욕실의 위생상태도 전에 비해 전혀 나빠지지 않았다. 친구 소냐는 얼마 전 우리 집에 놀러 와서 샤워실 유리문을 무엇으로 닦았기에 그렇게 반짝거릴 정도로 깨끗하냐고 묻기까지 했다. 전에는 그런 '청소 비법'에 대해서 한 번도 질문받은 적이 없었는데.

창문을 닦을 때는 식초나 희석한 구연산을 쓴다. 유리창 닦을 때마다 찾아오는 두통이 (유리 세정제 냄새 때문이 아니라) 하기 싫은 일을 억지로 하느라 그런 것이라는 남편의 잔소리를 더 이상 들을 필요가 없게 되었다.

집 안의 나무 바닥 틈새 청소에는 잠정적으로 물만 사용하고 있다. 어느 블로그 독자는 양잿물을 써 보라며 그 제조법까지 알려 주었다. 우리 집 난로에서 재를 얻는 거야 어려운 일이 아니겠지만 나는 그 조언을 아직 실천해 보지는 않았다. 대신 예전에 머리를 감기 위해 샀다가 곱슬머리 때문에 사용을 포기한 고형비누가 바닥 청소용 세제로 적합할지는 앞으로 한번 시험해 보려 한다.

어쨌든 우리는 그냥 물과 천과 솔만으로도 수많은 물건을 충분히 깨끗하게 할 수 있다는 경험을 점점 더 많이 하고 있다. 이건 참으로 유용한 발견이 아닐 수 없다. 온갖 종류의 포장 쓰레기만이 아니라 화학물질, 돈, 두통에다 나쁜 기분까지 줄일 수 있는 방법이 그렇게 손쉽다는 게 마치 무슨 축복처럼 느껴진다.

그 외에, 우리 생활방식을 전반적으로 새로운 구조로 전환시키는 과정에서 산더미 같은 빨래를 어떻게든 줄여 보려 했으나 잘 되지 않았는데 그것도 해결책을 찾아가고 있다. 무슨 특별한 비법이 있는 건 아니다. 그저 아이들 각자가 자기 빨래를 자기가 개어 정리하도록 한 것뿐이다. 전에는 그런 일을 시키면 아이들은 늘 '아동 노동'이라며 반대했었다. 하지만 나는 단호하게 그렇게 할 것을 요구했고, 그러는 사이 아이들도 왜 이렇게 빨래가 많은지, 그 문제점을 어렴풋하게라도 느끼는 것 같았고 빨랫감이 다소 줄어드는 효과를 보게 되었다.

하지만 나는 옷에 관한 한 본질적인 문제는 따로 있다고 생각하는 편이다. 한마디로 오늘날의 우리는 옷이 너무 많다는 게 문제다. 물론 고급의 새 옷을 말하는 게 아니다. 얻은 것이건 물려 입는 것이건 옷이 너무 많다 보니 조금만 때가 묻어도, 조금만 땀을 흘려도 빨래바구니에 던지기 일쑤이고 조금만 유행에 뒤떨어져도 부랴부랴 새 옷을 장만한다. 이런 태도가 결국은 우리 생활 전반에 만연해 있는 과소비와 맥락을 같이하는 것이 아닐까. 그래서 나는 '빨래 당번' 제도도 도입했다. 빨래를 널고 걷을 때 아이들 중 하나가 당번이 되어 나를 거들게 한 것이다. 나는 이런 조치를 통해 세탁용 세제와 쓰레기를 줄이고 에너지와 물, 그리고 일하는 시간도 아낄 수 있음을 아이들이 스스로 깨우치기를 바랐다. 나의 시간만이 아니라 그들 자신의 시간까지도 말이다.

빨래 및 청소용 세제를 사용할 때에도 다른 경우와 마찬가지로 '적은 것이 더 많은 것'이라는 격언이 적용됨을 입증해 준 사람은 환경의학자인 한스-페터 후터Hans-Peter Hutter 박사였다. 그는 영화 〈플라스틱 행성〉을 위한 혈액 샘플 분석•에 동참했으며 우리가 처음 실험을 시작할 때에도 우리의 혈액을 채취했었다. 그 혈액에 대한 분석 작업은 아직 이루어지지 않고 있다. 엄청난 분석 비용을 댈 후원자가 아직까지 나타나지 않은 탓이다. 나는 건강과 관련한 문제는 늘 그와 상의하는데, 그는 세제를 과도하게 사용하는 것은 환경뿐만이 아니라 건강에도 명백한 부담을 준다고 강력히 경고한다. 그는 가급적 비누를 베이스로 한 부드러운 세제를 가능한 한 최소량으로 사용하라고는 말한다. 전방위적 절약을 실천할 수 있는 아주 효과적인 전략이 아닐 수 없다.

청소 귀신이 붙은 사람들이 만끽하는 기쁨을 빼앗으려는 생각은

• 플라스틱이 인체에 미치는 영향을 분석하기 위해 플라스틱을 많이 쓰는 사람들의 혈액을 채취한 것으로 보인다.

당연히 없다. 다만 현재 시판되는 세제를 몇 가지 골라 그 내용물질의 작용과 부작용을 인터넷에서 찾아 한번 읽어 보라고 그들에게 권할 수 있을 뿐이다. 아마 많은 사람들이 몇몇 세제를 구매목록에서 당장 지워 버릴 거라는 데 내기를 걸어도 좋다.

통조림과 냉동식품 식료품과 관련해서도 블로그에서는 활발한 토론이 벌어진다. 예를 들면 통조림 깡통이 그런 경우인데, 알루미늄이나 양철은 생산과정에서 매우 많은 에너지가 투입되므로 플라스틱 포장의 대안으로는 좀 부적합해 보인다. 또 나는 애초에 이 깡통이 토론거리가 될 수 없다는 입장인데, 그건 깡통 내부가 거의 전부 합성소재로 코팅되어 있기 때문이다. 또 코팅 공정에서 에폭시 수지가 쓰이는 경우도 종종 있다고 들었다. 이것은 건강에 특히 유해한 작용을 한다고 알려져 있다.

우리가 스파게티를 만들 때 자주 사용하는 토마토소스는 유리병에 들어 있다. 그런데 다른 것들, 예컨대 코코넛 밀크 같은 것은 내가 허용할 수 있는 포장형태로 판매되는 것을 여태껏 단 하나도 발견할 수 없었다. 더욱 유감스럽게도 내가 직접 그걸 만들 수 있는 합리적 가능성도 전혀 보이지 않는다. 수송경로가 매우 길다는 이유로 코코넛 밀크가 테트라팩이나 깡통으로 포장된다는 것은 어떻게 보면 논리적이다. 하지만 이런 경우 우리는 꼭 코코넛 밀크를 먹어야만 할까? 가능한 한 생태적인 식료품을 얻기 위해서 애를 쓰면서 한편으로 그런 식재료를 꼭 사용해야 한다는 것은 대단히 비논리적이고 모순적으로 보인다. 이 경우는 플라스틱 없는 대안을 찾아 나섰다가 끊임없이 새로운 질문과 문제의 영역에 마주쳐야 했던 많은 사례들 중 하나다. 무척이나 복잡하고 난해한 문제임이 틀림없는데, 이제 나는 대단히 명쾌하고 '실용적'인 해결책을 갖고 있다. 더 이상 안 먹으면 된다! 코코넛 밀크가 다행히 우리 집의 주요 식재료는 아니라서 쉽게 결론을 내린 측면도 물론 있지만, 굳이 그걸 찾아서 먹어야 할 필연적 이유가 대체 어디 있단 말인가. 또 그래도 정 먹어야 할 필요가 생긴다면 다른 많은 경우에서도 그랬듯이, 적절한 예외를 적용하면 되지 않겠는가.

식료품과 관련하여 가장 자주 올라오는 질문은, 어떻게 플라스틱 없이 냉동 보관이 가능한가 하는 것이다. 냉동고를 잠정적으로라도 계속 사용하기로 결정한 후 나는 당연히 이 문제에 부딪혔다. 마땅한 아이디어가 떠오르지 않아 나는 작은 실험을 해 보기로 마음먹었다. 시어머니가 주신 음식 보관용 유리병 하나에 절반쯤까지 물을 채운 다음 뚜껑을 느슨하게 그 위에 얹어 냉동고에 넣어 둔 것이다. 대략 두 시간이 흘러 물이 얼 때쯤 나는 뚜껑을 고무 밴드와 집게를 이용해 단단히 닫았다. 그 유리병이 냉동고에서 아무런 탈을 일으키지 않는 것을 보고, 이번에는 액체 및 고체 식료품으로 실험을 감행했다. 결과는 괜찮았다. 그 이후로 나는 이런 방식으로 문제없이 냉동 보관했다. 단 액체의 경우 내용물을 너무 가득 채우지 않아야 한다.

하지만 부피가 큰 걸 냉동해야 할 경우엔 당연히 이런 방법을 쓸 수가 없다. 그런 경우에 나는 옥수수 전분으로 만들어진 생분해성 비닐 자루를 사용한다. 영화 〈플라스틱 행성〉에도 소개된 적이 있는 제조 회사가 고맙게도 우리에게 적잖은 양을 무료로 제공해 주었다. 크기도 다양하고 시험도 거친 것이라 이걸 사용하는 데 거리낄 점은 전혀 없었다. 나는 그 비닐을 친구와 지인들에게 테스트해 보라고 나눠주기도 했다. 그 결과 반응은 한결같이 긍정적이었다. 이 자루는 빵이나 과자, 과일, 채소를 보관하거나, 담아서 가지고 다니는 데에도 매우 유용하게 쓰였다. 게다가 이 자루에 든 식료품이 종래의 비닐에 든 것보다 눈에 띄게 더 오래간다는 연구도 있었다.

학용품 그라츠에서 있었던 공개토론과 우리 블로그에 올라온 의견들도 대안적 학용품 구입에 관한 한은 별 도움이 되지 않았다. 그런데 환경부가 펴낸 〈학용품 현명하게 구입하기〉라는 안내 책자에서 매우 유용한 힌트 몇 가지를 발견할 수 있었다.

평소 필기구 종류를 사려고 할 때 유의미한 대안을 찾기란 정말 하늘의 별 따기였다. 아이들이 주로 쓰는 잉크 카트리지 교체식 만년필은 본체는 나무로 된 것이 많았지만 속에 들어가는 카트리지는 전부 플라스틱이었다. 그런데 잉크 컨버터가 있다는 정보는 무척 반가운 것이었다. 컨버터 입구를 잉크병에 넣고 꽁지 부분에 있는 나사를 돌리면 잉크가 컨버터 안으로 빨려 들어가는 방식이었다. 잉크를 다 채운 컨버터를 카트리지처럼 만년필에 꽂으면 끝. 일회용으로 쓰고 버리는 플라스틱 카트리지보다 월등히 친환경적인 방식이었다. 애답지 않게 '옛날' 방식을 좋아하는 사무엘은 자기 만년필을 잉크병의 잉크로 채운다는 사실이 너무 멋져 보였는지 당장 문구점으로 달려갈 기세였다.

말레네는 몽당연필을 끼워 쓸 수 있는 연필 홀더를 찾아냈다. 나무나 금속으로 된 이것을 활용하면 연필을 거의 끝까지 쓸 수 있었다. 앞으로는 비싸더라도 제대로 된 연필을 사 줄 생각이었는데 그 점을 고려하면 이 연필 홀더는 더더욱 유용한 제품이었다. 대개 연필의 3분의 1쯤은 버리게 되는 걸 생각하면 한 개에 2유로인 그런 홀더를 장만하는 것은 충분히 남는 장사였다.

되채움이 가능한 풀이 있다는 사실도 새로 알게 되었다. 보통 막대형 딱풀의 경우는 배보다 배꼽이 큰 격으로, 풀의 양보다 플라스틱 쓰레기가 더 많이 생긴다는 걸 우리는 알고 있었다. 더욱이 되채움이 되지 않는 제품의 경우 원가율이 여덟 배나 더 높단다! 거기에다 풀을 포장하는 데 드는, 눈에 보이지 않는 에너지 사용도 감안해야 한다. 학생 한 명당 딱풀을 한 해에 두 개 쓴다고 가정했을 때, 딱풀의 합성소재 포장재를 만드는 데 소요되는 에너지는 오스트리아의 평균 전력 소비량을 쓰는 225가구가 일 년 동안 쓸 수 있는 전력의 양이라고 한다. 이는 우리가 그런 물건을 지금까지 얼마나 아무 생각 없이 다루어 왔는지를 알려 주는 충격적인 수치다. 나는 이 정보를 레오나르트의 담임선생님께 알려 주기로 마음먹었다. 선생님이 한 학급 전부가 쓸 수 있을 만큼의 되채움 용기들과 함께 큰 통의 풀을 주문하도록 말이다.

안내 책자의 다른 장에서는 PVC복합염화비닐, 특히 PVC 지우개의 환경 및 건강 유해성이 설명되어 있었다. 왜 나는 지금까지 이런 정보를 알지 못했던 걸까? 아니, 더 제대로 말하면, 왜 나는 그런 것에 대해서 무관심하고 무지했던 걸까? 이런 것이 어디 한둘이겠는가. 나의 친구 및 지인 그룹은 꽤나 다양한 편인데, 그중 어느 누구도 학용품 속 PVC의 유해성에 대해서나 딱풀 포장에 소비되는 비용과 에너지에 대해 이야기한 적이 없었다. 이제라도 이런 무관심과 무지의 장벽을 깨뜨려야 한다. 작은 것에서부터 뭔가 변화를 주고 그런 제품의 구매를 단호히 거부할 때가 되었다.

최종적으로 우리가 작성한 학용품 구매목록은 다음과 같았다. 만년필용 잉크 컨버터 세 개, 천연고무 지우개 세 개, 연필 홀더 세 개, 금속제 연필깎이 한 개, 페인트를 칠하지 않은 색연필 일곱 자루, 잉크 한 병, 그리고 종이로 감싼 크레용과 종이로 된 책 겉싸개 네 개. 책 겉싸개는 말레네가 쓸 것인데, 영어 선생님이 공책과 책은 반드시 겉싸개로 싸라고 지시했기 때문이었다. 애초에 우리는 비닐 싸개 같은 것은 자원 낭비라 생각해서 안 쓰기로 했는데 이런 '특별한' 경우에는 달리 방법이 없었다.

그다음 날 레오나르트의 담임선생님과 통화를 했다. 선생님은 그렇지 않아도 '쓰레기 만들지 않기'라는 주제를 아이들과 함께 다루고 싶었다며, 나에게 그 대용량 풀과 되채움이 가능한 개인용 풀 통을 학생 수만큼 구입해 달라고 부탁했다. 그 부탁을 받자 나는 이런 '착한' 의도라면 혹시 회사가 어떤 도움을 주지나 않을까 하는 기대가 생겨났다. 만일 제조사에서 풀을 기부라도 해 준다면, 그 반대급부로 우리 블로그에 광고를 해 주겠다고 제안할 참이었다. 무슨 근거에서 그렇게 생각했는지는 모르겠지만 나는 그 회사 사람들이 이런 식의 확산에 아무런 관심을 갖지 않을 리가 없다고 철석같이 믿었다.

다섯 단계나 거친 끝에 마침내 담당 직원과 통화할 수 있었다. 그녀는 나의 설명을 잠자코 들었고, 한동안 침묵했다. 나의 뜻밖의 제안에 그녀는 잠시 어안이 벙벙했던 모양이었다. 마침내 그녀가 입을 열었다.

"죄송합니다만, 저희는 그렇게 할 수 없습니다."

그리고 통화는 다른 설명 없이 끝났다. 밤에 그 이야기를 페터에게 하자 그는 회사의 반응이 전혀 놀랍지 않다고 말했다.

"도대체 당신은 뭘 기대한 거야? 그 사람들은 대용량 제품을 광고하는 데에는 아무런 관심도 없을걸? 돈은 결국 작은 튜브에서 훨씬 더 많이 벌거든."

"대용량 제품으로도 충분히 돈을 벌 수 있을 거야. 돈도 못 버는데 그런 걸 무엇 때문에 만들겠냐고!"

"당신 지금 너무 자기 입장만 생각하고 있다는 거 알아? 진정해. 그리고 그 회사가 풀을 후원하지 않는다는 이유만으로 포기할 필요는 없어. 학부모들은 대용량으로 사는 것에 아무런 반대도 하지 않을 거니까."

그럴 수도 있겠지. 하지만 나는 뾰로통해져서 이 회사하고는 아니다, 마음을 접고 결국 다시 인터넷을 뒤져서 다른 업체를 찾아냈다. 게다가 그 업체의 제품은 나의 제안을 냉정하게 거절한 그 유명업체의 제품보다 가격이 절반밖에 되지 않았다. 레오나르트의 담임선생님은 값이 너무 싼 게 신뢰가 가지 않는다는 반응이어서, 나는 그냥 둘 다 주문해서 싼 것은 우리 집에다 두고 테스트해 보기로 했다. 가격은 절반 정도였지만 용제가 들어 있지 않았고, 접착 효과도 흠잡을 데가 없었다. 적어도 나는 그렇게 보았는데, 유명상표 학용품에 대해 무한 신뢰를 보내며 일절 토를 달지 못하게 하는 말레네는 싼 그 풀을 그저 예외 정도로 여겼다. 정말 물건은 직접 봐 가며 결정을 내려야 한다는 걸 실감한 경우였다.

플라스틱이 위생적이라는 편견은 버려!

블로그의 수많은 질문과 촌평은 위생과 관련한 다양한 문제 제기로 이어졌다. 이를테면 나무로 된 것들은 플라스틱 제품에 비해 청결을 유지하는 데 문제가 더 많지 않은가 하는 식으로. 식료품 안전 당국이 최근 관리감독을 강화하면서 나무로 된 도마에 위생적 문제가 있다고 지적하거나 또 그런 이유로 나무 도마를 유통시키지 못하도록 했다는 사실도 알게 되었다. 이는 참으로 잘못된 시각으로, 무척이나 화가 나는 일이었다. 그런 시각은 나무 도마는 제대로 씻기지 않아 비위생적일 거라고 뭉뚱그려 전제하고 있기 때문이다.

독일위생미생물학회DGHM의 정의에 따르면 위생이란 결국 '질병 억제 및 건강의 유지와 확보'에 이바지해야 하는 것이다. 이런 맥락에서 본다면 오히려 플라스틱 도마의 일반적 청결 상태, 그리고 도마의 구성 성분이 건강에 유해한 작용을 하는지를 먼저 조사해야 한다. 이걸 완전히 모른 척하는 것은 옳지 않다.

내가 이런 비판적 태도를 취하는 것은 한스-페터 후터 박사에게서 확인을 받았기 때문이다. 몇몇 목재류와 양모, 비단 같은 천연물질은 자체적으로 어느 정도의 항균기능을 갖고 있다는 것을 그를 통해 알게 되었다. 또한 그는 식료품 분야에서 가장 관건이 되는 것은 처리를 얼마나 위생적으로 하느냐에 달렸다고 강조했다. 도마를 예로 들면, 도마를 사용한 후 가능한 한 빨리, 그리고 가능한 한 뜨거운 물로 씻은 다음 잘 말리는 것이 중요하지 그 도마가 목재냐 플라스틱이냐 하는 것은 전혀 부차적인 문제라는 것이다. 게다가 비교적 무른 저가의 플라스틱 도마의 경우엔 깊이 파인 곳에 세균이 모여들어 증식할 위험성이 훨씬 더 높다는 것이다. 그는 유리나 돌, 혹은 대나무 같이 아주 단단한 소재조차도 위생상의 결함을 예방하려면 이 규칙에 유념해야 한다고 말했다. 나는 도마의 청결 유지는 똑 부러지게 하는 편이라 나무 도마를 계속 써도 되어서 안도감을 느꼈다. 이어서 곧바로, 사람들은 왜 잘 알지도 못하는 재료(플라스틱이 대표적이다!)로 만들어진 것을 그렇게까지 신뢰하게 됐는지, 궁금증이 불같이 일어났다.

또 나는 전혀 엉뚱한 소리도 들은 적이 있었다. 잘 알다시피 나는 내가 가지고 간 그릇(대개는 스테인리스 통)에 소시지와 치즈를 사서 담아 왔으며 이 방식을 블로그나 몇몇 토론 행사에서 기꺼이 대안의 하나로 권하기도 했다. 그런데 한 이웃이 "스테인리스 통으로 세균을 온데 다 퍼뜨릴 수도 있을 거라고 판매직원이 걱정하던데?"라고 얘기한 것이다.

일부 식품 코너에서 일처리가 얼마나 비위생적으로 이루어지는지 염려하고 있는 판에 그런 소릴 들으면 나는 격분하지 않을 수 없다. 물론 대부분의 식품 코너에서 일회용 비닐장갑을 쓰기는 한다. 하지만 그게 정말 '일 회'라고 자신 있게 말할 수 있을까? 판매직원들은 똑같은 장갑 하나를 끼고는 치즈는 물론 소시지도 썰고 여러 가지 다른 물건도 만지는 게 보통 아닌가. 심지어 어떤 경우엔 그 손으로 돈을 받기도 하고, 장갑을 좀 벗겨 달라고 내게 부탁하기도 했다.

입맛 떨어지는 자세한 이야기를 여기에 더 늘어놓고 싶지는 않다. 하지만 스테인리스 통으로 장을 보는 일에 재를 뿌리는 짓은 하지 마시라. 그리고 내가 그 통으로 인해 건강에 안 좋은 일을 겪은 경우는 한 번도 없다. 다만 어떤 직원이 스테인리스 통에 식료품을 담아 주는 걸 거절한 경우가 딱 한 번 있었다. 어느 큰 슈퍼마켓에서 있었던 일인데, 치즈를 코팅된 종이에 싸지 않은 채 고객에게 건네서는 안 된다는 규칙과 지침이 있기 때문에 그렇다고 그녀는 친절하게 설명을 해 주었다. 그렇지 않으면 상사에게 문책받을 수 있기 때문이라는 것이었다. 내가 부서장과 이야기하게 해 달라고 상냥하게 부탁하자 그녀는 결국 자신의 주장을 거둬들였다. 때로 바로 그런 엄격함과 원리원칙이 필요하다고 생각하는 나로서는 그 일이 전혀 불쾌하지 않았다.

내가 애용하는 슈퍼마켓에서는 매우 반가운 현상이 나타나기도 했다. 최근 그곳으로 장을 보러 갔더니 직원들이 자랑이라도 하듯, 직접 통을 들고 와서 포장되지 않은 물건을 사 가는 사람들이 적지 않다고 내게 전해 주었던 것이다.

그래, 육식도 그만 끊자!

비닐로 포장된 육류를 바라보고 있자면 포장의 문제에 앞서서 더 근본적인 질문에 맞닥뜨리게 된다. 우리는 정말 육류를 이렇게 많이 필요로 하는가? 이 정도 품질 수준의 육류를? 육류는 정말 우리의 복지와 건강, 그리고 우리의 삶의 질에 이토록 필수불가결한가? 육류와 플라스틱의 대량소비는 과연 발전의 한 징표인가? 아니, 육류와 플라스틱을 조금씩이라도 줄여 나가는 것이 진정한 발전 아닐까?

이런 문제 제기는 삶의 양식을 장기적으로 변화시켜 나가는 데 좋은 자극이 될 수 있으므로 진지하게 다룰 필요가 있다. 따라서 자기가 살아가는 환경이나 경험에 입각하여 최대한 진솔하게 답변을 해 보자.

우리 집을 예로 들어 보면, 우리 식구들은 꽤 오래전부터 육류를 거의 먹지 않는 편이다. 물론 이는 일인당 육류 소비량이 2009년 기준으로 연간 100킬로그램에 달하는 오스트리아의 상황•을 척도로 삼으면 그렇다는 말이다. 우리 집에서는 기껏해야 한 주에 두 번 정도, 주로 점심때 육류가 든 음식이 식탁에 오른다. 육류 소비가 현저하게 줄

• 육류 소비 면에서 보면 세계에서도 선두권 국가다.

어든 원인은 무엇보다도 말레네 때문이었다. 이미 앞에서 말했다시피, 딸아이는 여덟 살 때부터 채식주의자로 살고 있다. 그 이전까지만 해도 비엔나소시지를 좋아하던 애였는데 어느 날 학교에서 돌아오더니 오늘부터 고기를 먹지 않겠다고 선언한 것이다. 그날 수업시간에 동물 대량사육에 대해 배우고 토론을 했는데, 동물을 누구보다 사랑하는 딸아이는 엄청난 충격을 받았고 그로 인해 극도의 부정적인 인상이 뇌리에 깊이 박혀 버린 모양이었다. 또 가족 모두가 채식주의자인 같은 반 아이가 말레네의 이런 결심에 힘을 실어 주었다고도 했다. 말레네는 뭔가를 한번 하기로 결심하면 일관되게 밀고 나가는 걸 알고는 있었지만 나는 그 당시에는 딸의 결심이 이삼 일, 아무리 길어도 두어 주 가리라고 생각했다. 하지만 내 생각이 틀렸다. 말레네는 지금까지도 채식주의를 완벽히 실천해 오고 있는 것이다.

나도 육류를 그다지 즐기는 편은 아니다. 게다가 우리 집 주변에는 직접 육류를 판매하는 친환경 농가도 없으므로, 고기 살 곳이라곤 보통의 정육점뿐이다. 그래서 그릴 시즌*이 되면 나는 어쩔 수 없이 밀봉된 칠면조나 닭고기를 슈퍼마켓에서 살 수밖에 없었다. 최근에 그다지 멀지 않은 곳에서 한 여성 농부가 생태적인 축산을 하고 있다는 사실을 알게 되었지만 그곳에서도 플라스틱 없이 고기를 사기란 쉽지 않았다. 농장에서 직접 판매하는 육류의 경우 도살하는 때에 딱 맞춰서 사러 가지 않는 한, 위생과 관련한 여러 가지 규정 때문에 도살 직후 중량 단위로 잘라 밀봉해 버리기 때문이다. 우리가 실험을 시

* 날씨가 따뜻한 5~10월 무렵에 독어권 사람들은 마당이나 야외에서 숯불을 피워 놓고 고기나 소시지 따위를 구워 빵, 맥주와 함께 먹는 야외 파티를 즐긴다.

작하면서 육류와 관련하여 정한 지침, 즉 품질은 친환경 수준이어야 하고 비닐로 포장되지 않아야 한다는 그 지침 때문에 우리 집의 육류 및 가공육(소시지나 햄 등)의 소비는 자연히 많이 줄어들었다.

우리 식구들은 이 실험으로 인해 육류 소비에 대해서도 전반적으로 더 민감해진 것이 분명했다. 그것도 플라스틱 문제라는 우회로를 통해서 말이다. 그 우회로를 거치는 동안 우리는 육류의 유통과 소비 부문에서 비닐 포장이 폭발적으로 증가했음을 분명히 알 수 있었다. 흔히 말하는 '위생'이라는 이유에서. 하지만 위생의 원칙을 지키는 것이 플라스틱의 소비 증가와 불가분의 관계에 있어야 하는 까닭은 대체 무엇이란 말인가?

진공 포장된 육류를 냉장고에 넉넉히 쌓아 두고 필요할 때마다 손쉽게 꺼내 먹는 것은 일일이 정육점에 가서 고기를 사 오는 것보다 당연히 더 편리하다. 하지만 예전에는 그런 생활이 아무런 문제도 되지 않았다. 할머니가 해 주신 이야기를 떠올려 보면 그때는 많아야 한 주에 한 번 정도 육류를 먹었고 또 고기는 정육점에 가서 사 오는 게 너무나 당연한 일이었다. 그런데 불과 몇십 년이 지났을 뿐인 오늘날에 와서는 육류란 있을 수 있는 모든 부정적인 현상을 고스란히 수반하는 대량생산 품목의 하나로 지목되고 있다.

동물들에게 무엇을 먹이는지, 무슨 짓을 하는지 알 수 없는 거대 축사에서 사육하고, 도살장까지 기나긴 수송경로를 거치고, 또 도살장의 상황은 도대체 어떤지 소비자가 전혀 모르고…… 문제가 한두 가지가 아니다. 또 목초지를 확보하기 위한 숲의 훼손, 그것이 기후변화에 미치는 영향, 대량사육을 위한 곡물사료 확보 때문에 빚어지는 인류의 식량부족 문제, 유전자조작 사료, 거기다가 대량사육 동물을 방역하는 데에서 비롯되는 인류 보건에 대한 위협 등등. 육류의 대량 소비는 이처럼 이루 말할 수 없이 많은 문제를 수반하고 있다. 거기에 비하면 비닐 포장 따위는 아주 사소한 악처럼 보이기도 한다.

우리 집에서 일어난 또 한 가지 유의미한 변화는 남편 페터가 서서히 육류를 멀리하기 시작했다는 것이다. 그는 얼마 전 어느 일간지에서 본 대량사육에 대한 르포 기사에 자극을 받아, 말레네처럼 고기를 멀리하고 육류 소비 문제를 좀 더 집중적으로 파고들기 시작했다. 그 기사와 함께 실린 사진들을 보면 고기를 먹고 싶다는 욕구는 천리만리 달아날 지경이었다.

사실 나는 그 사진을 자세히 보지 않았다. 만약 보게 되면 포장의 문제와 무관하게 관행적인 방식으로 생산된 육류는 더 이상 쳐다보지도 않게 될 것을 알기 때문이었다. 웃기는 것은, 사람들이 〈플라스틱 행성〉을 두고 "아뇨, 난 그런 영화는 보지 않아요. 견딜 수가 없어서요."라고 말하면 엄청 짜증을 느끼면서도, 이 문제의 경우에는 내가 그런 식으로 반응한 것이다. 사실을 직시하기를 거부하는 것이 마치 그럴듯한 태도이기라도 되는 양 말이다. 이런 반응은 내가 당연히 시작해야 할 다른 어떤 실천에 대한 준비가 아직 덜 되어 있다는 사실을 드러내는 것이리라.

그러다 2월 중순, 페터가 앞으로는 더 이상 육류를 먹지 않겠다고 최종적으로 선언했다. 우리 집에 채식주의자가 두 사람으로 늘어난 것이다. 페터는 그 전 한 주 동안 폴란드에 출장을 다녀왔는데, 그곳에서 채식주의자를 한 사람 만나게 되었고 함께 완전히 채식으로

만 된 식사를 하면서 채소가 고기보다 더 맛있다는 것을 확실하게 알게 되었다고 했다. 이번에는 얼마나 갈지 두고 볼 일이긴 하지만 어쨌든 중요한 변화였다.

그의 결심은 우리 가족의 생활방식에 상당한 변화를 불러왔다. 페터는 우리 집에서 육식을 가장 즐기는 사람이었는데, 그런 사람이 채식주의자로 변신하자 당장 음식을 조리하는 일 자체가 복잡해졌다. 고기가 전혀 들어가지 않은 2인분의 음식을 일일이 따로 만든다는 게 보통 일이 아니었다. 게다가 내 마음 밑바닥에 앙금처럼 남아 있던 육류에 대한 의혹도 결단을 부추겼다. 그래서 우리 부부는 냉동고에 남아 있는 육류 식품이 바닥나는 즉시 집에서는 고기를 먹지 않기로 아무 망설임도 없이 결정해 버렸다. 사내아이 둘의 의견은 물어보지도 않았다. 그만큼 전격적이었다. 레오나르트의 항의는 유별났다.

"고기 못 먹게 할 거면 할머니 집에 데려다 줘!"

사무엘은 사태를 다소 심각하게 받아들이고 친환경 육류를 좀 더 사는 쪽으로 해 보자는 절충안을 내놓았다.

"사무엘, 네 말도 일리는 있지만 그게 그렇게 간단하지가 않단다. 안 그래도 바쁜데, 고기를 사러 가는 별도의 시간을 내야 하고……. 또 고기류는 조리하는 데 시간이 훨씬 많이 든다는 걸 너도 알잖니?"

"고기를 냉동시키고 음식 만드는 걸 제가 하면 되잖아요?"

사무엘은 그렇게 말하면서 나의 우려를 불식시키려 했다. 하지만 내 입장에서는 그게 말처럼 되지 않는다는 걸 너무나 잘 알았으므로 받아들이지 않았다. 사무엘은 급기야 울음을 터뜨리고 말았다. 그리고는 한없이 아쉬운 체념을 담아 이렇게 말했다.

"그러니까 이제 두 번째 실험이 시작되는 거네요!"

사무엘의 반응에 나는 몹시 당황했다. 애가 이렇게까지 나올 줄은 몰랐던 것이다. 곰곰 생각해 보니 한편으로는 나 자신부터가 가끔 고기를 먹고 싶다는 생각이 들지 않는 것도 아니고, 무엇보다도 하루아침에 두 아이에게 육류를 금지해 버리는 폭거를 저지르고 싶지는 않았다. 그래서 일단 우리가 예비해 둔 음식이 동날 때까지 결정을 뒤로 미루었다.

이런 새로운 전개 양상에 대해 친구들과 지인들이 무조건 긍정적 반응을 보인 것은 아니었다. "너희들, 너무 과격하게 나가는 게 아닌지 이제 서서히 살펴봐야 해."라는 말을 들었던 것이다. "이제 슬슬 극단적이 되어 가는군!"이라는 언급도 있었다. 누구보다 시어머니가 걱정이 컸다. 아이들이 고기를 전혀 먹지 못하면 영양상태가 나빠질 수 있다고 염려하신 것이다.

그런 일이 있은 후 나는 묘한 중간적 위치에 있는 내 모습을 보았다. 나로서는 전혀 마음 편치 않은 그런 위치였다. 한편으로는 채식주의자로 살겠다는 결정을 정당화했으면서도 다른 한편으로 가끔은 '고기가 땡기는' 나와 두 아들의 욕망을 똑같은 무게로 옹호했기 때문이다. 이건 적잖이 피곤한 일이었을 뿐 아니라 그로 인해 양심의 갈등에 빠지기도 했다. 어떻게 보면 넘쳐 나는 식재료로 인한 문제에 우리가 그렇게 많이 신경을 쓴다는 것 자체가 우스꽝스럽거나 심지어 비윤리적으로 보이기까지 했다.

이로써 풀어야 할 문제가 또 하나 늘어났다. 우리가 당연한 듯 누리고 있는 이 '약탈적 풍요'에 대해 어떻게 입장을 정리할 것인가.

육식을 둘러싸고 이런저런 고민을 하다 보니 다른 사람들이 플라스틱 사용을 두고 느끼는 딜레마도 이와 아주 비슷한 것이 아닐까 싶었다. 현실적으로 이런 여건 속에서라면 사람들이 그런 딜레마에 빠지는 것도 무리는 아니며, 오히려 그들의 생각과 관점을 진지하게 받아들이지 않는 게 잘못이 아닌가 싶기도 했다. 플라스틱 사용을 옹호하는 사람들의 말을 평소 나는 싸구려 변명이나 무지의 표현에 지나지 않는다고 속으로 혹평해 왔다. 그러다 보니 나와 대화하는 사람들이 그런 토론에 진지하게 임하는 것을 부담스러워하는 것은 아닐까? 설사 나의 확신을 입 밖으로 전혀 표현하지 않을 때조차도 내면의 확신이 너무나 강력해서 나도 모르는 사이에 그 아우라가 전해져 사람들은 더 이상 얘기를 이어 가지 못하고 금방 발을 빼 버리고 마는 것은 아닐까? 어쩌면 내가 너무 확신에 찬 나머지 스스로의 잘못을 보지 못하고 있는 것은 아닐까? 내가 과격한 쪽으로 이미 기울어 있어 다른 사람들을 오히려 기죽이고 깊이 생각해 보지 못하도록 만들고 있지는 않은가? 확신이 어느 정도면 좋은 것이고, 어느 정도면 사람을 피곤하게 하며, 또 어느 정도면 마침내 남에게 방해가 되는 수준으로 변해 버리는 것일까?

이런 고민에 빠져 생각이 깊어지자, 어느 순간엔 플라스틱 줄이기를 비판적으로 보는 사람들도 나와 마찬가지로 자기 의혹과 힘겹게 씨름하고 있는지 궁금해졌다. 플라스틱을 거부하거나 육류를 먹지 않는 것을 정당화하기 위해 내가 늘 노심초사해야 한다면, 고기를 거리낌 없이 먹어 치우고 플라스틱을 쓰지 않고는 못 배기는 세상 사람들은 왜 똑같이 양심의 가책을 받지 않는 것일까? 이건 몹시 불공평

한 일 아닌가.

만약 누군가가 "도대체 어떤 인간이 고기를 먹지 말아야 한다고 최초로 주장한 거야?" 라고 빈정거린다면 나는 구구절절 설명하기보다는 "네가 왜 육식을 해야 하는지 한번 고민해 보기나 했니?"라고 되받아 주는 것이 훨씬 더 효과적일 거라는 생각이 들었다.

다시 원래의 문제로 돌아가자. 비닐로 포장되어 있지 않은 질 좋은 고기를 구입하는 것이 현실적으로 어려운 것만큼이나 두유나 두부 등과 같은 식물성 단백질 공급원을 확보하는 일에도 마찬가지로 어려움이 있었다. 이는 우리 블로그에서 실시한 설문을 통해서도 확인한 사실이다. 사실 레오나르트는 두유를 소화하지 못하고 페터는 두부를 별로 좋아하지 않아서 어차피 사지도 않을 거, 지금까지 이 영역에서는 정말 진지하게 대안을 찾으려 시도해 보지도 않았었다.

하지만 채식생활이 눈앞의 현실로 부각된 뒤, 나는 비닐 포장이 되어 있지 않은 콩 제품은 거의 전무하다는 사실에 크게 낙담했다. 우유를 대신할 다양한 제품, 예컨대 귀리 밀크, 쌀 밀크 또는 두유 같은 것들도 오로지 테트라팩에 든 것밖에 없다는 것도 확인해야만 했다. 나는 풀이 죽어서 결국 그라츠에 있는 친환경 식료품점 코른바게 측에 왜 두부를 포장 안 한 채로 팔지 않는지 물어보았다.

그간 별난 고객에서 시작해 요새는 낯익은 친구처럼 지내게 된 상점 주인은 나의 당혹감을 이해해 주었다. 그는 사실 두부를 포장 안 한 채로 파는 것은 전혀 문제가 없다고 말했다. 그 가게에 콩 제품을 공급해 주는 업체는 멀지 않은 슈타이어마르크에 위치해 있는 데다 두부의 하루 매출 물량이 많아서 유통기한은 전혀 문제가 되지 않는다는 것이었다. 그럼에도 불구하고 왜 그렇게 하지 않는지, 그 이유에 대해서는 얻어들을 수 있는 게 없었다.

그래도 코른바게는 친환경 상점답게 유리병에 든 두유를 팔고는 있었다. 당연히 공병 보증금도 붙어 있었다. 주인 말로는 바로 얼마 전까지만 해도 병에 든 두유 제품이 두 종류 더 있었는데 찾는 사람이 많지 않아 생산을 중단했단다. 그러고는 눈을 찡긋 하더니 이렇게 덧붙였다.

"하지만 누가 알아요? 사람들이 점점 더 많이 손님의 '안티플라스틱 바이러스'에 감염되면 그것들이 다시 입고될지 말입니다."

그리고 얼마 후 다시 들른 코른바게에서 나는 유리병에 든 세이탄* 절임을 발견했다. 그것은 훈제 두부나 양념에 절여 구운 고기처럼 보였다. 세이탄을 먹어 본 적은 없었지만 한 병 집어 들었다. 적당한 때를 골라 식구들한테 미리 알려 주지 않은 채 식탁에 한번 올려 보자 싶었던 것이다.

니콜과 대화를 나누다 우연히 새로 노획하게 된 세이탄에 대해 말했더니 그녀는 그걸 비교적 간단하게 집에서 직접 만들 수 있다고 했다(니콜은 참 별 걸 다 안다!). 깨끗한 행주 몇 장만 있으면 된다는 거였다. 모양은 좀 조잡하기야 하겠지만 대신 비용이 훨씬 싸게 먹히겠지. 니콜은 또 콩 과립 얘기도 했다. 고기를 갈아 넣어서 만드는 모든 요

* 글루텐, 즉 밀의 단백질 성분을 이용해 모양과 식감을 고기처럼 만든 것. 밀가루에 물을 붓고 여러 번 치대어 전분을 대부분 제거하고 나면 글루텐이 남는데, 이것이 고기와 비슷한 성질을 지니고 있어 채식을 주로 하는 사람들에게 육류 대용품으로 애용된다.

리에 고기 대신 이 콩 과립을 써도 아주 그럴듯하다는 것이었다. 그라츠의 한 가게에 그게 있다고 알려 주었다. 나도 이미 알고 있는 곳이었다.

그 상점은 정말 여러모로 우리에게 노다지 같은 곳이었다. 그곳에서는 콩 과립뿐만 아니라 콩 돈가스도 밀봉하지 않은 채 팔았는데 재료로 쓰인 콩도 유전자조작을 거치지 않은 순수 유기농 국산 콩이었다. 콩 과립과 콩 돈가스 모두 건조식품이라 보존기간도 문제가 되지 않았다. 반가운 마음에 나는 당장 적당량을 샀다. 그리고 이 새로운 재료들로 처음 만들어 본 음식들을 식구들은 아주 맛있어했다. 여전히 고기 타령을 하는 레오나르트는 채소 스튜에 든 세이탄을 심지어 쇠고기라고 생각했으며, 콩 과립으로 만든 라자냐도 다들 맛있게 먹었다.

이렇게 내가 찾아낸 대안들은 우리 지역 내에서만 구할 수 있는 것이라 블로그 독자들의 빗발치는 요청을 전부 만족시킬 수는 없었다. 게다가 사는 곳 인근에서 식재료를 구하는 것이 가장 좋다고 생각해 왔기 때문에 부디 직접 발품을 팔아서 자기 주변에서 그런 식재료를 찾아보라고 당부하는 수밖에 없었다. 그러다 보면 전혀 뜻밖의 멋진 재료를 만나는 행운을 덤으로 얻을 것이라고 누누이 강조했다. 이동거리가 수백, 수천 킬로미터에 이르는 식재료들이 정체불명의 약품처리를 당한 채 유통되는 말도 안 되는 상황을 막기 위해서라도 자기 지역에서 생산되는 제품에 우선권을 주어야 하지 않겠는가.

그러나 무슨 수를 써도 대안이 없는 식품들도 있었다. 그 대표적 사례가 바로 모차렐라 치즈였다. 물론 아주 끈질기게 뒤지지 않았을 수는 있겠지만, 여러 대형 슈퍼마켓 식료품 코너에서도, 다양한 특수 식품점에서도 나는 비닐 포장이 되지 않은 모차렐라 치즈를 여태껏 발견하지 못했다. 이는 우리의 식단에 심각한 제약이 가해지는 일이었다. 왜냐하면 우리 가족은 우리가 직접 키운 토마토가 익으면, 거기에 모차렐라 치즈를 얹어 먹는 것을 너무나 좋아했기 때문이다. 이것을 더 이상 즐길 수 없다니! 하지만 현실은 현실이다. 모차렐라 치즈 자체가 외국의 특산품이니. 모차렐라 치즈를 사러 빈 스테인리스 통을 들고 국경을 넘어갈 수야 없지 않겠는가.• 그렇다고 내가 사는 인근 지역의 어떤 축산농가가 버팔로 소를 키워 모차렐라 치즈를 만들어서는, 감사하게도 비닐 포장도 없이 생으로 파는 걸 기대한다는 것 역시 환상에 불과했다. 우리는 눈물을 머금고 모차렐라 치즈를 일단 포기하는 수밖에 없었다. 하지만 가족 중 누군가가 모차렐라 치즈가 먹고 싶어 숨이 넘어갈 지경이라면 뭐, 어쩔 수 없이 아주 이따금씩 허용하는 예외를 그냥 적용할 수밖에.

• 모차렐라 치즈는 이탈리아 남부에서 처음 만들어진 것으로, 원래 보통의 우유가 아니라 이탈리아에 사는 소의 한 종류인 버팔로의 젖으로 만든 것을 가리킨다.

대체품이 없으면 아예 안 쓰는 것도 한 방법

플라스틱 없는 첫해를 지내 오는 동안 멋진 경험, 그저 그런 경험, 그리고 가끔은 아주 달갑지 않은 경험도 있었다. 특히 소비 광풍의 물결에 각을 곤두세우고, 이따금은 적극적인 방어도 불사해야 하는 장보기는 여전히 만만치 않은 일이었다.

처음 몇 주간 플라스틱 없이 살다가 다시 슈퍼마켓을 들렀을 때 나는 아주 제대로 된 플라스틱 쇼크를 맛보았고, 때로 매장에 들어서기만 해도 벌써 도망갈 궁리부터 하는가 하면, 남편 페터의 장보기 공포증이 절실하게 이해되는 순간이 찾아오기도 했다. 나중에 가서야 그것이 부적절하게 제공된 것에 대한 원래의 정상적 반응이었다는 결론에 이르게 되었다. 달리 말하면 문제는 내가 아니라 무한정에 가깝게 제공되는 상품에 있었던 것이다! 또한 스스로 정상이라 여기던 옛날에도 이미 나는 그런 자극의 범람을 부정적으로 감지하고 있었다는 사실을 오늘날에 와서야 뒤늦게 알게 되었다. 쇼핑 투어를 집중적으로 하고 나면 늘 녹초가 되어 버리곤 했는데, 그건 범람하는 자극에 일일이 반응하느라 스트레스를 왕창 받았다는 증거였었다.

그런데 이제 과잉공급 현상의 본질을 알게 되었고, 또 현란한 상품의 유혹에 넘어가지도 않게 되면서 스트레스는 다른 곳에서 발생

했다. 내가 필요로 하는 것이 어디 있는지 찾을 수가 없어 마치 미로를 헤매는 듯한 느낌을 받는가 하면, 왜 이 물건은 이런 식으로만 포장되어야 하고 왜 다른 방식으로는 포장할 생각 자체를 하지 않는지 화가 났으며, 내가 원하는 방식으로 포장된 물건을 추적하다가 왜 번번이 좌절해야 하는지, 우리 실험의 준비단계에서 맛보아야만 했던 그 막막한 절망감은 대체 무엇 때문인지……, 나의 스트레스는 성격이 달라져 있었던 것이다. 그러면서 점차 대형 슈퍼마켓은 피하게 되었다. 어쩔 수 없이 가야 하는 경우라면 상품 구색에 대해 어느 정도 파악한 슈퍼마켓만 골라서 가게 되었다. 불필요한 감정의 소모를 피하려는 자구책이랄까.

또 시골에서 구할 수 없는 것들은 직장이 있는 도회지 그라츠의 친환경 상점이나 전문판매점에서 구입했으므로 어떤 날은 짐이 가득한 배낭을 메고, 그것도 모자라 자전거에 달린 양쪽 가방에도 짐을 한가득 싣고서 기차역에서 집까지 힘겹게 페달을 밟아야 할 때도 있었다. 하지만 어느덧 그 일에도 익숙해져 이제 나는 그것을 운동이라고 여긴다. 말하자면 일상생활과 통합된 피트니스 프로그램으로 보는 것이다.

그 외에도 우리에게 나타난 또 다른 구매 형태가 있었는데 나는 그걸 아주 훌륭한 대안이라 생각한다. 그건 동네 인근의 농가에서 실시하는 배달 서비스를 이용하는 것이다. 그 농가에서는 화요일마다 손수 재배한 신선한 농산품을 골고루 큼직한 상자에 담아 계약을 맺은 소비자의 집으로 직접 배달해 준다. 밭에서 식탁까지 일체의 중간단계 없이, 싱싱함 그 자체로 배달되는 채소에 식구들은 환호를 아끼지 않는다. 플라스틱 포장도 물론 없다. 어떤 건 종이에 잘 싸여 있고 어떤 건 그냥 작은 상자에 담겨 있다. 지역적 범위가 한정되어 있고 생산자와 소비자가 직접 접촉하기 때문에 개인적 희망사항도 바로바로 반영된다. 이 얼마나 훌륭한 방식인가! 우리의 장보기는 앞으로 더욱더 이런 방식에 의존하게 되리라. 우리의 친환경 농가는 비록 품목 수에 있어서는 슈퍼마켓을 쫓아갈 수 없겠지만, 품질 면에서는 슈퍼마켓이 친환경 농가 근처에도 가지 못할 것이다. 나는 또 인근 마을에 있는 라거하우스에서도 아주 비슷한 느낌을 받는다. 그곳 농산물코너에 있는 식료품도 '엄선된 소량의 상품'이라는 구호에 아주 잘 부합하기 때문이다.

이런 식의 장보기는 어느덧 우리의 일상이 되었다. 물론 처음부터 그런 것은 당연히 아니었다. 당시 우리는 장 보는 일에 아주 어려움을 겪었으며 많은 시간을 허비해야 했다. 그러다 차츰 출퇴근하는 길에만 장을 보도록 계획을 짜 실행에 옮겼고, 아예 사지 않는 것이 최선의 대안인 경우가 종종 있다는 걸 알게 될 때까지는 몇 달의 시간이 더 걸렸다. 경제적 측면에서도 그랬다. 진짜 돈을 절약할 수 있는 길은 아예 사지 않는 데 있다.

사지 않아도 되는, 혹은 사지 말아야 할 물건의 대표적인 사례는 단연 쓰레기봉투가 아닐까 한다. 어떻게든 플라스틱 쓰레기를 줄여 보자고 이렇게 요란한 판을 벌여 놓고는 쓰레기를 치우기 위해서 또 쓰레기봉투를 사야 한다니, 이런 아이러니가 어디 있단 말인가.

우리 실험이 시작되고 얼마 되지 않은 동안에는 나는 일반적인 비닐 쓰레기봉투를 우선 친환경 비닐봉지로 바꾸었다. 그러다 쓰레기 문제 및 가능한 대안들에 점점 더 파고들수록 쓰레기를 담는 용도로 생산된, 그것도 옥수수나 감자 전분 같은 재료를 이용해 생산된 생분해성 쓰레기봉투를 필요로 한다는 게 엄청나게 부조리하고 기괴해 보였다. 그래서 우리 집 쓰레기통에 미리 신문지 두세 장을 깔았다. 우리 집에서는 젖은 음식찌꺼기나 상한 음식이 거의 나오지 않았으므로, 실로 얼마 되지 않는 가연성 쓰레기는 신문지로 단단히 여며서 버리기만 해도 충분한 것으로 드러났다. 그렇게 우리는 쓰레기봉투를 아예 없앨 수 있었고 당연히 거기에 들어가는 돈도 아낄 수 있었다.

이 작은 사례가 뚜렷이 보여 주는 게 있다. 즉 기존 제품을 '대체'하는 데에만 초점을 맞추다 보면 절약 가능성은 상대적으로 미미하다는 것이다. 절약 가능성은 정말 과감히 대폭 줄이거나 아예 없앨 때에야 비로소 나타난다. 그러나 그렇게 줄이고 없앨 때, 어느 지점에서 실행하는 것이 합리적이고, 어느 지점에서 불합리한지에 대한 감각을 계발해야만 한다. 식료품의 경우 아무리 줄인다고 한들 생존에 필요한 절대량 이하로는 결코 줄지 않는다. 또 절약은 당연히 품질과는 무관하다. 오히려 어떤 걸 살 것인가 하는 선택 대상과 관계되어 있다. 우리는 많은 종류의 일반적 식료품들, 특히 단것, 설탕을 넣은 유제품, 주전부리 과자류, 식빵 등등을 더 이상 사지 않는다. 그 대신 가끔씩 특별한, 맛난 것은 산다. 친환경 상점에서 포장하지 않은 채 파는 것들이다. 말린 과일과 견과류는 사무엘과 남편이 특히 좋아하는 것이며, 말레네와 레오나르트는 여러 가지 디저트나 케이크를 무척 좋아해 나는 제과점에서 그런 걸 곧잘 사다 준다. 그 외에 친척과 친구들이 갖다 주는 포장된 감자 칩이나 달콤한 사탕은 사양하지 않기 때문에 지금까지 우리 식구 그 누구도 뭔가 결여되어 있다는 느낌을 받은 사람은 없다.

하지만 느닷없이 불쑥 솟구치는 욕구의 발현은 그런 통찰을 일거에 무산시키기도 한다. 그게 흔히 계산대 곁에 걸려 있는 그 하찮은 비닐봉지일 경우라도 일단 무조건 손에 넣고 보자는 것이다. 그래서일까, 한 위생용품 전문회사는 오랫동안 "공짜 비닐봉지 하나 드릴까요?"라는 구호를 마케팅 전략으로 구사하기도 했으니 말해 무엇하겠는가.

그런 일에 대해 말도 못하게 흥분하는 나는 참지 못하고 회사 경영진에게 편지를 썼다. 그래도 답장에 한 줄기 희망의 빛이 담겨 있기는 했다. 당장에야 포기할 수는 없지만 이미 마케팅 전략의 변화를 다각도로 검토하는 중이며 장기적으로 면으로 된 일종의 보증금 쇼핑백을 도입하려고 하는데, 한 번에 한해 일 유로를 내고 가져가되, 필요한 경우 아무 판매지점에서라도 새 쇼핑백으로 교환받을 수 있도록 한다는 것이었다. 아마도 공짜 비닐봉지를 눈엣가시로 여긴 사람이 나만은 아닌 것 같았다.

이렇듯 그간 내가 얻은 작은 성과 하나하나는 계속 그렇게 행동해 가라는 격려로 느껴진다. 〈플라스틱 행성〉이 첫 상영된 후 대다수 위생용품 전문점에서는 노리개젖꼭지, 젖병용 젖꼭지, 그리고 젖병이 진열대에서 잠시 사라졌다가 몇 주 뒤에 '비스페놀 A 없음'이라는 문구를 달고 다시 등장한 일도 있었다. 그 문구의 진실성을 무조건 의심하려는 건 아니지만, 그렇다면 그것 대신 뭐가 사용되었고 그 새로운 물질은 정말 비스페놀 A보다 덜 우려스러운가 하는 질문을 추가로 던져야 한다. 유해물질이 없는 제품을 구입하는 데에 정말 진지한 관심을 갖고 있다면, '비스페놀 A 없음'이란 말 자체를 그냥 무턱대고 받아들이기보다는 그런 문제의식을 늘 간직하고, 한 걸음 더 나아가 작은 것이라도 어떤 결과를 도출해 내야만 진정한 관심이라 부를 수 있을 것이다.

실질적 변화란 아마 거대한 대중이 각자의 소비 습관을 바꿀 때에 비로소 나타날 것이다. 그러나 그 대중도 다름 아닌 개개인으로 구성된다. 이것은 피할 수 없는 사실이다. 그간 나는 '뭔가를 하는 것', 즉 편지나 메일을 회사 경영진에게 보내고 다른 사람들과 토론을 마다하지 않는 등, 벽에다 대고 떠드는 한이 있어도 뭔가를 한다는 것 자체가 매우 의미 깊고 소중하다는 것을 다양한 사례를 통해 경험했다. 많은 사람들은 그걸 힘든 일이라고 여길지도 모르겠지만, 나는 그것이야말로 우리가 몸담고 살아가는 사회에 대한 최소한의 책임이자 기여라고 생각한다. 그리고 가끔 드는 생각이지만, 가장 변하기 어려운 사람은 우리 사회에서 가장 큰 특권을 누리는 자들이 아닐까 싶기도 하다.

동지들이 있어 외롭지 않다네

2010년 5월, 우리는 아주 흥미로운 한 행사에 초대받았다. 슈튀빙 야외박물관에서 '지속가능한 삶의 기술'이라는 주제로 해마다 행동의 날 행사가 개최되는데, 우리 집 근처에 사는 행사 조직위원장 클라우스가 사람들이 우리의 실험을 들여다볼 수 있도록 독자적 부스를 하나 꾸려 보자고 제안한 것이다. 슈튀빙은 여러 채의 옛 건축물과 농가로 이루어진 박물관으로 우리 실험과 썩 잘 어울리는 장소였다. 우리는 거기 있는 '옛' 시대의 것으로부터 수많은 '새로운' 해법을 보고 배웠던 것이다.

어떻게 하면 우리 실험에서 얻은 교훈을 잘 전달할 수 있을까, 클라우스와 상의하던 중에 좋은 아이디어 하나가 떠올랐다. 우리가 창고에 보관하고 있던 거대한 플라스틱 더미를 지금 사용하고 있는 간결한 대체용품과 대비시키자는 발상이었다. 이전보다 훨씬 더 적은 물건만으로도 잘 살아갈 수 있다는 것이 우리가 실험하면서 얻은 가장 중요한 깨달음이었으니까 말이다. 클라우스와 남편은 이 제안에 동의했다. 그래서 우리는 제대로 된 '비포 vs 애프터' 스탠드를 세우기로 했다. 또 사무엘은 참관하러 온 아이들에게 옛날 방식의 활과 화살 만드는 법을 가르치겠다고 나섰고 두 동생들도 덩달아 신이 나서 방방 뛰었다.

창고에 처박아 놓은 플라스틱 물건들을 거의 아홉 달 만에 다시 본다고 생각하니 기분이 좀 묘했다. 주최 측에서 제공하는 전시용 탁자 하나로는 그 많은 플라스틱 물건들을 다 전시하기에 턱없이 부족했다. 우리는 몇 가지 의미 있고 재미난 것들만 엄선하기로 했다. 그렇게 선택된 것이 레오나르트의 경주차 궤도 장난감, 터퍼 밀폐용기 일부, 더 이상 사용되지 않는 부엌살림 등등이었다. 사람들의 눈길을 끌기 위해 포스터도 하나 준비했다. 플라스틱 꺼내 놓기 행사 때 마당에 쌓아 놓은 거대한 플라스틱 더미를 앞에 두고 우리 가족이 각자 플라스틱 제품을 하나씩 들고 서 있는 모습을 찍은 사진을 확대해 넣고 적당한 문구를 덧붙인 포스터였다.

예상대로 이날 행사장을 찾은 대다수 사람들은 아름답기 그지없는 옛 농가와 건축물이 빚어내는 목가적인 분위기 속에서 생뚱맞게 알록달록한 플라스틱 더미를 발견하고는 일단 적잖이 놀랐다. 몇몇 사람은 심지어 터퍼 밀폐용기 판촉행사에 마지못해 끌려와 있는 듯한 찝찝한 표정으로 우릴 쳐다봤다. 그 옆에는 우리의 대안적 살림살이가 펼쳐져 있었지만 그건 그다지 눈길을 끌지 못했다. 플라스틱 없는 살림살이, 신체관리용 제품과 청소용품은 색상이 화려하지도 않았고 모양도 투박해 사람들 눈길을 확 끌어당기기에는 역부족이었다. 몇몇 방문객들은 우리 부스를 작은 벼룩시장이라 여기는 것 같았다. 레오나르트의 경주차 궤도 장난감을 두고 값이 얼마냐는 질문이 계속 이어졌던 것이다.

또 아주 재미난 일도 있었다. 세 개가 한 세트인 녹색 푸딩 틀을 본 어떤 남자가 아주 반색을 했다. 그는 자기를 터퍼 밀폐용기 외판원이라고 소개하더니, 바로 그 푸딩 틀이 유일하게 자신의 수집품 목록에서 빠져 있는데 그 어디서도 구할 수 없더라면서 신품 가격을 줄 테니 팔라고 한 것이다. 나는 그 상황이 너무 재미있었다. 결국 한 번도 사용하지 않은 그 틀을 '터퍼 수집가'에게 선물하고 말았다.

우리 아이들은 이날을 신나게 즐겼다. 특히 나무 깎는 각종 공구와 함께 옛날식 활-화살 세트를 미리 몇 개 만들어 가지고 간 사무엘은 수많은 경탄의 눈길을 한몸에 받았다. 사무엘이 익숙한 솜씨로 공구를 다루며 나무를 깎아 활 만드는 것을 시연해 보이자 여기저기서 탄성이 터져 나왔다.

"어머, 재 좀 봐! 세상에, 나무를 저렇게 잘 다루는 애가 다 있네!"

"그래, 옛날엔 다 저렇게 했었지! 옛날 생각이 나는걸."

그날 행사에 온 사람들은 자기 아이들이 스스로 어떤 기술을 익히는 건 아예 불가능하다고 철석같이 믿고 있는 것 같았다. 나로서는 놀라운 경험이었다. 자연 속에서 자라고, 자연에 몰두해 놀고 배우며, 자연에서 얻은 재료를 이용하여 뭔가를 만드는 능력이 아예 결여되어 있다고 생각하는 것은 그들이 너무나 많은 (플라스틱) 장난감에 파묻혀 있다는 사실과 맞물려 있는 것이 분명했다. 게다가 그 장난감들이 거의 완제품 형태로 되어 있다 보니 스스로 창의성을 발휘할 기회는 원천봉쇄되고, 공구를 이용해 뭘 만들려고 해도 무조건 위험해서 안 된다고 막아 버리거나, 집이 어질러진다는 좀스런 이유로 금지당하기 일쑤다. 이런 상황에서 애들은 뭔가를 만드는 기쁨을 누리지도 못하고 그런 능력을 기를 기회도 빼앗겨 버리는 것이 아닌가. 또 그 과정에서 자연이 속삭이는 것에 귀 기울여 교감하는 것을 포기해야만 했던 것 아닌가.

이날 하루를 보내면서 나는 마음속으로 깊은 감사를 느꼈다. 우리 아이들이 모래와 흙, 물, 돌, 나뭇가지나 나뭇잎, 그리고 진흙으로 뭔가를 해 볼 수 있다는 것, 캠프파이어를 하고, 개천에서 둑 쌓기 놀이를 하고, 숲속에 비밀 본부를 만들 수 있다는 것, 이런 것들이 애들한테 얼마나 큰 축복인지! 돈 주고 산 장난감들도 우리 아이들을 그런 놀이로부터 떼어 놓지 못했다. 우리 애들은 운이 좋게도 거의 언제나 선택권을 갖고 있었다. 어쩌면 그 점이 애들에겐 가장 큰 호사일 것이며, 동시에 우리 실험이 도대체 아이한테 어떤 의미를 갖는가라고 질문을 해 오는 사람들에게 들려줄 수 있는 가장 훌륭한 대답일 것이다. 멋지다! 애들은 예나 지금이나 어떤 강압도 받지 않고 언제나 자유롭게 결정할 수 있으니까. 선택은 애들 몫! 그 책임도 애들 몫!

사무엘과 말레네는 상기된 얼굴로 다른 아이들이 활시위를 팽팽하게 먹이거나 화살을 뾰족하게 다듬는 일을 도와주느라 여념이 없었고 나는 그런 모습을 가만히 바라보았다. 그동안 우리 애들이 제대로 된 결정을 내리고 자기에게 좋은 것을 행하는 것의 의미를 상당히 잘 배웠다는 확신이 들었다. 하지만 우리 부부가 부모로서 확고한 지침을 갖고 있지 않았더라면 아마도 상황은 달라졌을 것이다. 아이들이 어릴 때부터 우리는, 장난감이 넘쳐 나서 집에 쌓일 정도였음에도 불구하고, 애들로 하여금 자연과 더불어 놀 수 있도록 끊임없이 자극을 주었고 컴퓨터나 텔레비전, 게임 콘솔, 또는 휴대전화 등은 가급적 멀리하도록 유도하고 사용을 제한했다.

그간 나는 우리 실험과 관련한 수많은 토론을 통해 그런 통제가 많은 부모들에게는 굉장히 어려운 일이라는 걸 알 수 있었다. 자기 딸에게 특정 상표의 음료수를 사 주지 않는 일만으로도 엄청난 고민에 빠져버리는 그 걱정 많은 아버지가 생각났다. 그 아버지는 딸로 하여금 대안과 직면하게 할 자신이 전혀 없어 보였다. 거기다 대고 선택의 자유 운운한다는 것은 아예 번지수가 틀린 말일 것이다. 그 딸은 아주 어릴 때부터 몸에 익은 소비강박증에 평생 이끌려 다닐지도 모른다.

우리 사회에서는 선택의 자유가, 다른 많은 것들과 마찬가지로, 정당하게 분배되어 있지 않다는 것은 반박할 수 없는 사실이다. 하지만 나의 관심이자 우리 실험의 의의는 단순하고 실천 가능하며 일상적으로 유용한, 많은 사람들에게 통용될 수 있는 대안을 찾아내는 것이었고 지금도 그러하다. 결코 유별나거나 엘리트적인 행위가 아니다. 누구라도 당장 시작할 수 있는 것이며, 약간만 곰곰이 생각하고 변화에 대한 의지를 갖고 있으면 그것으로 충분한, 그런 일이다.

그날 우리 부스를 방문한 사람들 대부분은 매우 긍정적 반응을 보이거나 혹은 전혀 반응이 없거나 둘 중 하나였다. 그런데 갑자기 한 남자가 나에게 불쑥 다가오더니 내가 펼쳐놓은 옥수수 전분으로 만든 비닐봉지에 대해 아주 대놓고 불평을 늘어놓기 시작했다. 숲속에 있는 그의 집 근처에는 이런 친환경 어쩌고 하는 것들이 보통의 비닐봉지보다 훨씬 많이 나뒹굴고 있다면서, 사람들이 너무 멍청해서 그런 건지, 이런 것들은 그냥 비가 오면 절로 녹아 버리는 줄 안다고 툴툴거렸다. 나는 그런 일들이 왕왕 벌어진다는 사실을 익히 들었다고 맞장구를 치면서 일단 그의 흥분을 가라앉힌 다음, 소위 이런 친환경 비닐은 절대 그냥 자연 속에 내버려서는 안 되고 적절한 퇴비화 조건(온도, 습기, 미생물, 압력)이 갖춰져야만 썩는다고 설명했다. 그래도 여전히 의심을 거두지 못한 그는 결국 그 봉지 하나를 시험해 보겠다며 가지고 갔다. 이 만남은 그냥 다른 재료로 갈아타는 것만이 능사가 아니라는 사실을 다시 한 번 분명히 인식시켜 주었다.

또 이날 사람들과 나눈 무수한 대화에서 우리는 늘 '모범적 인간'으로 대접받았는데, 그건 정말 기분 좋은 일이었고 심지어 달콤하기까지 했다. 하지만 나는 그런 평가에 현혹되고 우쭐해져서 정작 정말 중요한 것을 망각할 만큼 어리석지는 않았다. 그동안 나름 산전수전을 다 겪어 오면서 중심을 잘 잡을 수 있었기 때문이다.

다시 한 번 말하거니와 우리가 잊지 말아야 할 것은 우리가 특별한 일을 하고 있는 건 아니며, 특별히 어려운 일을 하는 건 더욱 아니라는 사실이다. 사람들 스스로가 언제든, 가장 좋기로는 지금 당장, 오늘 여기서, 자신들에게 의미 있고 자신들의 일상에서 실천 가능한 것들을 실행에 옮기는 데에 착수할 수 있다는 사실, 그리고 우리는 전혀 모범적 인간들이 아니며 또 그걸 원하지도 않는다는 사실을 사람들에게 분명하게 인식시키는 것이 중요하다. 만약 이런 사실을 망각한다면 우리는 너무 별스런 존재가 되어 버릴지 모르며 따라서 그 누구에게도 따라 해 보라고 권하거나 부추길 수 없을 것이다. 그랬다가는 오히려 사람들에게 거부감만 불러일으킬 것이다.

"어차피 당신들처럼은 못 할 거니까 그냥 지금까지 하던 대로 살

게 내버려 둬!"

이래선 안 된다. 우리가 하고자 하는 일이란 그저 세상에 대한 약간의 선의와 그 일에서 기쁨을 느낄 수 있는 감수성만 있으면 누구라도 실천할 수 있는 그런 일이어야만 한다.

우리 부스에 찾아오는 사람들이 잠시 뜸해져서 여유가 생기자 나는 온갖 부스가 설치되어 있는 야외박물관 일대를 한 바퀴 빙 둘러보았다. 놀라웠다. 그 훌륭한 수手제작 기술과 거의 잊힌 손기술들, 예컨대 물레질, 레이스 뜨기, 펠트 직물 짜기, 긴 낫으로 풀베기 등등이 시연되고 있었다. 예전엔 거의 모든 집에서 기르던 다양한 식물들과 가축들도 눈에 띄었다. 나는 사람들이 직접 만든 식료품과 음료도 눈여겨보았다. 어느 것 하나 인상적이지 않은 게 없었지만 그 어떤 것보다 나를 매혹시킨 것은 그 '사람'들이었다. 그들이 행하고 만들어 내는 것들이 우리 사회의 주류에 부합하는 것은 결코 아니었지만, 묵묵히 그 일을 하는 사람들의 얼굴에는 자기 일에 대한 기쁨과 자부심이 뚜렷이 드러나 있었다. 자연과 조화를 이루면서 땀 흘려 일하고 자기 일에 대한 확신을 온몸으로 증거하는 사람들, 그들은 자연을 파괴하거나 약탈하지 않는다. 그런 사람들의 모습은 슈퍼마켓에서 목격하는 플라스틱 광풍이나 아름답기 그지없는 경관 속 쓰레기 더미와 맞닥뜨릴 때 느끼던 절망감과 대비되는 전혀 다른 감동을 불러왔다. 행사장을 둘러보는 동안, 내가 얼마나 많은 사람들에게 둘러싸여 강력한 지지와 훌륭한 보호 아래 지내고 있는가 하는 사실을 뼈저리게 느낄 수 있었다. 우리는 혼자가 아니었던 것이다.

어느 부스에서나 사람들은 나를 반갑게 맞이해 주었다. 그들과 대화를 나누면서 나는 그들 대다수가 작은 실천이 세상을 바꿀 수 있다고 믿고 있고, 자기 주변에서부터 그 일을 시작했다는 사실을 알 수 있었다. 나는 커다란 동질감을 느꼈다. 그들은 또한 개인적 가능성의 한계를 이미 뛰어넘어 사고하고 있었다. 그들은 정치적 및 사회적으로도 뭔가 변해야 한다고 힘주어 말했다. 사회구성원 모두의 안녕을 위한 근본적 변혁을 이룩하려면 참여해야 하고, 필요하다면 저항도 불사해야 한다는 것이었다. 내가 마음속에 품고 있던 말을 그들의 입을 통해 듣게 되자 큰 위로와 격려를 받은 듯했다.

한 시간쯤 뒤 다시 우리 부스로 돌아왔을 때 나는 뭔가 새로운 에너지로 가득 채워진 것 같았다. 행사에 참가한 사람들과 하나가 된 듯한 뿌듯한 느낌도 가슴 가득 밀려왔다. 그것은 계속 앞으로 나아가도록 박차를 가하는 그 무엇이었다. 새로운 용기와 희망이 생겨났다. 인류의 지혜가 녹아 있는 '옛' 지식을 우리 시대의 새로운 기술적 성과와 유의미하게 조합해 낸다면, 우리는 더 이상 자연의 지배자 혹은 파괴자가 아니라 자연의 일부로서 성공적으로 살아갈 수 있지 않을까.

세상은 여전히 플라스틱으로 가득하고…

여름방학이 다가왔다. 휴가도 다가왔고 더불어 플라스틱 없는 선크림을 어디서 사야 하는가 하는 고민도 다가왔다. 여러 위생용품 전문점과 약국을 뒤졌지만 분무식 알루미늄 용기에 의심스런 내용물('인화성 물질')이 함유된 몇 가지를 빼고는 대안이 될 만한 제품을 하나도 찾을 수 없었다.

이 문제를 블로그에 올렸더니 꽤 많은 사람들이 그런 제품을 직접 만드는 방법을 알려 주었다. 또 특정 식물성 오일에 천연 선크림 성분이 함유되어 있다는 사실을 알려 준 사람도 있었다. 하지만 그런 것들은 자외선 차단 지수가 기껏해야 3~4 정도에 머문다는 한계가 있었다. 또 선크림 자가 제조는, 이런 걸 만드는 데 별 재주도 없고 재미있어하지도 않는 내 성격 탓도 있고 그 안에 들어가는 물질에 대해 꼼꼼히 조사할 시간도 없어서 결국 포기했다.

다른 한 독자는 자기 아이들이 부드러운 금발에다 몹시 흰 피부임에도 불구하고 선크림을 전혀 바르지 않는다는 글을 올렸다. '위험한' 시간대에는 반드시 그늘에 머물고, 강렬한 햇빛을 가려 줄 수 있는 옷을 적절히 입히면 별문제가 없다고 했다. 나야 뭐 그다지 일광욕에 열광하는 사람이 아니었기에 그 정도로도 웬만큼은 커버하겠다

싫었지만 아이들은 좀 문제였다. 우리 아이들은 피부가 민감한 편은 아니라서, 선크림만 좀 넉넉히 바르면 수영복만 입고도 하루 종일 햇살 아래서 마음껏 뛰놀아도 피부 트러블은 발생하지 않았다. 이것저것 따져 보다가 결국 선크림을 사기로 했다. 다만 쓰레기를 최대한 줄일 수 있는 방법을 고민했다. 그래서 하나만 사서 온 가족이 쓰되, 올여름은 그것 하나로 끝까지 버틴다는 방침을 정하고 차단 지수 30짜리 큼직한 것으로 하나 샀다.

우리 가족의 여름휴가는 꽤나 길다. 페터는 여름에 거의 8주 동안 일이 없다. 그가 근무하는 장애인 시설이 그 시기에 문을 닫기 때문이다. 그리고 나는 프리랜서로 일을 하기 때문에 아이들의 방학 기간에 맞춰 적어도 6~7주 정도는 근무가 없도록 일감을 조정할 수 있다. 그래서 여름휴가 동안 우리는 보통 세 번 정도 여행을 떠나는데, 그럴 수 있는 여건을 아주 큰 호사로 여기고 있다.

방학 초반 두 번의 여행은 비교적 큰 문제없이 다녀올 수 있었다. 첫 번째 여행은 매년 그랬듯이 캐른텐Kärnten 주의 오시아흐Ossiach 호숫가•로 갔다. 시부모님의 작은 별장이 거기 있었다. 뮈슬리, 콩 과립, 불콩•• 같은 식료품은 그 지역에서 포장하지 않은 채 구입할 수 있는지를 몰라 넉넉히 가져가기로 했다. 우유와 유제품도 마찬가지였는데, 이것은 유리병에 담아 가져간 것을 다 먹을 동안만 식단에 올리기로 했다. 남편은 그 주변에서 직접 우유를 생산해 판매하는 농가를 찾을 수 있지 않겠느냐고 말했지만 휴가 가서까지 꼭 그렇게 수선을 피

• 오스트리아와 이탈리아, 슬로베니아의 국경 근처에 있다. 그라츠에서 100여 킬로미터 서쪽.

•• 편두라고도 하며 독어로는 Linse, 영어로는 렌틸(Lentil) 콩이라 한다.

우고 싶지는 않았다.

캐른텐으로 가는 도중에 어느 고속도로 휴게소에서 잠깐 쉬는 동안, 나는 0.3리터들이 에비앙 생수 한 병을 무려 2.7유로나 주고 사는 한 남자를 보았다. 그 순간 우리 금속제 식수통에 수질 좋기로 유명한 슈타이어마르크 수돗물이 담겨 있다는 것이 끝내주게 기뻤다. 우리 가족의 식수 소요량을 일인당 하루 2리터로 잡고 그 생수 가격으로 환산하면 하루 90유로라는 계산이 나왔다.

〈먹을거리의 위기〉라는 다큐멘터리 영화의 한 장면이 벼락처럼 떠올랐다. 당시 네슬레 그룹의 페터 브라베크 회장은 그 영화에서, 물이 몇몇 NGO가 주장하는 것과 달리 인간의 기본권이 아니라 식료품임을 설명하려고 했다. 그는 물은 엄청난 가치의 재화이며 따라서 그만 한 시장가치를 가질 필요가 있다고 주장했다. 당시 나는 그 장면을 별 감흥 없이 보아 넘겼지만, 맙소사, 이 유명상표의 무시무시한 물값을 보니 그 말의 의미가 아주 분명하게 와 닿았다.

문득 우울한 미래가 슬그머니 그려졌다. 물값을 감당할 수 있는 사람들을 위한 소비재로 플라스틱 병에 아주 깨끗하게 담겨 있는 물의 모습. 그것은 곧 하나의 사치품이었다. 더구나 플라스틱 포장에서 불가피하게 용해되어 나오는 유해한 화학물질이 포함된 사치품. 그것은 악취 풍기는 갈색의 웅덩이에 고인 물처럼 직접적이고도 심각하게 건강을 위협하지는 않지만, 보다 세련된(!) 방식으로 오염된 물이 아닌가. 사람들은 돈까지 내고서 그 물로 우아하게 '식수'를 해결한다. 페트병에 든 물이 남아 있는 한 모든 게 다 괜찮다! 이런 집단적 자기기만이 어디 있나. 레오나르트가 물 오염에 대한 얘길 듣고서 한 말은 귀엽기나 하지.

"그러면 우리는 그냥 환타나 콜라만 마시지, 뭐."

다음 날 아침은 물놀이하기에 아주 좋은 날씨였다. 우리는 아침을 먹자마자 호숫가로 갔다. 새로 산 선크림을 식구들에게 발라 주고 나는 시험 삼아 당분간은 바르지 않기로 했다. 그늘과 가림 옷만으로 정말 별 탈이 없을지 확인해 볼 참이었다. 나는 몸을 좀 식히려고 잠깐 호수에 들어간 것 말고는 그늘에 머물며 책을 읽거나 음악을 들었다. 휴가가 끝날 때 보니 피부는 멀쩡했다. 나한테는 좋은 방법인 게 확인되었지만 뜨거운 태양 아래서 햇살을 즐기고자 하는 사람들에게는 절대 권해선 안 되겠지.

캐른텐에서 보낸 휴가는 늘 그렇듯이 우리 가족에게 큰 휴식이었다. 장 보는 일도 별 복잡할 게 없었다. 다만 내가 쓰레기가 눈에 띄기만 하면 그걸 사진으로 찍느라 작은 갈등이 있었다. 그렇게 사진을 찍다 보니 우리의 산책과 소풍이 적잖게 늘어지는 일이 종종 있었기 때문이다. 광고에서야 '청정 지역'이라고 떠들어 대지만 천만의 말씀, 캐른텐에서조차도 장소를 가릴 것 없이 도처에서 플라스틱 쓰레기를 볼 수 있었다. 그걸 일일이 사진을 찍어 대자 나중에는 남편이 심하게 툴툴거렸다. 사실 나 스스로도 그 사진으로 뭘 할지 막연했으므로 괜히 기분만 가라앉게 했다는 걸 솔직히 고백한다.

집으로 돌아온 뒤 아이들은 한 주 동안 알프스 클럽•을 따라 산으

• 공동 등산, 등산로 개척, 산지 보존 등을 목적으로 하는 비영리단체.

로 오두막 캠프를 떠났고, 남편과 나는 둘이서만 휴가를 즐기는 드문 기회를 누렸다. 한 주 동안 암스테르담으로 여행을 떠난 것이다. 당연히 기차여행이었으므로 가급적 짐을 줄여야 했다. 우리는 플라스틱 없이 견디기 위해 가지고 갈 음식과 물에 대해 세심하게 계획을 짰다. 하지만 독일 철도공사의 식사 서비스를 미처 고려하지 못했다.

출발부터 우리는 전혀 예상치 못한 플라스틱 공세에 시달리기 시작했다. 침대칸에 비치된 비누는 물론 물수건도 모조리 비닐에 밀봉되어 있었던 데다 양치용 물까지 알루미늄 뚜껑으로 덮인 플라스틱 용기에 담겨 있었다. 승객을 환영하는 의미로 침대 매트에 놓여 있는 물병도 당연히 플라스틱이었다. 꼭 이렇게까지 해야 할까? 이런 것이 세련된 서비스라고 생각하는 풍조는 어떻게 생겨났을까? 알다가도 모를 일이었다.

침대칸의 자그마한 화장실에서 이를 닦으려고 뚜껑을 열다 나는 그만 물의 절반을 쏟아 버리고 말았다. 안타깝게도 남은 절반의 물조차도 제대로 쓸 수 없었다. 기차가 흔들리는 바람에 컵이 넘어져 버린 것이다. 다른 이용객이 불편하지 않도록 세면대 주변을 일회용 휴지로 닦아 내고 보니 양치질 한 번 하는데 그렇게 많은 쓰레기를 만들어낸 적이 여태 한 번도 없었다는 사실을 알고는 고개를 절레절레 흔들었다. 결국 가지고 간 스테인리스 물병에 담긴 수돗물 두어 모금으로 이를 닦긴 했지만 앞길이 걱정이었다.

하지만 그건 시작에 불과했다. 그다음 날 아침 제대로 된 플라스틱 홍수가 우리를 기다리고 있었다. 승무원이 아침을 갖다 주었는데 나는 그만 입이 딱 벌어졌다. 그간 거의 한 해 동안, 특히 식료품과 관련해서는 '플라스틱 없이'를 아주 일관되게 실천해 온 우리로서는 그 음식을 '소화'하기가 정말 쉽지 않았다. 빵 하나를 빼고 나면 모든 것이 비닐로 포장되어 있었다. 우리는 차라리 어제 먹던 빵으로 아침을 때우고 그 차내식을 반납할까도 생각했다. 하지만 그랬다가는 그 음식이 포장된 채로 쓰레기통으로 직행할지도 모르는 일이었다. 또 이 플라스틱 '광기狂氣'를 사진으로 남겨 우리 블로그에 올리는 일이 아주 재미있을 것 같아서 먹기로 했다.

각종 비닐에 싸인 음식이 가득 올려진 쟁반부터 사진을 찍은 다음 우리는 차근차근 비닐을 벗기고 싹 다 먹어 치웠다. 그런 다음 한 끼 식사가 남긴 그 엄청난 양의 쓰레기를 꼼꼼하게 분류해서 또 사진으로 남겼다. 기차 안에 쓰레기 분리배출 시스템이 있는 걸 봤기 때문에 버리는 데는 문제가 없을 것 같았다. 전날 밤 여행 기념으로 마신 포도주 병 하나와 열차에서 제공한 플라스틱 물병(이건 공병 보증금이 붙어 있었다) 두 개는 직접 승무원에게 반납하고, 세심하게 분류한 쓰레기는 수거함에 넣으려고 들고 나섰다. 기차 복도를 따라 가는데 이게 웬일, 마주 오던 청소 승무원이 그 모든 쓰레기를 나에게서 낚아채더니 큰 쓰레기봉투 안으로 던져 넣고는 망연해 있는 나를 뒤로 하고 총총 사라지고 말았다! 뭐라고 항의할 틈도 없었다. 그는 몹시 바빴고 또 승무원으로서 승객에게 적절한 서비스를 제공했을 뿐이니까.

나는 잠시 할 말을 잃었다. 그게 보증금 있는 병이라는 것, 종이와 플라스틱을 완벽히 분리했고 심지어 커피 우유의 동전만 한 알루미늄 호일 뚜껑도 별도로 분리했다고 이 연사 목청껏 주장하고 싶었지만……, 정년을 코앞에 둔 바쁜 승무원은 흔적도 없었다. 나는 한숨을 푹 내쉬었다. 이 기차는 '플라스틱 없이 살기'라는 우리의 슬로건과는 전혀 어울리지 않는 곳이었으며, 또 다른 한편으로는 작금의 현실을 고스란히 반영하는 전형적인 장소였던 것이다.

우리 실험이 막다른 골목으로 빠져 버린 걸까? 우리 실험을 두고 뜻은 선하나 현실과는 거리가 먼 이상주의적 헛짓이라고 평가한 사람들이 옳았단 말인가? 씁쓸함이 입안 가득 밀려왔다. 하지만 나는 이내 그런 부정적 감정을 털어 냈다. 갑자기 수건을 링 안으로 던지며, 우리의 야심찬 프로젝트가 뜨겁게 달궈진 돌덩이 위에 떨어진 한 방울의 물에 불과함을 인정한다면 도대체 어떻게 되겠는가? 하지만 솔직히 고백하자면 갑자기 나 자신이 하찮고 우스워 보였다.

내 마음속에서 어떤 비극이 연출되고 있는지 알지 못하는 남편은 환하게 웃으며 나를 맞아 주었다. 내가 방금 겪은 일과 울적한 생각을 털어놓았지만 페터는 별로 개의치 않았다.

"일단 당신은 쓰레기 사진 찍는 것부터 좀 그만둬. 그건 완전히 출발점이 잘못된 거야. 보기 좋은 경치도 아니고, 그러면 사람들이 오히려 지겨워해."

그래도 남편과 한동안 이야기를 나누고 나자 조금 마음이 가벼워졌다. 나는 어느 면에서는 페터의 말이 옳다는 걸 인정했다. 플라스틱 쓰레기 사진을 계속 찍어 대는 것은 어쩌면 현재의 내 심리상태를 반영하는 것일지도 몰랐다. 사진은 한마디로 너무 부정적인 면에만 초점을 맞추고 있었던 것이다. 우리의 실험이 기적을 만들어 낼 수는 없다는 것은 애당초 자명했고, 우린 그걸 분명히 알면서도 시작했었다. 할 수 있는 만큼, 한 걸음씩, 이것이 우리의 목표 아니었던가.

겨우 평정을 되찾은 나는 암스테르담 여행에 대한 기대를 키워 가기 시작했다.

암스테르담에 머무는 동안 우리는 매일 몇 시간씩 자전거를 타고 시내와 그 주변을 돌아다녔다. 네덜란드는 그야말로 자전거 이용자의 천국이었다. 그런 교통정책에 대해서는 암스테르담으로부터 많은 것을 배울 수 있을 것 같았다. 대도시이기는 했지만 암스테르담에서 자전거는 사람들이 가장 선호하는 교통수단일 뿐 아니라 동시에 가장 빠른 이동수단이기도 했다.

멋진 자전거용 짐 가방이 나를 온통 사로잡았다. 그런 가방을 장착한 자전거는 암스테르담 곳곳에서 쉽게 눈에 띄었는데 정말 나도 하나 갖고 싶었다. 장을 본 물건들을 몇 킬로그램이나 싣고 역에서 집까지 아주 힘들게 자전거를 타고 가는 나에게 저런 가방이 달린 자전거가 있으면 너무 좋을 것 같았다. 그래서 가방을 좀 더 자세히 살펴보았는데 아니나 달라, 몇몇 부속은 비닐 재질이었다. 타협을 해야 하나, 갈등이 생겼다. 플라스틱 없는 장보기를 한 다음 그걸 좀 편히 갖고 가기 위해 플라스틱이 '완전히 없지는 않은' 가방을 장만한다? 나의 이런 갈등을 해결해 준 사람은 페터였다. 여행에서 돌아온 직후 페터는 고맙게도 밝은 녹색 계열의 아주 예쁜 자전거용 가방을 인터넷을 통해 주문해 준 것이다.

그 외에 암스테르담에서 특별히 좋았던 건 별로 없었다. 그 도시는 자전거 천국이기도 했지만 쓰레기 많기로도 어디에 뒤지지 않을 듯했다. 거리마다 쓰레기봉투가 쌓여 있는 것으로 보아 쓰레기 처리하는 시스템에 문제가 있는 것 아닐까 싶을 정도였다. 휴가 이틀이 지나면서부터 나는 사진 찍는 일을 포기했다.

암스테르담에 머무는 동안 의욕상실과 동기 저하가 번갈아 찾아왔다. 하지만 나는 어떻게든 그런 감정에 휘둘리지 않으려 애를 썼다. 남편과 많은 얘기를 나누었고 스스로도 끊임없이 나를 부추겼다. 힘든 싸움이었지만 나는 결국 긍정적으로 마음을 다잡는 데 성공했다. 이번 여름 두 번째 여행의 소중한 성과였다.

크로아티아에서의 절망과 희망

휴가의 세 번째 여행은 여름방학의 막바지에 크로아티아로 떠나면서 시작되었다. 이번에 가는 곳은 비스Vis라는 섬이었다. 우리는 크로아티아 제2의 도시 스플리트Split에서 페리를 타고 그 작은 섬으로 건너갈 계획이었다. 15년 전 그곳을 다녀오고 나서 그 섬은 이 지구의 마지막 낙원처럼 우리 기억에 각인되었다. 그러다 작년에 다시 크로아티아로 휴가를 갔을 때 그 아름다운 나라의 해변은 쓰레기로 뒤덮인 모습이었다. 그 기억이 아직도 생생해서 올해에도 걱정이 없지는 않았다. 어쨌든 우리라도 쓰레기를 더 보태지 말자고 단단히 다짐하고 여행을 준비했다.

쓰레기가 생겨나지 않게 하기 위해 가장 신경 써야 하는 대목은 먹을 것을 잘 계획해서 챙겨 가는 일이다. 그간 우리는 꽤 많은 경험을 축적한 터라 별로 문제가 될 건 없었다. 가장 어려운 일은 역시 식수였다. 비스 섬의 수돗물은 식수로 쓰기엔 좀 문제가 되는 수준이어서 지난 연말 스키 여행 때와 비슷한 문제에 봉착했다. 유감스럽게도 게르하르트의 고물 스테인리스 식수통은 부피가 너무 큰 데다 무게도 상당해 이번에는 포기. 우리도 그사이 5리터들이 유리병 세 개를 장만해 두긴 했지만 그것으로 열흘간의 여행에 필요한 물이 충분할

리 없었다.

이번에도 친구가 도움을 주었다. 여행을 떠나기 며칠 전에 베로니카가 전화를 해서는, 자기 동네의 라거하우스 지점에 크기가 서로 다른 스테인리스 식수통이 두 개 있는 걸 봤는데 우리 목적에 아주 딱 맞을 것 같다고 알려 온 것이다. 우리는 당장 달려가 수도꼭지가 달린 15리터짜리 식수통을 하나 샀다. 이것과 5리터짜리 유리병 세 개면 적어도 며칠 동안 식수는 해결될 듯했다. 나머지 날들은 현지에서 어떻게든 질 좋은 물을 찾아봐야 할 터였다.

우리가 예약한 숙소는 루카바치rukavac라는 작은 동네에 위치한 아파트였다. 우리 가족을 기다리고 있던 주인아주머니는 넉넉한 환영 인사와 함께 몇 가지 주의사항을 알려 주었는데 수돗물을 마셔도 된다는 사실도 포함되어 있었다. 그사이에 행정당국이 수질을 대폭 개선한 모양이었다. 그래서 음식 만들 때는 수돗물을 쓰기로 했다. 동네를 한 바퀴 둘러보고 탐색 차 슈퍼마켓을 들렀더니 여러 종류의 광천수가 공병 보증금이 붙은 병에 담겨 팔리고 있었다. 오스트리아의 슈퍼마켓에서는 볼 수 없는 사치였다. 그 외 별다른 것은 없었다. 플라스틱 포장은 여기나 거기나 비슷했다. 아닌 게 아니라 가히 범지구적인 스케일의 문제라 할 만했다.

우려한 대로 플라스틱 쓰레기는 좀 심각한 수준이었다. 배를 타고 바다를 건너오는 동안 한없이 푸른 옥빛 바다의 수면 위에도 심심찮게 스티로폼이며 비닐봉지 따위가 떠다니더니, 드디어 마음속의 환상이 완전히 깨져버릴 조짐이었던 걸까.

비스 섬은 오랫동안 군사적인 이유로 접근이 차단된 곳이었다고 한다. 1990년대에 다민족 국가였던 유고슬라비아가 붕괴된 뒤에야 비로소 외국인에게 개방되었으며, 그런 이유로 인해 다행히 지금까지는 대규모 개발이 이루어지지 않았고 밀려드는 관광객들로 인한 여러 가지 부정적 현상도 생겨나지 않았다. 섬 중심가에는 이 섬의 유일한 호텔이 하나 있을 뿐, 그 외에 숙소는 아파트나 방, 혹은 단독주택을 빌려야 했다.

우리 숙소 아파트에는 바다와 섬을 바라볼 수 있는 큼직한 테라스가 있었다. 섬의 모습을 아주 잘 볼 수 있는 전망대 같은 곳이었다. 숙소 안주인이 추천한 루카바치의 자그마한 만에는 쓰레기를 담는 컨테이너 여러 개와 화학적으로 처리되는 화장실도 네 칸 설치되어 있었다. 평평하게 솟은 바위로 둘러싸인 아름다운 자갈 해변을 처음으로 산책할 때에는 플라스틱 쓰레기를 거의 볼 수 없었다. 나는 그 만이 보호구역이어서 그런 것인지 궁금했다. 아니면 이 작은 섬이 정말 알 수 없는 은혜를 입어 지중해의 쓰레기 홍수로부터 보존되어 남은 것일까?

얼마 안 가 우리는 곧 그런 추측이 얼토당토않은 것이었음을 질리도록 깨닫게 되었다. 사흘째 되는 날 우리가 섬 일주 탐색에 나섰을 때, 낙원 같았던 그곳이 실은 플라스틱 쓰레기로 뒤덮인 지옥이었음을 우리는 똑똑히 목격했다. 우리 숙소 인근의 그 자갈 해안만 관광객을 유혹하기 위한 미끼로 활용하려고 그럴싸하게 꾸며놓은 게 아닌가 하는 의심이 들 지경이었다.

그 섬이 간직한 천혜의 아름다운 경관들 사이로 쓰레기 더미가 계속 눈에 띄었다. 섬 서쪽 마을 코미자Komiza 바로 앞에 있는 거대한 쓰레기 적치장이 특히 심각했다. 올리브 동산, 작은 만, 돌담 그리고 남빛 바다가 펼쳐진 해변 풍광 사이에 그 적치장이 끼어 있었다. 나는 할 말을 잊은 채 그 광경을 마주하며 사진을 몇 장 찍었다. 아이들까지도 한동안 입을 다물고 아무 말을 하지 못했다. 크로아티아 말을 조금 할 줄 아는 남편이 저녁에 숙소 안주인으로부터 비스 섬에서는 쓰레기 분리수거를 하지 않는다는 말까지 얻어듣게 되자, 나는 이곳에 단 하나의 쓰레기도 남기지 않겠다고 결심했다.

그다음 날 우리 가족은 이 섬에서 가장 유명하고 아름다운 곳, 스티니바Stiniva 만에서 쓰레기를 주워 모았다. 몇 분도 채 되지 않아 작은 쓰레기 동산이 만들어졌고 나는 그 모습을 여러 각도에서 사진으로 찍었다. 다른 해수욕객들은 우리를 아주 놀랍다는 눈길로 쳐다보았다. 그 과정에서 나를 훨씬 더 짜증스럽게 만든 것은 사람들이 플라스틱 쓰레기 사이에 아무렇지도 않게 제 몸을 누인다는 사실이었다. 아니, 그 쓰레기가 눈에 띄지 않는다는 게 가능한 일인가? 그게 아니라면 플라스틱이 이미 풍광의 일부가 되어 버렸다는 것인가?

손자 세대에 가면 '플라스틱 해변'에서 휴가를 보내는 것이 전혀 이상하지 않게 여겨질 거라고 한 친지가 얼마 전에 말했었다. '자갈, 모래 그리고 바위'가 아니라 '자갈, 모래, 바위, 그리고 플라스틱', 이렇게 되어야 비로소 풍경이 완성된단 말씀. 그날 해수욕객 넘치는 해변을 보면서 떠오른 그 이미지는 그리 먼 미래의 일 같지 않았다.

비스 섬에서 플라스틱 광기의 정점을 경험한 것은 그로부터 이틀 뒤였다. 우리는 비스 시 인근에 있는 어느 오래된 집을 구경할 예정이었다. 지나가면서 본 그 집이 너무나 마음에 들어 다음 여름휴가 때 숙소로 빌려 쓰면 좋겠다 싶었다. 멀리서 볼 땐 모든 게 완벽해 보였다. 자연석으로 지은 집은 포도밭으로 둘러싸여 있었고 혀처럼 쑥 내민 땅 위에 고즈넉이 서 있어서 시야가 사방의 바다로 툭 터져 있었다. 언덕배기는 야생 로즈메리와 월계수로 뒤덮여 있었으며, 바위가 많은 해안에는 사람을 매혹하는 조그만 자갈밭이 두 곳 있었다. 하지만 그곳으로 내려가는 도중에 이미 불길한 예감이 스멀스멀 올라왔다. 처음에는 설마설마했는데, 그 해변 역시 가까이 다가가서 보니 거대한 플라스틱 쓰레기 밭임이 드러났다. 오싹한 이런 대조를 그냥 지나칠 수 없어서 나는 그 장면을 수많은 사진으로 남겼다. 그런 나를 두고 식구들은 '쓰레기 전문기자'라는 호칭을 붙여 주었다.

페터와 말레네는 물에 들어가려다가 플라스틱 쓰레기며 스티로폼 조각, 페트병이 사방에 떠다니는 걸 보고는 포기하고 말았다. 순간 내 눈에서 눈물이 주르륵 흘러 내렸다. 남편은 말없이 내 손을 잡더니 카메라를 슬그머니 가져가 버렸다. 그리고는 괜히 아이들을 향해 이제 돌아갈 시간이야, 라고 큰 소리로 외쳤다.

그렇다고 해서 비스 섬에서 부정적인 것만 본 건 아니다. 매일 아침마다 루카바치로 오는 빵 차, 그리고 이틀에 한 번꼴로 나타나는 채소 파는 아주머니의 작은 트럭은 이루 말할 수 없이 정겨웠다. 우리는 그 자동차에 싣고 온 신선한 빵이며 채소를 사는 게 무척이나 즐거웠다. 그들도 비닐봉지를 당연한 듯이 쓰긴 했지만 어쩌겠는가. 언어적 장벽에도 불구하고 두 번째로 물건을 사러 갔을 때 이미 그들은 우리가 천으로 된 쇼핑백에 물건을 담아 주기를 원한다는 것을 간파했다. 한

번은 나의 천 쇼핑백이 가득 찬 것을 보고 빵 아저씨가 씩 미소를 지으며 종이봉투 한 장을 내 코앞에 내밀었을 때 나는 감동했다. 포도주 파는 아저씨만 우리가 뭘 말하는지를 제대로 이해하지 못하고 병을 비닐봉지에 담아 쇼핑백 안으로 쑥 밀어 넣었다. 비닐을 원치 않는다고 남편이 애를 써 가며 설명했는데, 그 아저씨는 못내 답답한 표정으로 어깨를 한 번 으쓱 하더니 그 비닐봉지를 곧장 쓰레기통에 던져 버렸다.

우리는 다른 곳에 비해 이상하리만치 쓰레기가 없는 루카바치 해변에서 주로 놀았는데 거기서 한 가족을 만나게 되었다. 아이 둘에 부부, 그들은 바이에른에서 왔다고 했다. 엘리자베트와 마르틴 부부가 우리의 스테인리스 도시락에 비상한 관심을 보이는 걸 알고 우리 실험에 대해 좀 설명을 해 주자 그들은 갑자기 깜짝 놀라더니, 얼마 전 독일 텔레비전에서 우리를 보았다며 탄성을 질렀다. 그들은 우리 실험에 대해 이것저것 질문을 퍼부었다. 그들은 우리의 일관된 태도에 놀라워했으며, 엘리자베트는 자신이 할 수 있는 것은 다 시도해 보려 했지만 유감스럽게도 자기가 사는 바이에른에서는 제대로 장을 볼 수 없었다고 투덜거렸다.

뜻하지 않게 후끈 달아오른 대화에서 나는 우리의 일관된 태도에도 한계가 있으며, 우리를 힘들고 바쁘게 만드는 것이 플라스틱 문제만이 아니기에, 완벽을 기하는 것이 관건은 아니라고 계속 되풀이하여 강조했다. 특히 일상생활에서 쓰레기 문제와 관련하여 이미 뚜렷한 문제의식을 갖고 있는 사람들에게는 작은 발걸음이라도 일단 한 발 내딛는 것이 무엇보다 의미 있다는 걸 꼭 전하고 싶었다. 내 경험에 비추어 보면 야심찬 시도와 과도한 추진은 좌절을 유발할 뿐이기 때문이다.

두 가정의 숙소가 서로 멀지 않아 우리는 다음 날 아침에 빵 차 앞에서 다시 만났다. 그런데 놀라운 일이 벌어졌다. 전날 우리와 대화를 나눌 때에는 간단한 대안이라도 찾아서 실행해 나가는 데에 큰 관심을 갖고 있는 듯 말하더니 빵을 비닐봉지에 아무렇지도 않게 담아가는 게 아닌가. 내가 무슨 플라스틱 사용을 감시하는 경찰도 아니고, 너무 유난을 떠는 것도 내키지 않아 잠자코 있고 말았다. 하지만 나로서는 그건 도무지 이해할 수도 없었고 받아들일 수도 없었다. 진지하게 쓰레기를 만들지 않으려고 노력한다고 떠드는 사람들이 모든 가능성 중에서 가장 간단한 것조차 실천하지 못한다는 것을 내 머리로는 이해할 수 없었던 것이다. 시위라도 하듯 나는 빵 차 주인에게 천으로 된 쇼핑백을 내밀었다. 숙소로 돌아와 이 얘기를 하자 남편 페터는 그다지 놀랍지 않은 일이라는 반응을 보였다.

"생각해 봐, 한 해 전이었다면 당신이 어떻게 했을지 말이야. 내 장담하지만 당신도 똑같이 아무렇지도 않게 빵이 든 그 비닐봉지를 받았을걸? 다만 그 비닐봉지를 해변에 아무렇게나 던져 버리지는 않았겠지. 대신 쓰레기통에 버리고는 만족했을 거라고. 그래 놓고는 자신을 꽤나 열성적인 환경주의자라고 대견해했을 거야, 안 그래?"

남편의 말에 반박하고 싶었지만 아무 말도 떠오르지 않았다. 사실 그는 아픈 곳을 건드렸던 것이다. 그들 부부에게 알레르기 반응을 보인 나 자신도 불과 얼마 전까지만 해도 그들과 다를 바 없었다는 지적은 틀리지 않았으니까. 그리고 말로는 뭔가 거창한 이상에 관심을 보이면서도 막상 작은 것 하나라도 실천하는 데는 몹시 서툰 게 대부분의 보통 사람들이라는 사실을 받아들이지 못한다면 나는 고립되고 말 것이니까.

그다음 날 나는 작은 자극이라도 되라고 옥수수 전분으로 만든 생분해 비닐봉지 두 장을 엘리자베트에게 선물했다. 그러면서 빵이나 과자, 채소를 그 봉지에 넣어 두면 좀 더 오래 보관할 수 있고 냉동하는 데에도 쓸 수 있다는 설명도 덧붙였다. 또 봉지를 씻어서 다시 쓰기 때문에 한 해 동안 봉지를 열 장도 쓰지 않았다고 하자 엘리자베트는 적잖이 놀랐다. 그다음 날 빵 차 앞에서 마주친 엘리자베트가 전날 내가 선물한 비닐봉지를 내미는 것을 보고 미소를 짓자 그녀가 나를 향해 마주 웃으며 말했다.

"봐, 벌써 바꿨거든. 우리는 한다면 대번 하는 사람들이라구."

우리가 주로 놀았던 루카바치 해변이 유별나게 깨끗한 이유를 휴가가 끝날 무렵에야 알게 되었다. 한 식당 주인이 남편에게 이유를 설명해 주었던 것이다. 그것은 보호구역 따위와는 전혀 상관이 없었다. 매일 아침 일찍 동네주민들이 해변을 청소하기 때문이었다. 너무나 상식적인 이유라 오히려 좀 허탈해지는 느낌이었다. 그리고 또 한 번 놀라게 된 일은 그렇게 청소한 쓰레기를 해안 후미진 한곳에 따로 쌓아 두었다는 사실이었다. 휴가 마지막 날 우리 가족이 해변 조깅을 좀 멀리까지 갔다가, 사람들 눈에 잘 띄지 않는 오목한 곳에 산더미처럼 쌓여 있는 쓰레기를 발견하고는 어이가 없었다. 루카바치 해변에 널려 있던 모든 쓰레기—플라스틱 병, 온갖 색깔과 크기의 비닐봉지, 옷가지, 부대 자루, 스티로폼 찌꺼기, 신발, 못 쓰게 된 물갈퀴, 심지어 페타이어나 가구 등등이 자리만 옮겨 그곳에 몽땅 모여 있었던 것이다. 나는 '휴가 중의 플라스틱 쓰레기'를 주제로 한 기록물의 대미를 장식하기 위해 그 엄청난 쓰레기 더미를 마지막으로 촬영했다. 그렇게 찍은 기록사진 중 충격적인 몇몇은 블로그에 공개할 작정이었다. 플라스틱 쓰레기의 상당량이 재활용된다는 '동화'를 여전히 믿고 있는 사람들에게 작은 충격이라도 줄 수 있다면 그것으로 충분했다.

떠나는 날 아침, 우리는 열흘 동안 만들어 낸 모든 쓰레기를 다시 싸서 자동차 짐칸에 실었다. 유리병 몇 개, 몇몇 금속제 뚜껑, 종이 및 골판지 포장재 조금, 그리고 우리가 휴가 중에 범한 플라스틱 죄악의 잔여물, 즉 빈 감자 칩 봉지 두 장과 큰 요구르트 통 하나가 전부였다. 비스 항구에서 우리는 기념으로 포도주를 몇 병 샀다. 판매직원이 우리의 천 쇼핑백을 보고는 아주 잘 이해한다는 듯 고개를 끄덕이더니, 친근한 태도로 자신도 플라스틱을 아주 끔찍하게 생각한다고 말했다. 비스 섬에서의 온갖 실망이 눈 녹듯 사라지는 기분이었다.

페리 갑판 위에서 우리가 체험하고 본 것들을 다시금 떠올려 보았다. 때때로 우리의 존재가 이 거대한 플라스틱 우주 속에서 한없이 보잘것없는 티끌처럼 느껴지기도 했고, 낙원 같은 풍경 한복판에서 벌어지는 거대한 파괴에 대해 절망하고 할 말을 잃었음에도 불구하고, 나는 여전히 희망을 잃지 않았다. 그 희망을 간직한 채 그저 내가 직접 영향을 주고 변화시킬 수 있는 것들에 끊임없이 집중할 뿐이다. 나 자신의 능력 범위 안에 있는 일을 제대로 해내는 것, 그것이 중요하다.

나는 눈길을 뒤로 돌렸다. 그곳에 그 섬이 있었다. 멀리서 보니 아무런 문제가 없이 깨끗하고 아름다워 보였다. 그리고 지난 여러 날 동안의 모든 좌절과 한탄이 별안간 끝나 버렸다. 그곳은 희망 넘치는 모습이었다. 우리 인간이 아무리 파괴하고 약탈해도 여전히 아름다움과 희망을 잃지 않는 자연이 거기 있었다. 나는 그 아름다움과 무구함, 그리고 생명의 기운에 대한 동경을 가슴에 간직하고 집으로 가고 있었다.

비스 섬에서 돌아오자 곧 개학이었다. 아이들의 개학이란 부모의 입장에서는 이것저것 챙겨야 할 게 많다는 뜻이다. 다행히 기본적인 학용품은 여분이 있었고 그 외에 필요한 것들은 친환경 업체 한 곳에 좀 넉넉히 주문을 하는 것으로 개학 준비를 끝냈다. 학기 초에 학용품을 여러 군데에 주문하면 제각각 택배로 도착하는 바람에 성가시고, 택배 포장 쓰레기도 너무 많이 발생해서 한 곳에만 주문한 것이다.

다만 세 아이의 실내화나 운동화, 축구화를 사는 일은 여전히 해법이 보이지 않았다. 하지만 그간 우리 집에는 새것을 구하지 못할 때는 너무나 자연스럽게 중고를 구하는 일이 또 하나의 전통으로 자리잡았다. 형제들 간에 물려 쓰는 것은 두말할 것도 없었다. 또 우리와 비슷하게 아이들을 키우는 지인들로부터 얻기도 하고 서로 바꾸기도 했다. 그러고도 해결되지 않을 경우에만 새것을 장만했다. 이번 학기에는 사무엘의 축구화와 말레네의 실내화를 빼고는 다 이렇게 마련할 수 있었다. 물론 우리 집에서도 여섯 켤레나 되는 신을 만한 신발이 새 주인을 찾아 떠났다.

10월 초엔 사무엘의 생일이 기다리고 있었다. 사무엘은 휴대전화를 선물로 받고 싶어 했다. 그래, 좋다. 그 나이에 휴대전화를 갖고 싫어 하지 않으면 그게 이상한 거지. 게다가 두 할머니는 언제라도 그걸 사 줄 태세가 되어 있었지만 엄마인 내가 반대하는 바람에 입맛만 다시고 있는 형편이었다. 또 그전까지만 하더라도 사무엘은 휴대전화 선물을 쉽게 포기하곤 했는데 이번에는 좀 달랐다. 아주 분명하게 휴대전화를 갖고 싶다는 희망을 여러 번 얘기했다. 나는 그간 무반응 전략으로 사무엘의 요구에 대응해 왔고, 비교적 잘 먹혀들었는데 공교롭게도 이번엔 그럴 처지도 못 됐다. 왜냐하면 남편이 사무엘의 편에서 버렸기 때문이다. 그러면서 남편은 좀 '비겁한' 이유를 갖다 댔다. 반에서 휴대전화를 갖고 있지 않은 애가 사무엘 하나뿐이라는 이유를 내세운 게 아니라, 내가 휴대전화를 너무 많이 쓰는 바람에 제대로 모범을 보이지 못했기 때문에 아이한테 휴대전화 사 주는 것을 계속 미루기가 몹시 난감할 정도라고 주장한 것이다.

아주 틀린 말은 아니었다. 5년 전 휴대전화를 장만한 이래 나는 그 이전보다 훨씬 더 전화통화를 많이 했다. 그의 말마따나 '너무' 많이 했다. 또 우리 실험으로 인해 통화량은 더욱 늘어났다. 그건 나도 인정한다. 페터가 그렇게 말한 것이 내 속을 좀 긁어 보려는 속셈임을 내 모르는 바 아니지만, 나도 이제는 사무엘에게 휴대전화를 사 줄 때가 되었다고 생각하던 참이라 페터가 좀 얄미웠다.

사무엘은 가만히 앉아서 처분만 기다리는 게 아니라 혼자서 인터넷으로 검색을 해서는 생분해 플라스틱으로 만든 전화기를 찾아 보여 주며 우쭐해하기도 했다. 하지만 값이 200유로가 넘었고, 생분해 재료를 썼음에도 환경기관으로부터 그리 좋은 평점을 받지도 못했다. 나는 열네 살짜리에게 정말 휴대전화가 필요한가 하는 원칙적 문제를 다시 제기하면서 은근히 어깃장을 놓았지만 사태는 점점 불리하게 돌아갔다. 내 전화기가 때맞춰 슬슬 맛이 갔던 것이다. 나는 좋든 싫든 새 휴대전화를 알아보거나 아니면 다시 유선전화만 사용하는 쪽으로 방향을 전환해야 할 판이었지만, 후자는 현실적으로 불가능한 일이었다.

어떤 결정을 내릴 것인가, 난관의 한복판에서 우리는 텔레비전을 통해 〈쓰레기를 만드는 구매Kaufen für die Müllhalde〉라는 다큐멘터리를 보게 되었다. 다큐의 주제는 내가 한 번도 들어 본 적이 없는 어떤 현상이었다. 소위 '계획된 노후화'라는 것으로, 상품 제조업자가 은밀히 사용하는 방법이라는 거였다. 즉 제품의 생산단계에서부터 인위적으로 작은 결함을 내장시켜, 길든 짧든 일정한 시간이 지난 뒤에는 그 결함이 제품의 고장을 유발하도록 한다는 것이었다. 새롭게 시장에 나오는 제품의 사용 가능 기간은 구매를 결정하는 요소 중 하나다. 기간이 길면 길수록 유리한 게 당연지사. 하지만 사실 이 사용 가능 기간은 별로 중요하지 않다. 왜냐하면 어차피 팔릴 물건은 그것과 상관없이 팔리기 때문이다. 또 어떤 기기의 수명이 인위적으로 줄어들었는지를 실질적으로 검사할 수 있는 방법이 잘 없다. 따라서 제조업자의 '계획된 노후화'는 아무런 걸림돌 없이 은밀히 자행된다…….

그 프로그램이 끝나자 나는 당장 내 휴대전화 제조업체에 전화를 걸어 불만을 퍼붓고 싶었다. 남편은 걸핏하면 전화기를 바닥에 떨어뜨리는 내 부주의함이 고장의 원인이지 어찌 계획된 노후화 때문이겠냐며 끼어들었지만, 나는 옛날 휴대전화는 요새 것보다 훨씬 거칠게 썼어도 고장 하나 없이 잘만 터졌다고 다소 무식하게 그의 말을 물리쳤다. 뭐, 사실 이런 관점에서 보자면 나이 드신 분들이 그렇게 즐겨 쓰는, "옛날 게 훨씬 좋았지."라는 말이 사실일지도 모르고.

어찌 되었든 '계획된 노후화'라는 개념을 알고 나니 수많은 제품들 가운데서 특히 전자제품 쪽이 상대적으로 내구성의 정도가 떨어진다는 사실이 그것 때문인가 싶어졌다. 휴대전화를 새로 사니 마니 하는 결정뿐 아니라 플라스틱이라는 주제와 관련해서도 어쨌든 이 새로운 정보는 엄청난 흥미를 불러일으켰다. 며칠 갖고 놀지도 않았는데 못 쓰게 되어 쓰레기통으로 들어가 버린 플라스틱 장난감만 봐도 그렇지 않은가. 터무니없이 시원찮은 품질에 놀라고 짜증이 날 때가 한두 번이 아니었지만 그 이면에 의도적으로 끼워 넣은 작은 결함이 있을 수 있다는 생각, 글쎄 너무 많이 나간 생각일 뿐일까?

어쨌든 새롭게 얻은 이 인식이 휴대전화 문제에 대해서 의미하는 바는 무엇일까? 매우 튼튼하면서도 수리가 용이한 모델을 찾아 사방을 돌아보아야 한다는 것? 그런데 그걸 어떻게 알 수 있지? 가격 하나만으로는 하자 없는 품질에 대한 보장이 될 수 없을 텐데……. 상황이 그렇다면 많은 돈을 주고 새 제품을 사는 것이 거의 무의미해 보였다. 그래 봐야 결국에는 실망만 할 뿐이다.

결국 우리는 내 여동생 케어스틴네 집에 쓰지 않고 처박혀 있는 멀쩡한 휴대전화 몇 대 중에서 두 개를 골라 갖기로 결론을 내렸다. 소리가 끊겼다 이어졌다 하는 내 전화기 때문에 나보다 더 답답해하던 동생이 당장 안 쓰는 전화기를 몽땅 들고 달려왔다. 은밀히 자행되는 '계획된 노후화' 정책에 무지몽매 휘둘리지도 않고 새로운 플라스틱 폐기물을 만들어 내지도 않는 멋진 결론이었다. 사무엘도 만족했다. 나는 조용히 두 대의 전화기에 통화 한도를 새로 약정했는데, 그런 강제된 방식으로라도 통화량을 좀 줄여 볼 작정이었다.

계획된 노후화와는 완전히 별개로 유해물질이 함유되어 있지 않은 합성소재의 개발에 대한 필요성은 특정 분야에서는 대단히 절실한 문제로 남아 있다. 의료기기라든가 노리개젖꼭지나 여타 영·유아용품, 위생용품 등에서 특히 그렇다. 또 합성소재의 진정한 재활용을 가능케 하는 신기술에 대한 수요도 변함없이 존재한다. 바로 그런 신소재와 기술 및 생산공정의 개발은 플라스틱 산업을 또 한 번 비약적으로 성장시킬 수 있는 기회가 되지 않을까.

하지만 유감스럽게도 플라스틱 산업계는 아직까지 그런 혁신적 기술 개발에 대해서는 거의 관심을 보이지 않고 오히려 현 상태를 방어적으로 지속하고 지금의 상황에 안주하려는 듯이 보인다. 이따금 그 산업 분야 대표자들을 보면 그들은 자기네 분야에서 개선 가능성을 찾는 일에 몰두하기보다는, 종이나 유리 같은 플라스틱 대체 소재의 생태 수지收支* 가 더 좋지 않다는 것을 강조하는 데 급급하다는 인상을 받는다. 이 문제가 얼마나 복잡한지는 블로그에서 벌어진 어느 합성소재 기술자와의 논쟁이 아주 잘 보여 준다. 이 기술자를 P씨라고 부르겠다.

* 어떤 제품을 생산하는 데 투입되는 재료나 에너지, 물 등 요소의 총량과 폐기 이후의 영향 등을 수치로 산출하여, 각 제품이 환경과 생태계에 얼마나 영향을 미치는지 비교·분석하는 데 근거로 활용하는 것으로 보인다. 예컨대 비닐봉지가 종이봉투보다 일견 환경에 더 안 좋은 것 같아 보이지만, 종이봉투를 생산하는 데 필요한 제반 요소들의 총량을 따져 보면 지구 환경에 더 많은 부담을 주므로 비닐봉지보다 생태 수지가 더 낮다는 식이다.

안녕하세요!

저는 한 라디오 방송의 보도를 통해 이곳을 알게 되었습니다. 여기에 있는 글들 가운데 몇 개를 대충 골라서 읽고 나니, 비록 바쁜 와중이지만 시간을 좀 내어 촌평을 써야겠다는 생각이 들었습니다. 왜냐하면 저는 여기에 올라와 있는 글들의 내용이 아주 끔찍하다고 생각하기 때문입니다. 모든 형태의 플라스틱에 대한 이런 포괄적이고 무차별적인 거부는 대체 어디서 비롯된 걸까요? 여기에 나타난 견해들을 보면 그 무지와 위험한 일반화, 그리고 무관용이 어떤 면에서는 경악스럽게도 우익 대중주의자들을 떠올리게 합니다. 다만 그 혐오의 대상이 비닐봉지냐 무슬림의 첨탑이냐의 차이일 뿐이라고나 할까요. 논쟁이 논리적인가, 문제의 원인들이 올바르게 규명되는가, 더 낫고 사용 가능한 대안들이 제공되는가는 중요하지 않고, 핵심은 오직 언론매체들의 관심을 끄는 데에만 집중하고 있는 듯이 보입니다.

욕실에 대한 글을 대충 읽어 보니 여러분들은 의심스런 화장품에 대한 불만을 그 포장에다 해소하고 있다는 느낌을 지울 수가 없군요. 땅바닥에 나뒹구는 비닐봉지에 대해서는 흥분하면서 그것을 버리는 사람들에 대해서는 왜 흥분하지 않나요? 땅에 나뒹굴어 있는 쓰레기를 보면 저도 마찬가지로 화가 납니다. 하지만 바람에 날려 내 귓가를 스치는 것이 신문지든, 맥도널드 포장지든 아니면 알루미늄 깡통이든 똑같이 불쾌할 뿐이지 비닐봉지라 더 싫고 신문지는 괜찮고, 그런 거 제게는 없습니다. 다만 깨진 유리병은 저도 특별히 싫어하는 것이며, 금속제 병마개를 밟을 때도 그렇습니다.

합성소재로 된 포장재는, 제대로만 사용한다면 양철, 종이 그리고 유리에 못지않게 탁월한 것입니다.

- 오래 저장할 음료용 : 알루미늄 깡통
- 주류용 : 유리병
- 빨리 마셔야 하는 주스용 : 페트병
- 우유 및 과즙 : 테트라팩

모두가 훌륭합니다. 다만 해변에서는 버려진 알루미늄이 흉해 보이고, 페트병과 테트라팩이 보기 싫으며, 유리조각과 뾰족한 병마개는 위험합니다.

또 포장 자체는 많은 중요한 측면을 갖고 있습니다. 한번 잘 생각해 보세요. 최신 기술 수준에 의거한 포장은 온갖 식료품의 변질을 막아준다는 것을 말입니다.

네, 그렇습니다. 저는 합성소재 기술과 기계공학을 공부했고 운동용품, 자동차 부품, 휴대전화 등의 각종 포장을 개발하는 일에 종사하고 있습니다.

안녕하세요, P씨!

이 블로그의 이야기들을 '몇 개만' 골라 '대충' 읽으면 유감스럽게도 어떤 오해로 빠지는 경우가 종종 있더군요. 블로그를 좀 더 찬찬히 훑어보신다면 우리 실험에서 늘 관건이 되는 것은 가능한 한 의미 있고, 실용적이며 무엇보다도 지속가능한 해법을 찾는 것임을 알아차리실 거예요.

예를 들면 저는 플라스틱으로 만든 일회용 포장을 알루미늄으로 만든 일회용 포장으로 대체하는 건 쓸데없는 짓이라고 여깁니다. 이들 소재의 전체 생태 수지가 다 매우 나쁘기 때문입니다. 그리고 귀하가 열거한 대다수 다른 쓰레기류도 플라스틱을 함유하고 있습니다. 예를 들면 금속제 병마개, 테트라팩, 수많은 양은 깡통…… 모두!

안타깝게도 지구 차원의 (플라스틱) 쓰레기 문제는 비닐봉지를 자연에 내다 버린 개개의 '나쁜 놈'들 탓으로 돌릴 수가 없습니다. 혹 최근 몇 년 사이에 해변에서 휴가를 보낸 적이 있으셨다면 먼 바다에서 해변 쪽으로 (플라스틱) 쓰레기가 엄청나게 많이 떠밀려오는 것이 귀하의 눈에도 아마 띄었을 것입니다. 이것은 개별 환경 범죄자의 문제가 아니라 대규모로 자행되는 '쓰레기 폐기'의 문제입니다. 또 저는 특히나 플라스틱 포장재 문제를 전혀 성찰 없이 다루게 된다면, 그것은 '지속가능성'이라는 가치와는 완전히 반대의 방향으로 움직여 온 산업분야 하나를 지원하는 결과를 낳는다고 생각합니다.

개별 플라스틱 제품에 유해물질이 들어 있는지, 또 얼마나 들어 있는지를 인식할 기회를 소비자인 저는 지금까지 전혀 갖지 못했습니다. 오히려 그렇기 때문에 저는 그것을 가능한 한 쓰지 않으려 하고 있으며, 특히 한 번 쓰고 쓰레기통으로 직행하는 것들은 더욱 기피합니다. 유리병 포장의 경우도 저는 여러 번 재사용하는 방식을 선호합니다.

이 실험을 시작한 후 우리 가족이 플라스틱 쓰레기를 대략 95~98%, 그리고 나머지 쓰레기를 50%가량 줄일 수 있었다는 사실을 말씀드린다면 개인적 입증자료로는 충분할는지요? 언론매체가 현재 이 주제에 관심을 보인다는 것은 저로서는 당연히 기쁜 일입니다. 하지만 그렇다고 제가 그것을 결코 승리로 여기지는 않는답니다. 언론매체가 그런 주제에 대해 보이는 관심은 대개 반짝하다 만다는 걸 알고 있거든요. 저는 이 주제가 장기적으로 또 진지하게 다루어져야 한다고 봅니다. 하지만 주제의 심각성에도 불구하고 저는 제 이야기를 할 때 언제나 밝은 분위기 속에서 하려고 애를 쓰고 있으며, 개인의 삶의 질까지도 개선할 수 있는 대안을 제시하는 데에 진력합니다.

그 과정에서 제가 중시하는 것은 '궁극의 지혜'가 아니라 끊임없이 계속 발전해 나가는 것과 '서로에게서 배우기'입니다. 그래서 다른 건 몰라도 무관용과 무지라는 비난은 아무래도 이해하기 어렵네요. 우리 활동을 우파 대중주의와 비교하는 것은 저로서는 몹시 불쾌하며 극도로 부적절하다고 느낍니다. 한편으로 그런 언행이 어떤 방식으로든 스스로가 공격받았다고 느끼는 사람들의 행동이라는 것을 저는 경험한 바 있습니다. 귀하의 개인적 당혹감이 혹 귀하의 합성소재 산업 기술자로서의 직업 활동과 관계가 있다면 저는 귀하에게, 그 직업 계층을 공격하고자 하는 의도는 전혀 없다는 것을 알려 드리고 싶습니다.

오히려 그 반대로 저는 그 직업이 갖는 거대한 책임과 이 사회에서 그 직업이 행할 수 있는 매우 중요하고 가치 있는 역할을 상기시키고 격려를 보내고 있다고 생각하는 편입니다. 합성소재가 의미 있게 투입될 수 있는 분야(의료, 위생 등)를 위해 재료와 기술을 개발하는 것이 중요하다면 말입니다. 그런 의미에서 저는 귀하가 직업 활동을 계속해 나가는 데에 저희 블로그가 좋은 자극이 되었으면 좋겠습니다.

글을 올리자 곧장 답장이 왔다.

아름다운 저녁 시간입니다!

제가 우파 대중주의자들과 연관시킨 것은 어떤 개인을 두고 한 말은 아니었습니다. 그보다는 여기에 있는 수많은 주장들이 우파 대중주의자들의 전형적 주장과 아주 비슷하다고 느꼈던 것이죠. 귀하는 비닐봉지에 유해성분이 들어 있다고 단정하시면서, 다른 한편으로는 뭔가가 함유되어 있는지 그렇지 않은지를 귀하가 확인할 가능성은 전혀 없다고도 적고 있습니다. 하지만 귀하가 플라스틱 이외의 다른 포장 재료에도 유해물질이 들어 있는지 여부를 확인할 가능성이 없기는 마찬가지 아닌가요? 또 사실 귀하는 한 가지 재료로만 이루어진 포장은 거의 찾아내지 못할 것입니다. 유리병조차도 밀봉을 위해서는 코르크나무의 남벌을 야기하거나 (플라스틱 덩어리든 아니면 금속에 붙은 것이든) 플라스틱을 사용할 수밖에 없습니다.

그리고, 맞습니다. 저는 바다나 호수에 많이 놀러 다닙니다. 저 또한 그 지저분한 쓰레기를 좋아할 리 없죠. 하지만 금속과 달리 그 대다수 합성소재는 물에 떠다니기 때문에 유독 눈에 많이 띄는 것 아닐까요? 귀하는 왜 일회용을 플라스틱과 동일시하시나요? 저는 되채워 쓸 수 있는 종이봉지, 되채워 쓸 수 있는 통조림 통이 있다는 소리를 들어본 적이 없습니다. 그나마 되채워 쓸 수 있는 유리 포장도 이미 절대적인 퇴조기에 접어들지 않았나요?

좋습니다, 여러 번 반복해서 쓸 수 있는 유리 포장을 선호하신다기에 하는 말이지만, 반복 사용이 가능한 유리 포장에 든 것은 극소수의 제품뿐입니다. 맥주 말고는 달리 생각나는 게 없는데, 맥주의 경우에도 일회용 유리병이 점점 대세를 형성하고 있습니다. 여러 가지 이유에서 말입니다. 또 반복 사용이 가능한 시스템도 좁은 지역 내에서만 제대로 기능할 수 있음을 제발 고려해 주시기 바랍니다. 이동거리가 일정 수준 이상에 이를 경우 무거운 포장재는 치명적입니다. 또 반복 사용을 위해서는 먼저 세척을 해야 하는데 거기에는 상당한 에너지와 물이 소비됩니다. 귀하는 아마 그 점을 아직 고려하지 않으셨나 보군요. 아니면 그것을 언급하는 게 귀하의 구상에 적합하지 않아서였겠지요. 귀하는 플라스틱 제품이 한 번 사용된 뒤 쓰레기통으로 들어간다는 이유로 그것의 사용을 피하고 있습니다. 좋습니다. 멋진 말 같습니다. 그런데 그런 것들의 대체품으로 귀하는 어떤 제품들을 사용하고 계시는지요? 저의 상상력이 부족해서인지 저로서는 당장 생각나는 게 별로 없네요. 뭐 몇몇 종이의 사례가 있을지 모르겠네요.

또 귀하의 결론에 대해 한 말씀 드리자면, 제품을 더 잘 만드는 것은 여전히 무척 재미난 일입니다. 고객이 스노보드를 타며 하루를 신나게 보내느냐 마느냐 하는 것이 하나의 출발점일 수 있지만, 포장을 더 훌륭하게 만드는 것도 다른 하나의 출발점일 수 있습니다. 그리고 제 생각으로는, 하나의 제품이 더 훌륭한 포장 덕분에 두 배나 되는 수명을 갖게 되고, 그렇게 됨으로써 사람들이 버리지 않고 더 오래 사용할 수 있게 되며, 그것은 또 자원의 낭비를 막는 결과를 낳습니다. 삶에 조그만 기쁨이라도 줄 수 있다면, 그건 정말 좋은 일이지요. 의료나 우주여행만 늘 그래야 할 필요는 없습니다. 주스에 너무 빨리 곰팡이가 피지 않도록 하는 것도 훌륭한 일입니다. 그리고 고맙습니다. 어쨌든 앞으로 몇 년은 의욕을 갖게 될 것 같아서 말입니다.

친애하는 P씨!

이 문제에 천착한 이래 저는 반복 사용이 가능한 포장을 무척 많이 발견하게 되었습니다. 블로그의 앞 부분에 실려 있는 '플라스틱 없는 장보기에 대한 조언'을 읽어 보시면 확인할 수 있을 것입니다. 그런데 만약 귀하가 그 정도의 수고도 하실 생각이 전혀 없다면, '대안'에 대해 계속 토론하는 것이 무의미하다고 생각합니다.

이미 말씀드렸다시피, 저는 무관용이나 과격성이라는 논거를 여전히 이해할 수 없지만, 개인적으로 우리 집을 몸소 방문해서 가능한 대안들이 구체적으로 어떤 모습을 하고 있는지 보아 주십사 하고 우리 집에 귀하를 초대하는 바입니다.

어쨌든 우리는 그간 별로 큰 문제없이 우리가 먹는 식료품의 대략 80%를 언제든지 재사용할 수 있는 용기, 자루 또는 상자(일부는 플라스틱으로 되어 있음)를 사용해 구매하고 있습니다. 금속, 유리 및 도기로 된 훌륭한 용기들도 있는데, 이들은 언제나 다시 채워 사용할 수 있습니다. 나머지는, 이미 실험 전에도 그랬다시피, 종이나 유리에 담겨 있습니다. 그리고 이전과는 달리 식료품에 대해서 훨씬 더 계획적으로 접근함으로써, 이제 식료품이 변질되거나 낭비되는 일은 거의 없습니다. 우리는 늘 신선하고 질 좋은 식료품을 먹고 있답니다. 이런 일들이 제게는 바로 삶의 질의 개선에 속합니다. 제가 하고자 하는 바는 온 세상을 교화하겠다는 것이 아니라 그저 스스로를 위해 뭔가를 바꿔 보려는 사람들에게 제 경험을 공유하는 것입니다. 아마도 귀하는 이 그룹에 속하지는 않는 분일 테지요. 하지만 만약 진정 관심이 있으시다면, 제 초대에 응해 주신다면 기쁠 것 같습니다. 그렇지 않은 경우 이 블로그에 대해 너무 그렇게 열을 내지는 마시라고 권해 드릴 뿐입니다. 저는 귀하의 생각과 달리, 플라스틱과 그 쓰레기가 이 다음 시대에 지구 표면에서 사라지는 것만으로도 이 지구가 많은 위험에서 벗어날 수 있다고 생각하기 때문입니다.

우리의 '치고 박기'가 이것으로 완전히 끝난 것은 아니었지만 외견상으로는 일단락되었다. 나는 생태 수지를 들먹이면서 대체 가능한 재료들의 유용성을 깎아내리는 것을 대개 변명으로 간주해 왔는데, 많은 경우에 그런 주장은 최종소비자가 의미 있는 결정을 전혀 내릴 수 없을 것이라는 인상을 심어 주는 데 주로 동원되기 때문이다. 또 그 주장은 당장의 안락을 최고의 가치로 내세우면서, 더 이상 그 문제를 파고들 필요가 없으며 양심의 가책 없이 지금까지 하던 대로 계속해도 된다는 하나의 알리바이를 제공할 뿐이다.

물론 나도 생태 수지라는 것에 대해 훨씬 더 민감해진 게 사실이다. 사례를 하나 들어 보자. 한 연구에 따르면, 과일이나 채소를 파는 코너에서 볼 수 있는 작고 얇은 비닐봉지는 종이봉투보다 생태 수지면에서 더 우수하다. 하지만 천 쇼핑백과는 비교하지 않는다! 생분해 비닐의 생태 수지에 대한 어떤 연구도 비슷한 양상을 보인다. 연구보고서가 재사용 가능한 천 소재 장바구니를 최선의 대안으로 지적하는 일은 결코 없다.

이런 연구들을 보고 있노라면 하나의 악을 다른 하나의 악으로 대체하고 한 재료의 낭비를 다른 재료의 낭비로 대체하는 것에 불과하다는 느낌이 든다. 그렇게나 생태 수지가 중요하다면 왜 자기 먹을 것은 자기가 직접 길러서 바로바로 먹으라고 말하지 않는가. 천으로 된 장바구니보다도 월등히 나은 생태 수지를 달성할 수 있을 텐데. 나는 이런 식의 곡학아세보다는 건전하고 상식적인 인간 이성에 의지하는 편이 낫다고 생각한다. 각종 지구 자원의 무분별한 낭비를 멈추어야 한다는 사실을 이제는 알아야 할 때가 아닌가? 언제까지 슬쩍 눈감고 지나치면서 당장의 편리를 위해서 타협할 것인가? 이젠 불편한 진실이라도 사람들이 들어야 할 때가 되지 않았는가 말이다.

P씨가 무슨 의미로 그랬는지 아리송하지만 여튼 그는 자기 글 말미에 링크 하나를 걸어 두었는데, 거기를 봐도 천 쇼핑백이야말로 오래 사용하기만 할 경우 가장 우수한 생태 수지를 나타낸다는 결론에 이르고 있었다. 이런 걸 꼭 학문적 연구씩이나 해야 알 수 있는 일인가 싶기는 하지만, 이런 입증자료가 있다는 것이 나로서는 기쁜 일이었다. 많은 의견 불일치에도 불구하고 적어도 비닐봉지라는 문제에 있어서는 P씨와 나는 어느 정도 화해적 결론에 이르렀다. 그는 이렇게 썼다.

> 다수 고객으로 하여금 면으로 만든 장바구니를 여러 달, 혹은 여러 해 넘도록 지속적으로 사용하게 하는 데에 귀하가 (안타깝게도) 성공하지 못한다면, 역시 저는 '비닐봉지'가 더 나은 대안이라고 주장하는 바입니다. 쓰고 버리는 게 몸에 밴 사람에게 천이든 비닐이든 버리는 데는 큰 차이가 없을 테니까요. 장기적 목표는 무엇으로 만들어졌든 '덜 버리는 것'이어야 한다는 게 우리의 공통된 관심사라면 말입니다.

그리고 이에 대한 나의 마지막 답변은 이랬다.

> 아마 벌써 알아채셨겠지만, 저는 정말 대책 없는 낙관주의자입니다. 그런 까닭에 지속가능한 해결책이 정답임을 사람들에게 설득하는 것이 가능하다고 믿고 있습니다. 물론 그것을 위해서는 당연히 개별적인 작은 시도들보다 훨씬 더 크고, 많은 일들이 필요할 것입니다. 그럼에도 불구하고 나는 우리 중 그 누구든 거기에 다소라도 기여할 수 있다고 믿고, 또 기여해야 한다고 확신하고 있습니다!
>
> 어쨌든 저는 우리의 입장이 미미하나마 근접하게 되어 기쁩니다. 하나의 주제를 서로 진지하게 토론할 자세가 된 사람들의 경우, 설사 아주 다른 처지에서 출발한다 하더라도 비슷한 결론에 이르는 경우가 매우 많다는 확신을 다시금 하게 되었습니다.

마지막 도전 분야, 옷은 어쩌지?

2010년 11월, 베르너 보테 감독이 영화 〈플라스틱 행성〉으로 독일 환경 매체상 수상자로 결정되었다는 낭보가 전해졌다. 베를린에서 열리는 시상식에 특별 손님으로 우리 부부가 초대를 받았다. 우리는 그의 수상을 축하하기 위해 특별한 선물을 준비하기로 했다. '플라스틱 행성'에 맞서는 목재 지구본이었다. 그 아이디어는 수상 소식을 듣는 순간 번쩍 떠오른 것이었다. 페터도 나의 아이디어를 듣고는 눈이 아주 제대로 반짝거리기 시작했다. 바로 그날로 남편은 내 제안을 실행에 옮기기 시작했다. 페터는 순전히 나무로 된 것보다는 약간의 변화를 주고자 했고 나는 남편에게 전적으로 일임했다.

시상식 참석을 앞두고 나는 여성들이 겪는 '고전적 문제'를 다시금 겪어야 했다. '뭘 입고 가지?' 좀 더 구체적으로 말하면 스타킹 문제였다. 그간 우리 실험에 대한 강연이나 토론 행사에서 나는 신고 있는 스타킹의 재질이 무엇이냐는 질문을 몇 차례 받았고 그때마다 곤혹스러웠다. 그래서 그런 행사가 있을 때는 치마나 원피스 대신 바지를 입는 것으로 문제를 피해 갔다. 하지만 이 특별한 행사에는 꼭 원피스 정장을 입고 싶었다.

처음에는 아주 낙관적인 심정으로 실크 스타킹을 찾아 나섰다.

까짓 비싸면 얼마나 비싸겠어? 이런 일엔 돈 좀 써도 돼, 하는 배포 큰 마음도 갖고 있었다. 하지만 일은 결코 내가 생각하듯 그리 만만하게 흘러가지 않았다. 그라츠와 그 일대에 있는, 내가 알고 있는 모든 속옷·스타킹 상점을 다 뒤졌지만 내가 원하는 물건은 없었다. 그냥 '실크 같은' 스타킹이 아니라 진짜 명주실로 짠 스타킹을 찾는다고 골백번 설명해도 점원들은 나의 말을 잘 이해하지 못했다. 그런 게 왜 필요하냐는 듯이 나를 쳐다볼 때는 아, 내가 뭔가 잘못 생각하는 게 아닌가 싶기도 했다. 실크 스타킹을 손에 넣는 일이 난망해지자 어쩔 수 없이 바지를 입고 가는 쪽으로 서서히 방향을 틀 수 밖에 없었다. 인터넷으로 주문하기에는 그사이 시간이 너무 지나 버렸고 그나마 내가 찾아낸 회사도 독일에 있는 두 곳뿐이었다. 그중 한 친환경 의류회사에서 취급하는 실크 팬티스타킹은 스키용 속옷 용도로 만들어진 특별한 제품군의 하나였다. 꽤나 두꺼운 바탕인 데다 발에서 시작해 어깨까지 통으로 연결된 것으로 우아한 원피스에 받쳐 입기에는 절대 현실적 대안이 될 수 없었다.

잠깐 빈에 머무는 동안 얻어들은 조언 하나 덕분에 시상식 바로 전날에야 마침내 목적을 달성할 수 있었다. 빈 시내에 있는 한 최고급 속옷 전문점에서 세 가지 색상의 실크 스타킹을 팔고 있었던 것이다. 가격에는 눈을 딱 감겠다고 마음먹었지만 그래도 다리를 살짝 감쌀 뿐인, 명주실로 짠 얇디얇은 천 조각 두 켤레에 60유로라는 상당한 금액을 지불할 때에는 속이 뜨끔했다.

물론 다른 때 같았으면 스타킹 두 켤레에 그렇게 거금을 쓰는 일은 절대 없었을 것이다. 하지만 그 물건은 우리 실험을 시작한 이래 내가 처음 장만한 신상품 의류였을 뿐만 아니라 우리 실험에 부합하는 것으로 산 최초의 의류이기도 했다.

사실 우리 집 옷장과 서랍장에는 내 옷들이 꽉꽉 차 있다. 그건 내가 오랫동안 참 대책 없는 싸구려 사냥꾼으로 살았다는 소리이기도 하다. 우리 실험을 시작한 이후로 입는 옷에 대해서도 당연히 태도변화가 요구되었지만 쉽게 모든 걸 바꿀 수는 없었다. 특수기능 의류를 제외하면 부분적으로라도 합성소재를 사용하지 않은 옷은 거의 없었고 게다가 그놈의 스판덱스는 약방의 감초처럼 안 들어간 데가 없었다. 신발이야 아예 말할 것도 없고. 또 다른 한편으로 소재에 상관없이 그 생산 시스템에 집중해 보아도, 전통적인 방식으로 생산된 순면이라 할지라도 공정무역 인증이 없으면 입고 싶은 생각이 싹 달아났다.

여기에 의류에 독소가 들어 있다는 기사가 가세했다. 저가의류에만 국한된 것이 아님은 물론이었다. 어떤 화학 전문가가 유명 패션 디자이너의 의상을 분석한 뒤 촌평을 했는데 나는 그 말을 잊을 수가 없었다. "화학적으로 보면 이 의상은 특수 쓰레기입니다." 나야 그런 유명 패션 디자이너들의 단골도 아니고 그저 메이드 인 차이나나 인디아 또는 방글라데시의 값싼 떨이용 세일 제품이나 즐겨 입는 아줌마이지만, 고급 의류라고 해서 별수 없다는 것이 분명해진 셈이다. 그런 옷들에 아조염료계 색소, 방염防炎재료, 곰팡이 및 습기 방지제 그리고 살충제가 들어 있다는 사실은 나의 의류 구매 의욕을 결정적으로 꺾어 버린 화룡점정이었다.

그런 이유로 나는 지금 가지고 있는 옷들을 다 떨어질 때까지 입기로 결심했다. 남편은 이 점에서는 그야말로 감히 넘볼 수 없는 훌륭한 모범이었다. 그는 티셔츠와 청바지를 정말 글자 그대로 수명이 다할 때까지 입는다. 그 낡아빠진 옷가지들을 내가 몰래 내다 버리지 않았더라면 그는 20년도 더 된 박쥐 셔츠와 아래위가 붙은 작업복을 입고 아마 지금까지도 사방 돌아다니고 있을 것이다. 내 옷장에 들어 있는 옷들만 해도 앞으로 수십 년은 더 입고도 남겠지만 나는 페터처럼 그렇게 심하게까지 하고 싶지는 않다.

저가품 구매욕이 재발하는 것을 막기 위한 첫 번째 조치로 나와 사이즈가 같은 옷을 입는 사비네와 이따금 옷을 바꿔 입기로 합의를 보았다. 그 외에도 부분적으로 수선해서 입을 수 있는 것들을 추려 내 '패션 트렌드'에 맞게 고쳐 입기도 했다. 그런 방식으로 얼마나 절약 효과가 있을지는 일단 고려하지 않기로 마음먹었다.

어쨌든 전반적으로 보면 의류 쪽은 내게 마치 '상종 못할 존재' 같은 그 무엇이 되어 버렸다. 소재는 둘째 문제로 치더라도, 시장에 쏟아져 나오는 상품은 너무 많은데 품질은 너무 시원찮다. 하지만 더 주된 문제는 우리 자신이다. 우리는 아무 생각 없이, 너무 많이, 너무 값싸게 옷을 사는 건 아닐까. 그라츠 대학 환경시스템 연구소Institut für Umweltsystemwissenschaften에서 개최한 어느 강연에서 나는 세계적으로 매년 800억 장의 티셔츠가 생산된다는 말을 들었다. 이는 전 세계 인구가 일인당 연간 평균 열 장 이상의 티셔츠를 입고도 남는 물량이다. 그 많은 옷을 도대체 누가 다 입는단 말인가? 그리고 더 중요한 것은, 그렇게 함으로써 환경과 건강에 미치는 손해는 누가 어떻게 배상한단 말인가?

앞으로 그냥 낡은 감자 포대나 입고 돌아다니자는 말은 절대 아니다. 나를 잘 아는 사람들은 내가 그런 것을 좋아하는 유형의 인간이 절대 아니라는 것을 알고 있다. 하지만 전에는 내가 너무 무신경하게 소비의 함정에 끌려들어 갔다면 이제는 '소비'에 대해 전반적으로 대단히 민감해졌다. 나는 이것이 매우 큰 차이라고 생각한다. 또 무엇보다 품질을 먼저 고려하는 것을 배우게 되었다. 다행히 그동안에 몇몇 대안들을 찾아냈다. 오래전부터 이용했던 중고의류 가게에 더 자주 발품을 팔았고 친환경 의류를 생산하는 곳도 알게 되었다. 다행히 디자인도 꽤나 세련되어서 전혀 감자 포대 같지 않은 옷들도 고를 수 있게 되었다. 이 두 가지 대안을 조합하고 거기다 '덜' 구매한다면 우리의 '입는 문제'도 그럭저럭 해결해 나갈 수 있을 것이다.

물론 여기에도 완벽주의는 좋지 않으며 타협도 가능하다는 우리의 기본 원칙은 그대로 적용된다. 나는 나일론 소재의 스타킹보다 더 오래가지도 않으면서도 값은 그렇게 대단한 100% 실크 스타킹도 살 수 있는 여자인 것이다. 이것이 구체적으로 의미하는 바는 아름다운 원피스에 어울리는 다리싸개가 꼭 필요하다면, 원칙은 잠시 접어 두고 그런 것들에도 이따금 다시 손을 뻗으리라는 것이다.

시상식은 즐거웠다. 나는 비스코스 소재의 원피스에다 실크 스타킹을 신었다. 신발 밑창과 외투의 깃 부분에 덧대어진 부분은 합성소재였지만, 그래서 어쩔래? 나는 내 취향을 위해 충분한 돈을 지출했으며 내 패션이 마음에 들었다. 이런 만족감이 오래 지속되려면 신발 밑창 따위에 관심을 두는 좀팽이는 없어야 할 텐데, 운에 맡길 수밖에.

우리는 베르너 보테 감독에게 종이 반죽, 금빛 철사 그리고 나무로 만든 지구의를 선물했다. 남편이 정말 대작을 성공적으로 빚어낸 것 같았다. 그리고 보테 감독도 상당히 감동한 것 같았다. 나에게 그날 저녁은 우리가 플라스틱 없이 보낸 첫해를 마감하는 대단원 같은 것이었으며 당연히 이 프로젝트의 출발점을 다시 한 번 의식하는 계기이기도 했다.

이어진 연회에서 우리는 무척 많은 환호와 관심을 받았으며 재미있는 사람들도 많이 만났다. 그들 중 그 누구도 내 신발 밑창의 소재가 무엇인지 관심을 보이는 사람은 없었다. 다행이었다. 그렇다고 내 스타킹에 대해서도 그렇게 완벽하게 무관심할 게 뭐람. 누가 물어봐 주기라도 했다면 100% 실크라고 자랑스레 말해 줬을 텐데.

장바구니를 바꾸자, 비닐에서 진짜 천으로!

우리의 실험을 시작한 이래 나는 진작부터 쓰레기 만들지 않기 운동을 바로 내가 사는 지역에서 좀 확산시킬 수 없을까 늘 고민해 왔다. 블로그에는 독일, 스위스, 심지어 포르투갈과 미국에서도 수많은 긍정적 반응이 올라왔기에 나와 같은 관심을 가진 사람이 지구 곳곳에 존재한다는 사실을 확인할 수 있었지만 정작 우리와 바로 이웃한 곳, 즉 우리 마을이나 이웃 동네에서의 반응은 미지근했다. 아주 활동적인 몇몇 친구들과 텔레비전이나 신문에서 우리를 본 몇몇 사람들을 빼고 나면 특별히 관심을 끌지는 못했던 것이다. 그래서 나는 어떻게 하면 우리 지역에서도 더 많은 사람들로 하여금 이 문제에 관심을 갖게 하는 데 성공할 수 있을까 하는 문제로 늘 마음을 끓였다.

그런데 2010년 10월, 우리는 뜻밖의 지원을 얻게 되었다. 비젤부르크Wieselburg에서 벌어지는 꽤 큰 규모의 천 쇼핑백 전시회에 초대를 받은 것이다. 전시회를 기획한 사람은 지역 의회에서 환경문제를 담당하고 있는 여성으로, 아주 다양한 천 소재 쇼핑백을 모아 전시함으로써 비닐봉지를 무절제하게 사용하는 문제에 주의를 환기시키고 의미 있는 대안에 대한 관심을 끌어올리려는 의도였다. 그녀는 또 비젤부르크를 오스트리아 최초의 비닐봉지 없는 지역으로 만들겠다는 야심찬 목표도 갖고 있었다. 그간 진행해 온 천 쇼핑백 수집 운동의 대단원으로 개최되는 이 행사에는 전 세계에서 모은 수천 개의 천 쇼핑백이 전시될 예정이라는데, 그중에는 거의 예술품이나 진배없는 수제품들도 다수 포함되어 있다고 했다.

베르너 보테 감독도 자신이 만든 영화가 전시회에 맞추어 상영되어서 함께 초대받았다. 전시회 전날 저녁 우리는 이 천 쇼핑백으로 어떤 이벤트를 할 수 있을지에 대해 이야기를 나누었다. 왜냐하면 전시회 이후의 사용 목적이 일단은 명료하지 않았기 때문이다. 빈의 슈테판 성당Stephansdom을 이것으로 덮어 버리자는 그의 아이디어는 여러 가지 현실적 제약 때문에 실행될 수 없었다. 우리는 사람들이 플라스틱에 대한 문제점을 좀 더 구체적으로 인식할 수 있도록 하는 방안을 지속적으로 고민해 보기로 했다.

내가 그해 봄에 우리 지역 자치의회 의원으로 선출되었던 터라, 뭔가 지역의회 차원에서 할 수 있는 일이 없을까, 즉각 구상을 다듬는 작업에 들어갔다. 사람들을 운동에 적극 동참시키는 데에 성공한 비젤부르크의 경험을 참고하여 그것과 똑같은 행사를 우리 마을에서도 시도해 보려고 마음먹은 것이다. 나는 세 개의 축을 중심으로 구상을 전개했다. 하나는 집에서 나뒹구는 천 쇼핑백의 광범위한 수집이고, 둘째는 새 천 쇼핑백에 그림 그리기, 인쇄하기 또는 바느질해 붙이기이며, 셋째는 (플라스틱) 쓰레기 만들지 않기를 주제로 한 아이디어 경쟁, 즉 각자의 발상을 제안하게 하는 것이었다. 구호도 하나 마련해 놓았다. '비닐에서 진짜 천으로!'

사람들의 경쟁심리를 자극하기 위해 일차 목표를 비젤부르크에서 작성된 쇼핑백 모으기 비공인 세계 신기록인 4300개를 돌파하는 걸로 정했다. 그리고 나중에 그것을 어떻게 사용할지도 미리 정해 놓았다. 그 쇼핑백을 지역 상점에 제공해 고객에게 무료로 나눠 줌으로써 봉지에 대한 대안을 체험할 수 있도록 할 계획이었다. 이렇게 하면 상점들이 서로 경쟁적으로 나설 가능성도 있으므로 추가적인 파급효과, 예컨대 여러 번 사용 가능한 포장으로 된 상품과 포장이 간결한 상품을 갖추는 데 관심을 기울이는 효과도 노려볼 만하지 않을까 싶었다.

이런 행사 기획안을 만들어 지역 자치의회 의원들에게 모두 보내고 초조함과 설렘으로 반응을 기다렸다. 이제 우리 지역에서도 마침내 뭔가 움직임이 있을 것이라고 낙관했던 것이다. 하지만 일은 내가 들떠서 상상했던 만큼 그렇게 간단하고 빠르게 진행되지 않았다. 우선 아무 일도 일어나지 않은 채 거의 두 달이 흘러가고 말았다. 자치의회 동료 단 한 사람만이 나의 제안에 반응을 보였을 뿐이었다. 그것도 전혀 긍정적이지 않은 반응으로.

우울한 심정으로 나는 계획했던 일들의 추진을 거의 포기하고 있었다. 그런데 섣달 그믐날 직전, 다시 한 번 우연이라는 천사가 도움의 손길을 내밀었다. 그때 우리 가족은 전년과 마찬가지로 슈토더칭켄의 오두막에서 소냐, 게르하르트 그리고 8개월이 된 그들의 아기 펠릭스와 함께 휴가를 보내고 있었다. 그 높은 산속에서는 텔레비전도 볼 수 없었고 라디오도 거의 들을 수 없었기에, 나는 알고 지내는 한 신문기자의 전화를 받고서야 대단히 흥미롭고 민감한 사건이 벌어진 걸 알게 되었다. 이탈리아에서 비닐봉지 금지법안이 통과되어 앞으로는 생분해 비닐봉지만 쓸 수 있고, 그것도 돈을 내고 사야 한다는 소식이었다. 플라스틱 쓰레기로 인한 해변과 바다의 오염, 그리고 줄어들 줄 모르는 엄청난 양의 쓰레기 더미를 더 이상은 방치할 수 없다는 공감대가 형성된 모양이었다.

하지만 오스트리아가 그런 이웃 나라를 쉽게 본받아 뒤따르리라 생각한 건 큰 오산이었다. 우리의 환경부 장관은 자신감에 차서는 느긋하게, 오스트리아에서는 '재활용 시스템이 잘 돌아가고' 있어서 쓰레기 문제가 전혀 없으므로 그런 법이 필요 없다고 말했다는 것이다.

말레네가 그 이야기를 듣더니 한심하다는 듯이 웃었다.

"그런 멍청한 소리가 어디 있어요? 우리가 강 청소하는 날 그 아저씨가 한번 와 보기나 하라지. 그러면 쓰레기 문제가 얼마나 심각한지 똑똑히 알게 될걸요."

딸아이의 말이 옳았다. 장관의 그런 근시안적 주장에는 나도 상당히 열을 받았다. 설사 재활용 시스템이 이탈리아보다 더 잘 돌아간다고 하더라도 그것은 플라스틱 쓰레기의 대부분이 '열에 의한 재처리', 즉 소각된다는 사실에는 아무런 변화를 주지 못한다. 게다가 관건은 국민들의 의식 상태다. 오스트리아 국민들의 의식 상태가 더 낫다는 증거가 대체 어디 있다고. 아니, 환경부 장관이 저런 소리나 내뱉는데 국민들이야. 적어도 문제를 있는 그대로 인식하고 진지하게 받아들이는 것이 선행되어야 문제를 풀어 갈 실마리가 생긴다. 국민들이 장관에게 기대하는 바도 그런 것일 터이다.

휴가에서 돌아와 신문을 훑어보니 그 사안을 다룬 기사가 많이 실려 있었다. 기사의 스펙트럼은 비닐봉지 사용에 대해 '문제없다.'에서 '가장 큰 문제다.'에 이르기까지 매우 다양했다. 이탈리아에서 금지법이 통과되고 며칠이 지난 뒤부터 계산 사례들이 지면에 실리기 시작했다. 예를 들어, 한 해에 자동차를 15킬로미터만 덜 타면 한 해 내내 비닐봉지를 사용하지 않는 것보다 이산화탄소 배출을 더 많이 줄일 수 있다는 식의 내용이었다. 만약 프란치Franzi•가 일 년에 자동차를 15킬로미터만 덜 몰면 그녀는 그 대가로 양심의 가책 없이 한 해 동안 계속 비닐봉지를 사용해도 된다, 이건가? 그렇게 '절약한' 각각의 킬로미터는 그 자체로야 환영할 만한 일이지만, 그건 왠지 중세에 가톨릭교회가 면죄부를 거래한 것을 생각나게 하는 이야기처럼 들렸다. 결국 그건 어디에서도 본질적인 개선은 전혀 이루어지지 않았다는 소리다. 만약 누군가가 장 본 물건을 비닐봉지에 담아 가는 작은 편리를 계속 누리기 위해 자동차를 조금 덜 몰면 된다고 믿는다면, 그건 아무리 조심스럽게 표현해도 '정신 나간 짓'이다.

내 머릿속에는 비닐봉지 금지를 절대적으로 찬성하는 수많은 이유들이 떠올랐지만 사람들로 하여금 자발적으로 거부하게 하는 것이 나로서는 더 의미 있는 일 같았다. 이런 의미에서 나는 쓰레기 만들지 않기와 관련된 유명한 세 개의 'R', 즉 Reuse(재사용), Reduce(줄이기), Recycling(재활용)에 네 번째 'R'을 추가했다. 바로 Refuse(거부)다!

말레네가 동네 하천 청소의 날을 맞이하여 아주 특별한 일을 하나 벌

• 바이에른 방송국의 드라마 제목이자, 그 드라마의 주인공인 30대 중반의 바쁘게 살아가는 여성의 이름.

였다. 그 아이는 여러 해 전부터 이 행사에 동참해 왔기 때문에 거기서 얼마나 많은 양의 쓰레기가 수거되는지, 그렇게 청소한 뒤 얼마나 간단히 다시 이전과 똑같아지는지를 몸으로 겪어서 너무 잘 알고 있었다. 게다가 말레네는 하천에 버려진 쓰레기들 때문에 짐승들이 해를 당하는 건 아닐까 늘 걱정이었다. 영화 〈플라스틱 행성〉에서 새와 물고기 들이 플라스틱 조각이나 스티로폼 조각을 먹이로 잘못 알고 먹는 바람에 고통스럽게 죽어 가는 것을 보고 엄청난 충격을 받았던 말레네라 그럴 만도 했다. 아이들이 바라보는 상황이 이럴진대, 환경부 장관이란 사람이 오스트리아에서는 플라스틱 문제에 관한 한 특별한 조치를 할 필요가 없다고 발표를 해 놨으니 아이가 이해할 수 없는 건 당연했다. 나는 하천 청소의 날에 진짜로 장관을 초대하는 게 어떻겠냐고 넌지시 부추겼다. 그랬더니 말레네는 정말로 친구 멜린다와 함께 다음과 같이 똑 부러지는 편지를 썼다.

존경하는 베를라코비치Berlakobich 환경부 장관님!

몇 달 전 저희는 텔레비전에서 쓰레기와 비닐봉지 금지를 주제로 한 방송을 보았습니다. 거기서 장관님이 잠깐 인터뷰를 하시면서 오스트리아에는 쓰레기 문제가 전혀 없다고 하시더군요.

작년 우리 동네 강 청소의 날에, 아무리 넓게 잡아도 800평방미터 정도밖에 되지 않는 면적의 땅에서 저희들이 110리터의 쓰레기를 주워 모았다는 사실을 장관님께 알려 드리고 싶습니다. 그리고 우리 지역의 강, 숲, 들판, 그리고 쓰레기가 있지 않아야 할 곳곳에 얼마나 많은 쓰레기가 있는지를 혹 장관님께서 직접 확인하고 싶으시다면, 저희는 오는 강 청소의 날인 2011년 4월 16일(만나는 곳 : 아이스바흐-라인 폐기물 집하장, 오전 8시)에 장관님을 초대하고 싶습니다.

혹시 못 오시더라도 답장을 보내 주시면 무척 기쁘겠습니다.

감사의 인사를 드리며,

12세 말레네와 멜린다

나는 말레네가 무척 자랑스러웠고, 아이 자신도 기분이 많이 좋은 듯 보였다. 그리고 장관이 하천 청소의 날에 참석할 것이라고 확신하고 있었다. 아이들이 실망할까 봐 장관이 그렇게 쉽게 참석하기는 어려울 거라고 말하자 아이는 덤덤하게 이렇게 말했다.

"장관님이 안 오시면 그건 이미 그분이 우리나라 곳곳에 많은 쓰레기가 나뒹굴고 있다는 걸 잘 이해하셨기 때문일 거야. 그럼 적어도 텔레비전에서 그런 말도 안 되는 주장을 하실 수는 없겠지? 안 오셔도 크게 상관은 없어."

어쨌든 비닐봉지 사용 여부에 대한 집중적인 찬반 논쟁은 어느 정도의 변화를 불러온 것 같았다. 예컨대 앞에서 얘기한 적 있던, 비닐봉지를 공짜로 준다는 걸로 마케팅을 한 그 위생용품 체인점은 정말 약속했던 대로 천 소재 쇼핑백을 도입했다. 고객은 일 유로에 그것을 살 수 있었고 언제든지 새것으로 바꿔갈 수도 있었다. 그리고 몇몇 슈퍼마켓들도 생분해 비닐로 옮겨 가고 있었는데, 어떤 곳은 환경부와 협력하에 그렇게 하고 있다고 했다. 나로서는 이런 변화가 반갑기 그지없었다. 물론 옥수수 전분으로 만든 생분해 비닐이 최후의 대책일 수는 없었다. 그것이 적어도 반영구적으로 사용할 수 있는 장바구니가 될 수 없는 한에는. 그건 엄밀히 따지고 보면 재료만 좀 바뀌었을 뿐 근본적인 변화는 아닌 것이다.

그리고 생분해 비닐은 건강과 관련해서 여전히 우려할 점이 있었다. 거기에 광고문구를 인쇄할 때 사용되는 색소가 종래의 비닐봉지 인쇄에 쓰이는 것과 똑같이 중금속을 함유한 색소라는 점이었다. 반면 내가 식료품을 냉동할 때 사용하는 비닐 주머니를 만드는 회사에서는 인쇄할 때도 식물성 색소를 사용함으로써 유해물질과는 완전히 단절했는데, 적어도 이 정도의 신뢰수준은 확보해야 하지 않을까. 색소에 함유된 유해물질이 생분해 비닐이 퇴비화하는 과정에서 그 퇴비 속에 축적되고, 마침내는 다시 채소밭에까지 도달하여 먹을거리의 안전이 여전히 위협받는다면 무슨 소용이 있겠는가. '쇼핑백 바꾸기'에 무조건적 우선순위를 부여해야 하는 이유가 여기에 있다. 다시 말하면 근본적인 해법으로서 일차적으로 관건이 되어야 하는 것은 포장재를 전반적으로 더 적게 사용하는 것이지, 단순히 환경이나 건강 면에서 우려가 덜한 재료로 대체하는 것이 아니다.

이런 여러 가지 이유로 해서 장바구니 바꾸기 운동은 나에겐 무척 중요한 과제였다. 인구 2만 명의 우리 지역에서 이 운동이 제대로 정착된다면 분명 새로운 '장보기 문화' 같은 것이 생겨나게 될 테고 누구나 자기만의 독특한 천 쇼핑백을 들고 다니는 것이 새로운 유행이 될지도 모른다. 그 과정에서 사람들은 공동체의 연대감을 느낄 수 있을 것이며 자기 스스로를 전체 가운데의 유의미한 한 개체로 인식할 수 있을 것이다. 또 운이 따른다면 그런 의식이 환경과 관련된 더 많은 분야로도 확대될 수 있을 것이다. 생각이 여기에 이르자 또 환상에 빠지고 있다는 자각이 일었다. 세상을 '구원'하는 일이 그렇게 간단하게 이루어지는 것은 아닐 텐데.

어쨌든 그때까지 천 쇼핑백이 대략 500개 정도 수집되었고, 학교 및 다양한 기관에서 보내 주겠다는 약속을 해 온 게 총 2200개 정도였다. 그리고 여러 지자체들이 오랜 토론과 고민 끝에 공정무역으로 5600개의 천 쇼핑백을 주문했다. 거기에는 근사한 로고까지 인쇄해 넣기로 했다. 각 개인은 그것을 나름의 방식으로 꾸밈으로써 세상에 단 하나뿐인 개성 넘치는 쇼핑백으로 만들 수 있을 것이다. 환상에 도취할 정도는 아니더라도 충분히 희망적으로 볼 만했다.

그리고 말레네는 하천 청소의 날 직후에 환경부로부터 답신을 받았다. 그래도 그 정도의 성의는 있어서 나도 살짝 감격했다.

경애하는 말레네, 그리고 멜린다!

여러분의 메일 참 고맙게 받았어요. 여러분과 마찬가지로 환경보호는 제게도 아주 특별한 관심사랍니다. 자기가 사는 곳의 하천 청소 운동에 여러분도 동참한다니, 저도 그 열정을 본받아야겠네요. 그런 행동은 자연을 보호하는 데 참으로 필요한 일이고 훌륭한 밑거름이 되리라 생각해요.

제가 인터뷰에서 비닐봉지 남용이나 쓰레기 문제가 오스트리아에서는 아무런 문제가 되지 않는다고 말했던 것은, 수집과 처리가 우리나라만큼 잘되고 있지 않은 다른 나라와 비교했을 때 그렇다는 것이에요. 우리 오스트리아에서는 이탈리아보다 비닐봉지 쓰레기가 훨씬 더 적게 나오거든요.(그 나라에서는 매년 무척 많은 바다짐승들이 그것 때문에 질식해 죽어 가고 있답니다.) 하지만 비닐봉지를 하나라도 덜 쓰는 것이 환경보호를 위해 아주 중요하다는 점은 분명한 사실이지요.

직접 가서 함께 청소하면 좋겠지만, 제 일정이 너무 많아 안타깝게도 갈 수가 없군요. 대신 앞으로도 건강하게 살아갈 수 있는 환경을 위해 더 많이 노력하겠다고 여러분께 약속드립니다. 여러분의 열정에 대한 작은 고마움의 표시로 천 쇼핑백과 메모 수첩을 보냅니다.

안녕을 빌며,

니콜라우스 베를라코비치

'쇼핑백 바꾸기' 운동에 온 신경을 쏟게 되면서 원래의 합성소재 문제와 관련된 관심과 활동은 다소 뒤로 밀려났다. 이를테면 유해 내용물질로 인한 건강상의 우려와 관련된 문제 같은 것들. 그런데 어느 날, 이 문제의 시급성에 다시금 주목하게 만든 책이 한 권 배달되었다. 표지에 플라스틱 오리 한 마리가 눈에 확 띄게 그려진 책이었다. 나와 함께 갈 곳이 있어 외출 준비를 하던 사무엘이 먼저 그 책 뒤표지의 글과 목차를 들여다보더니 목소리에 절망의 한숨을 가득 실어 이렇게 말했다.

"엄마, 이 책 차라리 읽지 마세요. 다 읽고 나면 우리는 더 이상 아무것도 살 수 없을 것 같아요."

《우리가 일용할 독약Unsere tägliche Dosis Gift》이라는 제목의 이 책은 우리 살림살이 속에 들어 있는 극도로 다양한 유해물질과 그것이 우리 건강에 미칠 수 있는 영향을 꼼꼼하게 기술하고 있었다. 청소용 세제에서부터 신체관리용품, 식료품, 그리고 다양한 가구들과 의류에 이르기까지, 우리를 둘러싸고 있는 모든 물건들에 포함된 유해물질을 낱낱이 파헤치고 있었다.

이 책은 우리가 일 년 반째 계속하고 있는 실험을 통해서 얻은 경험과 인식이 지극히 정당하다는 것을 매우 생생하게 증명해 주었다. 사람들이 별 고민 없이 사다가 주변에 두고 쓰는 수많은 일상적 제품들이 사실은 그다지 꼭 필요한 것도 아닐뿐더러 건강에 해롭기까지 한데, 우리 가족은 플라스틱 줄이기라는 '우회로'를 거쳐서나마 이 쓸데없는 물건들의 상당수를 살림살이에서 추방하는 데 성공한 것이다. 우리의 구매행위가 그간의 실험을 거쳐 오면서 이미 크게 변한 덕에 적어도 최악의 '독극물 폭탄'은 충분히 피할 수 있을 정도로 단련되었다는 믿음도 더욱 굳어졌다. 그래서 몹시 우울한 분석으로 가득 찬 내용에도 불구하고, 이 책 덕분에 우리가 새롭게 구축한 생활양식이 온갖 유해 화학물질에 대한 충분한 예방조치가 된다고 자신하게 되었다. 그래서 나는 이 책을 읽은 후 사무엘의 불안을 진정시킬 수 있었다.

수많은 사람들이 우리와 비슷하게 임의의 문제 영역 하나를 집중적으로 파고듦으로써 완전히 새로운 생활양식에 이르렀음을 나는 우리 블로그를 통해 수없이 확인했다. 그 과정에서 자기 자신이 내세운 규칙을 우리보다 훨씬 더 엄격하게 준수하는 사람들도 있었고, 오히려 느슨하게 적용함으로써 유연한 타협을 허용하는 사람들도 있었는데, 우리는 후자를 지지하는 쪽이었다. 하지만 어느 경우든 출발점은 매우 다양한데도 결과적으로는 다들 매우 비슷한 해법에 도달했다는 점은 참으로 경이로운 일이 아닐 수 없었다.

내가 '생태 발자국'에 대한 강연을 들은 것도 그 무렵이었다. 강연 주제는 우리의 모든 욕구를 충족하려면 얼마나 넓은 면적이 필요한가를 이론적으로 탐구하는 것이었다. 이 수치는 무엇보다도 우리가 삶을 어떤 식으로 영위하는가에 달려 있었다. 예를 들면 비행기 여행을 하는지, 육식을 많이 하는지, 또는 아주 외진 곳에 사는지 등 생활양식에 달려 있다는 것이다. 캐나다의 경제학자 마티스 웨커네이걸 Mathis Wackernagel과 윌리엄 리스William E. Rees가 1994년에 개발한 이 개념은 각 개인이 필요로 하는 면적을 어느 선까지 줄일 수 있는가를 보여 주고, 또 '모두를 위한 좋은 삶'이라는 구호하에 전 세계적 차원에서의 삶의 질이라는 주제도 함께 다루고 있었다.

'생태 발자국'은 당연히 우리 실험보다는 훨씬 더 포괄적인 성질을 갖고 있다. 하지만 이 이론이 주장하는 원칙은 여러 면에서 우리의 경험과 인식, 또는 우리 스스로 설정한 전제와 일치했다. 이는 그간의 내 발걸음이 옳았다는 통쾌한 입증이기도 했다.

그런데 현 상태에서 뭔가를 근본적으로 바꿀 수 있을 것 같은 사람들 중 대다수는 여전히 우리와는 아주 다른 목표를 추구하고 있는 것 같다. 아, 이런 달갑잖은 느낌은 없다면 더욱 좋을 텐데. 하지만 안타깝게도 그들이 추구하는 목표는 소비 및 쓰레기 줄이기라는 우리의 목표와 정반대의 것, 즉 소비 및 쓰레기의 부단한 증가를 수반하는 것이다. 더 많이 사고 더 많이 버리는 것, 이것이 결국 우리 경제 시스템의 엔진인 것이다.

또 대다수 사람들은 이 시스템과 지속적인 경제성장의 신화를 여전히 신봉하고 있으며, 자유시장의 기능이 모든 것을 조절하는 힘을 갖고 있다고 굳게 믿는다. 대단히 심각한 상황이 아닐 수 없다. 최근 들어 나는 하루라도 빨리 이 시스템에 아주 단호하게 맞서야 한다는 것을 온몸으로 체감하고 있다. 그러기 위해서는 그저 합성소재를 거부하는 것만으로는 충분치 않을 것이다. 완전히 새로운, 훨씬 더 어려운 실험이 우리 앞에 놓여 있는지도 모른다.

천 쇼핑백 쓰기 운동이 직장생활, 가정 살림과 더불어 나의 온 열정을 필요로 하는 일이기는 했지만, 우리의 모토는 '재미' 아닌가. 쉬고 놀기도 해야 하는 것이다. 그래서 우리는 며칠 시간을 내어 2011년 부활절 직전 주말을 치르비츠코겔Zirbitzkogel의 한 오두막에서 보냈다. 이곳은 자연보호구역에 위치한 고지대로, 알프스의 라반트 계곡Lavanttal과 제 계곡Seetal에서 가장 높은 곳이다.

이번에는 가져갈 물건을 아주 정확히 계산해야 했다. 왜냐하면 이 고지대 초지는 걸어서만 통과할 수 있는데 주차장에서 걸어서 한 시간가량 걸리기 때문이었다. 식료품을 짊어지고 가는 일은 남편이 맡았다. 사무엘이 우유 한 병을 굳이 더 가져가려 했는데, 그 우유는 식료품 꾸러미에 실리지 못하고 사무엘이 자기 배낭에 넣었다.

오두막이 있는 곳은 무척 아름다웠으며 아직도 곳곳에 눈밭이 남아 있었고 푹스코겔Fuchskogel, 치르비츠코겔 두 봉우리의 정상은 여전히 하얀 눈으로 뒤덮여 있어서 겨울 풍광이 완연했다. 여름에는 등산객들로 북적거리지만 그 무렵에는 사람이 거의 없었다. 아이들(말레네는 친구 마르티나와 함께 왔다)은 대자연 속의 알프스 계곡을 맘껏 즐겼다. 그들은 하루 종일 야외에서 시간을 보냈다. 나무와 바위 사이에서

놀며 그 주변을 관찰했으며, 사무엘이 부싯돌을 이용해 불을 붙인 캠프파이어를 열심히 지켰다.

나는 그곳의 고요함에 차차 물들어 갔다. 첫날 저녁엔 아직 걸음마 단계인 내 프로젝트에 대해 몇 가지 메모를 하고는, 집에 가면 누구와 전화통화를 하고 메일을 보내야 하는지 등등 그 다음 단계의 일에 대해 생각했다. 하지만 신문도 없고 텔레비전과 라디오, 컴퓨터와 인터넷도 없으며 휴대전화도 거의 터지지 않아 외부의 영향이 미치지 않는 곳에서 분주함은 점차 사라져 갔다. 저 말 없는 산의 아름다움에 묻혀 있다 보니 모든 것이 더 느려지고 더 고요해지는 것을 느낄 수 있었다.

둘째 날 사무엘은 아빠와 함께 치르비츠코겔 정상으로 등산을 갔다. 그리고 여자애 둘은 두 사람이 등산을 떠나기 전에 알려 준 요령에 따라 빵을 구울 돌 오븐을 만들고 있었다. 나는 두 아이들을 그냥 바라보기만 하거나 눈에 덮인 저 아득한 연봉을 가만히 응시했다. 그런 평화로운 고요 속에서 아이들과 함께 먹을 스파게티를 만들다가 문득 조리도구 하나에 눈길이 갔다. 처음의 형태를 거의 알아보지 못할 정도로 닳아 빠진 조리용 숟가락이었다. 끝부분은 불에 그을려 검게 변해 있었고 뭔가에 찍힌 자국이 무수한, 적어도 수십 년은 더 된 듯한 갈색의 플라스틱 숟가락, 모든 게 다 나무로 되어 있는 산정의 오두막 주방에 천덕꾸러기처럼 돌아다니고 있는 낡은 플라스틱 숟가락……. 나는 그 숟가락으로 소스를 저으며 음식이 익기를 기다렸다.

나는 그것이 마치 어떤 상징처럼 여겨졌다. 그것은 합성소재가 갖고 있는 수많은 다양한 면모를 고스란히 드러내 보여 주고 있지 않은가. 오랜 내구성 덕분에 저 모양이 될 때까지 살아남았을 것이며 그 누구로부터도 사랑받지 못하면서도 허드레용으로는 또 쓸 만해서 버려지지는 않았을 것이다. 사람들은 그 숟가락을 어쩔 수 없이 사용하면서도 그 속에 녹아 있는 유해성분에 대해 불쾌한 상상을 한 번쯤은 했을 것이다. 버려 버릴까? 에이, 없으면 또 아쉬울 거야. 다음 사람 누군가가 버리겠지 뭐. 사람들은 이렇게 중얼거리며 그 숟가락을 남겨 두었을 것이다. 하지만 언젠가는 버려지겠지. 낡은 나무 숟가락처럼 태워 버릴 수도 없고 비닐이나 페트병과 섞어 버려서도 안 되기 때문에 그 숟가락은 잡쓰레기로 분류해야 한다. 마침내 수명이 다한 숟가락은 온갖 잡쓰레기와 함께 거대한 소각장으로 갈 뿐이다.

플라스틱 숟가락 하나가 이런 상념을 불러일으키다니 좀 우스웠다. 내가 점점 좀 이상해지는 건 아닌가? 플라스틱 불안장애자, 우리 블로그의 한 독자가 표현한 대로 '플라스틱 탈레반', 아니면 플라스틱을 전공분야로 하는 환경 테러리스트가 되어 가는 게 아닌가 하는 생각도 들었다. 어쩌면 피해망상의 첫 조짐이 나타나기라도 하나 싶어 살짝 걱정도 되었다.

우리 실험에 대한 첫 텔레비전 보도가 나간 직후 내 친한 친구의 남편과 나눈 대화가 생각났다. 당시 그는 우리의 새로운 구매형태는 우리 일상에 엄청난 제약을 가할 것이며 그로 인해 선택의 자유가 침해될 것이라고 말했다. 따라서 자신은 그런 식의 강압에 굴복할 마음이 전혀 없다는 것이었다. 나의 감정을 자극하려는 의도가 다분한 발언이었다. 그걸 눈치챈 나는 선택의 자유에 대한 나의 견해를 내세워

강하게 되쏘아 주었다.

"천만의 말씀! 선택의 자유를 제약하는 것은 바로 광고예요. 거대기업의 주문에 따라 제작되는 그 광고들이야말로 우리의 뇌에 끊임없이 소비를 유혹하는 메시지를 쏟아붓죠. 광고는 욕망의 인플레이션을 만들어 내는 주범이라구요. 우리가 필요하다고 느끼는 모든 것을 돈으로 살 수 있고, 또 역으로 돈으로 살 수 있는 모든 것이 우리에게 필요한 것이라고 믿게 만들기 위해 온갖 현란한 기법을 동원해 우리 앞에 펼쳐 보이는 게 광고의 역할이에요. 자, 여기 이렇게 좋은 것들이 있지 않느냐, 어서 지갑을 열어라.

그런데 왜 광고에서 본 물건들만 사야 하죠? 지금 당신이 말하는 선택의 자유란 그렇게 떠벌려진 상품들 중에서 고르는 거잖아요? 전혀 광고를 하지 않지만 정말 품질이 좋은 수제품은 왜 선택받으면 안 되는 거죠? 선택의 자유를 말하면서 고를 수 있는 것을 딱 정해 주는 것이 옳은가요? 그렇게 선택의 자유를 국한시켜 버리는 건 바로 그런 식의 광고랍니다. 그래서 저는요, 진정한 선택의 자유는 세상 도처에 알려지지 않은 채 묻혀 있는 정말 좋은 물건들을 자기의 의지와 취향에 따라 골라 사는 것, 그거라고 봐요."

지금 생각해 보아도 그때 내가 했던 말은 여전히 옳다. 우리가 대안을 찾아 이런저런 모색을 한 것은 바로 선택의 자유를 확대하는 행동이라는 생각이 들었다. 그래서 실험을 시작한 이래 우리 살림살이 가운데 광고를 보고 맹목적으로 사들인 물건이 하나도 없다는 사실이 매우 만족스러웠다. 그 덕분에 나 자신이 훨씬 더 '자유로워'졌다는 느낌도 받았다. 또 우리가 한 단계 더 자주적이 된 것도 같았다. 이런 생각을 계속 이어 가다 보니, 결국 가장 큰 선택의 자유란 삶을 영위하는 데 굳이 필요치 않은 많은 제품들을 구매하지 않는 것으로부터 획득되는 것이 아닌가 싶었다.

내가 부분적으로나마 소비를 거부한다면 그것은 나에게 아주 특별한 그 무엇이다. 거부라는 말은 뭔가 저항이나 과감한 실천을 강렬하게 표현하는 말이지, 부정적 느낌이 가득한 수동적 태도나 무기력함, 포기, 결핍 또는 독불장군의 느낌과는 전혀 상관이 없는 말이다.

우리는 그런 느낌으로 실험을 해 오지 않았다. 나는 여전히 긍정적인 태도를 유지해 오고 있으며, 그런 태도의 핵심은 더 나은 대안을 모색하는 것이 가능하다는 믿음이다. 물론 그 모색은 때로 아무것도 사지 않는 '소비 거부'를 의미하기도 했다.

이런 내가 과연 '플라스틱 탈레반'일까? 결코 아니다. 우리의 실험은 교조가 아니라 하나의 시도일 뿐이다. 그리고 우리는 우리의 결정을 언제든지 되돌릴 수 있는 자유를 가지고 있다. 아무도 우리에게 그렇게 하라고 강요하지 않으며, 우리 역시 어느 누구에게도 아무것도 강요하지 않는다.

그럼에도 불구하고 많은 사람들이 나로부터 자신의 입장을 방어하거나 자신의 삶의 방식을 정당화해야 한다는 압박을 받는 모습을 드물지 않게 보았다. 친구나 지인의 집을 방문하면 그들은 집에 있는 플라스틱 살림살이에 대해 나에게 미안해하는 태도를 보인다. 나로서는 그게 참으로 이상한 일이다. 누군가를 가르치겠다는 생각을 전혀 하지 않고 있기 때문이다. 사실 나도 아주 오랫동안 거의 플라스틱 중독자 수준으로 살았는데, 그런 내가 왜 그래야 한단 말인가? 그래서 나는 플라스틱 사용에 대한 양심의 가책이나 자기정당화의 관점에서 촉발되는 토론을 좋아하지 않는다. 그런 경우 토론은 재미도 없고 무척 피곤한 노릇이다.

갈색 플라스틱 숟가락에서 시작된 이런저런 상념의 끝에서, 나는 갑자기 우리의 실험이 어떤 결정적 전환점에 도달했음을 강하게 의식했다.

그날 저녁, 아이들이 잠자리에 든 후 나는 남편과 이야기를 나누며 우리 실험의 전개양상과 결과에 대해 물어보았다. 우리 실험이 만족스러운지, 별문제가 없다고 보는지, 그리고 무엇보다도 부부 사이의 관계에, 그리고 삶에 영향을 주었는지, 또 영향을 주었다면 얼마나 어떻게 주었는지 등등. 남편은 이런 대화를 날마다 할 수 있는 그런 종류의 사람이 절대 아니다. 분위기가 제대로 잡히지 않으면 "다 괜찮아!" 말고는 들을 수 있는 말이 별로 없다. 하지만 그날은 분위기가 아주 그만이었다.

"그러고 보니 우리 그동안 참 열심히 플라스틱 문제에 매달려 지냈다, 그렇지? 또 늘 그랬다시피 당신이 그 중심에 있었고 상당한 속도를 내자고 주장했지. 사실 중간중간 더러 힘들 때도 있었어. 특히 나한테는 인터뷰가 그렇더라고. 하지만 결과적으로 보면 흥미로운 일이었고, 또 이 일 자체에 대해서야 난 어차피 애당초부터 확신하고 있었잖아."

남편은 잠깐 말을 멈추었다. 그리고 한동안 뜸을 들인 뒤 다시 말을 이어 갔다.

"어떤 면에서는 당신이 그 모든 것을 다 해내고, 또 그렇게 적극적으로 처리하고 사람들을 열광시키는 걸 보면서 감탄스러웠어. 그런 점에서는 이따금 당신이 좀 부럽기도 하더라니까."

나는 남편에게서 생전 그런 말을 들어 본 적이 없었다. 그를 부러워한 쪽은 오히려 나였다. 그의 고요함과 평정심이 나는 늘 부러웠다. 그는 시종일관 차분하게 우리 실험을 관찰했다. 내가 수많은 인터뷰와 언론매체와의 접촉을 즐겼던 반면 남편은 그것을 꽤나 힘들어했다. 또 아이들은 어땠는가? 처음에는 신나 하던 아이들도 늘 똑같은 질문을 받는 것에 짜증을 낸 적도 있었다. 언젠가 말레네가 그런 상황을 아주 적확하게 표현한 적이 있었다.

"사람들은 대체 왜 무엇이 가장 어려웠는지를 알고 싶어 할까?"

딸애는 모든 것을 좀 과장되게, 그리고 더 극단적으로 묘사하려는 언론매체의 전략을 본능적으로 꿰뚫어본 것 같았으며, 그런 유도성 질문을 불편하게 여겼던 것이다. 우리는 언론매체와의 접촉에서도 아이들에게 자율권을 주었다. 말레네는 대개 인터뷰에 아주 기꺼이 응했다. 아이들이 인터뷰를 할 때마다, 나는 우리 아이들이 우리 실험의 의미를 어른들보다 더 잘 이해하고 있다는 느낌을 받았다.

나는 예전이나 지금이나 우리 가족을 무척 자랑스럽게 여긴다. 그들은 이 프로젝트에 기꺼이 동의해 주었을 뿐 아니라, 몇몇 사람들의 예상과 달리 원래 계획한 기간을 훌쩍 넘겨서까지 이 실험을 계속해 갈 만반의 준비가 되어 있다. 물론 전혀 예상치 못했던 역동적인 상황들이 자주 펼쳐지곤 했지만, 이 실험은 누가 뭐래도 우리에게는 '우리 가족'의 실험이었던 것이다. 나는 그 사실을 예상치 못한 남편의 칭찬으로 새삼 깨달았고, 그 사실이 너무 만족스러웠다.

다음 날 아침 갑자기 라반트 호수로 가 보고 싶다는 생각이 들었다. 호수는 오두막에서 도보로 한 45분쯤 떨어져 있었다. 보통은 혼자서 길을 나서는 것을 별로 좋아하지 않지만, 이 햇살 눈부신 아름다운 봄날에 문득 그냥 그렇게 하고 싶은 욕구가 불쑥 일어난 것이다.

몇 분 걷지 않았을 때 이상하게도 내가 보호받고 있다는 느낌이 들었다. 한 걸음 한 걸음이 나를 미지의 목적지로 점점 더 가까이 데려다주는 것 같았다. 오두막에서 점점 더 멀어질수록 나는 지난 일 년 반 동안의 인상과 기억들에 점점 더 강력하게 사로잡혔다. 내가 만났고 귀하게 여기는 사람들, 수많은 토론과 논쟁, 그리고 수많은 동의와 격려의 말들이 생각났다. 몇몇 친구들은 우리와 비슷하게 실험을 시작하는 용기도 보여 주었다. 니콜, 마리안네, 사비네, 베로니카, 내 동생 케어스틴이 그들이다. 그리고 행사나 강연에서, 또 우리 블로그를 통해 나는 수많은 친구들과 접촉했고 그들은 격려의 말과 자신의 경험을 통해 나를 계속 도와주었다.

어둡고 고통스러운 생각과 기억도 함께 살아났다. 암울할 정도로 오염된 해변을 바라보면서 졸도할 것 같았던 느낌, 그 시급한 문제를 자신과 전혀 무관하다거나 아주 하찮은 일로 여기는 거대한 대중. 다른 사람들도 이미 다 실패한 일을 내가 뒤늦게 꿈꾸고 있다며 호시탐탐 적절한 기회를 노려 딴지를 걸듯이 일깨워 주고 싶어서 안달을 하던 사람들도 적지 않았다. 그리고 이 지구상의 수십억 사람들은 하루하루 살아남기 위한 힘든 싸움을 이어 가느라 이런 일에는 일말의 반응조차 보일 여유가 없다!

그런 고민은 지난 일 년 반 동안 나를 여러 번 의혹으로 몰아넣기도 했고 이따금 절망으로 몰고 가기도 했다. 하지만 점점 더 가팔라지는 길 위로 확고하고도 안정적인 발걸음을 내딛는 동안 나는 내 단호함이 성장하고 있음을 감지했다.

우리가 다른 사람들보다 더 나은 처지라는 것이 양심에 찔려서 쭈뼛거린다면 그건 그 누구에게도 도움이 되지 않는다. 오히려 그렇게 혜택 받은 위치에서 결정을 내리고 그 결정이 올바른 것인가에 대해 끊임없이 반복적으로 성찰하는 것이 모두에게 도움이 된다.

우리가 맞닥뜨리는 문제 하나하나마다 '정답'과 '오답'의 경계가 뚜렷하지 않은 경우가 많다는 것은 분명한 사실이다. 하지만 명쾌하게 답을 내릴 수 있는 일들도 많다. 각종 전자기기를 사용하지 않을 때 플러그를 꽂아 둬야 하는가? 굳이 한겨울에 먼 나라에서 수입한 딸기를 사 먹어야 하는가? 건널목 차단기가 내려진 상태에서도 자동차 엔진을 켜 놓을 것인가? 당연히 아니다. 질문만 제대로 한다면 굳이 과학이 필요한 것은 아니다. 연구도, 수치도 부차적일 따름이다. 관건은 오로지 우리가 알고 있거나 느끼는 바에 부합하는 행위를 하는가에 달려 있다.

이런저런 생각에 깊이 빠져 걷다가 나는 길에서 벗어나 버렸음을 알아차렸다. 천천히 주위를 돌아보니 그곳이 어디인지는 알 수 있었다. 우리는 길을 걷다가 바른 길을 벗어나 잘못된 방향으로 걷고 있다는 사실을 한참 뒤에야 깨닫게 되는 경우가 많다. 그렇게 잘못 들어선 길임을 알고서도 굳이 '쓰라린 종점'까지 계속 갈 필요는 없다.

되돌아갈 수도 있는 것이다. 잘못된 길을 가거나 돌아가는 일도 때로는 아주 흥미진진하고 교훈적일 수 있다. 우리 실험이 우리에게 재미를 안겨다 준 것은 그 실험이 처음부터 '잘못된 길'을 허용했기 때문이며, 지나친 완벽함을 추구하기보다는 더러 타협도 필요하다는 것을 우리가 일찌감치 인식했기 때문이라고 나는 생각한다. 실험 초기, 심지어 유리병의 병마개에조차도 작은 합성소재 링이 들어 있다는 사실을 우리는 발견했다. 그러나 그 사실은 우리에게 절망을 주기 보다는 오히려 우리 실험이 지나친 원칙주의에 경도되어 과격함으로 치닫는 것을 막아 주는 완충기 역할을 하지 않았던가. 우리는 스스로를 그렇게 보호하고 최소한의 타협을 받아들이며 실험을 즐겼던 것이다.

나는 멈추어 서서 주위를 둘러보았다. 나를 둘러싼 모든 것이 믿을 수 없을 만큼 생기 있게 살아 움직였다. 나무와 풀들, 새로 피어난 꽃들, 심지어 돌멩이까지도 숨을 쉬는 것 같았다. 마음속에서 경외감과 끝없는 고마움이 샘솟았다. 내 바로 옆에는 작고 심하게 구부러진 나무 한 그루가 서 있었다. 이 벅찬 느낌을 나눌 존재가 그것 말고는 전혀 없었기에 나는 그 가느다란 가지를 마치 껴안기라도 하듯 두 손으로 움켜쥐었다. 그러자 마음이 한없이 가벼워지고 자유로워졌다. 나는 천천히 심호흡을 한 후 길을 찾아 되돌아갔다.

마침내 나는 여전히 얼음이 남아 있는 라반트 호수에 도착했다. 그곳의 아름다움과 고요함이 나를 압도했다. 아직 때 묻지 않은 자연이 그대로 있는 것 같았다. 오는 길 내내 플라스틱 쓰레기를 하나도 보지 못했다는 사실이 떠올랐다. 참으로 드문 일이었다. 내가 드디어 플라스틱 없는 지대에 이른 것일까?

몇 분 동안 말없이 호숫가에 서 있는 동안 모든 것들이 모여 거대한 하나의 의미를 만들어 내는 것 같았다. 작은 발걸음 하나, 모든 우회로가 다 소중했다. 아름다움에 대한 동경을 간직하는 마음과 스스로 그 아름다움을 지키기 위해 뭔가 기여하겠다는 불타오르는 소망도 마찬가지로 중요했다.

일 년 반쯤 전에 우리를 실험에 나서도록 이끈 것은, 다름 아닌 자기 행위가 유의미하다는 확신이었다. 그 기간 동안 우리는 기대를 훨씬 뛰어넘는 일을 해냈다. 그렇다고 우리가 완벽히 플라스틱 없이 산 것은 물론 아니었다. 하지만 우리는 플라스틱 없는 작은 성채를 우리 집에 건설했으며, 비록 수많은 한계와 맞닥뜨리기도 했지만 그때마다 탈출구 내지는 적절한 타협책을 찾아냈다. 이따금 더 천천히 걷는 법을 택해야 했지만 그래도 그 길을 결코 벗어나지는 않았으며, 긴장된 마음으로 다음 정거장을 향해 나아갔다.

우리 실험의 효과에 대해 과학적 측정과 평가를 하는 건 내 능력 밖의 일이다. 그러나 나는 한 가지는 확실히 말할 수 있다. 실험을 시작한 이후 우리 삶이 훨씬 더 안락해졌다는 것이다. 우리가 손쉽게 사 쓸 수 있는 수많은 물건들을 보다 신중하게 선택하는 것, 그 과정에서 늘 창의성을 발휘할 수 있었다는 것은 무척이나 행복한 일이었다.

지난 일 년 반 동안 우리는 먼 길을 걸어왔지만 힘들지는 않았다. 이제 우리는 그 끝 지점에 이르렀다. 지금부터 나는 우리 실험을 더 이상 '실험'이라 부르지 않을 것이다. 그것은 이미 실험이기를 그만두었기 때문이다. 우리의 시도는 실험의 범주를 벗어나 발전을 거듭해 왔으며 이제 '일상의 한 부분'이 되었다. 시험 삼아 해 보는 시기는 이제 지났다. 실험 초기 우리의 질문은 '그것이 가능한가?'였다. 그리고 가능하다는 답을 얻었다. 이제 우리의 질문은 얼마나 더 '널리' 가능할 수 있는가다. 거기에 매달려 우리는 매진하려 한다.

당연히 나는 더 많은 것을 할 수 없다는 사실, 그리고 세상 전체는커녕 세상 일부를 구하는 것조차 매우 어렵다는 사실이 때로 원망스럽기도 하다. 하지만 작은 발걸음 하나하나가 의미 있다는 것을 배웠다. 나 자신을 위해, 내 아이들을 위해, 변화의 희망을 위해, 그리고 또 다른 작은 발걸음의 동기 부여를 위해. 내가 개인으로 할 수 있는 일은 한계가 있지만 그조차 결코 작은 일이 아니다.

에필로그

그간 있었던 일

라반트 호수를 다녀오고 난 뒤 벌써 반년의 시간이 지났다.

내가 기획한 천 쇼핑백 만들기 프로젝트는 2011년 가을 학기 개학과 동시에 지역 내 거의 모든 학교, 유치원, 양로원에서 시작되었다. 여러 곳에서 동시다발로 공정무역으로 수입된 면 쇼핑백 꾸미기 행사가 열렸고 중고 쇼핑백 수집도 활발히 전개되었다. 독일과 스위스의 후원자들도 천 쇼핑백을 모아 보내 주었다. 또 우리 지역 기업인들도 프로젝트에 큰 호응을 표해 주었다. 계산대에서 일회용 비닐봉지 대신 천 쇼핑백을 자율 기부금을 받고 제공하려는 가게가 스무 곳이 넘었다.

적어도 우리 주변에서는 '쓰고 버리는 제품'인 플라스틱의 처리와 관련한 의식이 뚜렷이 변화했다는 사실을 여러 사례를 통해 확인할 수 있었다. 그동안 플라스틱 안 쓰기를 일관되게 실천해 온 친구 마리안네 가족은 국영 오스트리아 방송ORF에 출연하기도 했다. 나에게도 계속해서 인터뷰와 강연 요청이 밀려든다.

우리 지역의 수많은 슈퍼마켓에서 이제 생분해 비닐봉지를 별도로 구매할 수 있게 된 것도 흔한 일이 되었다. 동시에 '재활용 가능' 또는 '재활용 재료로 제작'이라고 적힌 비닐봉지가 점점 더 자주 눈에 띄는데, 그런 경우 생산자의 의도가 나는 매번 궁금하다.

이런 변화들이 정말 개선인지 아니면 오히려 그저 구실을 대는 일종의 액션인지를 확인하기란 정말 쉽지 않다. 즉 내다 버리고 낭비하는 기본적 태도에는 아직 결정적인 변화가 감지되지 않는다.

비록 우리 집에서는 플라스틱 쓰레기는 물론 다른 쓰레기도 거의 나오지 않게 되었지만, 이러한 성과조차도 전 세계적인 자원 사용량 규모에 견주어 보면 아무리 후하게 쳐준다 해도 고작 수백억 분의 일 언저리일 것이다. 하지만 나는 결과가 이렇게 시원찮은데도 계속 애를 쓸 필요가 있는가 하는 질문은 더 이상 하지 않는다. 그런 질문은 비겁한 것일뿐더러, 또 우리의 새로운 구매 형태는 이미 습관으로 굳어졌기 때문에 이젠 바꾸려야 바꿀 수도 없게 되었다.

결국 모든 노력은, 정계와 경제계의 책임 있는 사람들이 유해물질 사용과 원자재 낭비를 최소화하는 쪽으로 정책 방향을 잡아 가도록 만드는 일에 모아져야 할 것이다. 그러려면 그저 개인 차원에서 해결책을 모색하는 것보다 훨씬 더 많은 뭔가가 필요할 것이다. 이를 위해서는 사회적·정치적 행동이 필요하며, 새로운 차원의 복지, 연대, 삶의 질에 대한 전망, 그리고 무엇보다 수많은 용기 있는 사람들이 있어야 한다.

그런 통찰에도 불구하고 나는 내 힘으로 더 많은 변화를 이끌어내고 싶은 열망을 여전히 갖고 있다. 그 과정에서 필수적으로 전제되어야 할 나의 적극적 행동이 때로는 무거운 짐처럼 여겨지기도 한다. 특히 작년 비스 섬에서 보낸 여름휴가가 끝난 뒤에는 그냥 내 삶이나 착하게 살아가면 됐지, 뭐 중뿔나게 천 쇼핑백 프로젝트에 곧장 다시 머리를 들이밀 필요가 있나 싶은 심정이 들었던 것도 사실이다. 하지만 다른 한편으로는 바로 그 휴가야말로 더욱 열심히 실천에 나서게 하는 계기가 되기도 했다.

이렇듯 실천하고자 하는 의욕과 내 자신의 삶, 내 가족, 내 직업, 내 여가시간에만 신경 쓰면서 살고 싶다는 욕망 사이를 오락가락하기도 했다. 하지만 서로 상반된 두 가지 욕망의 경계는 점차 허물어져서 결국은 실천이 곧 내 삶의 일부가 되어 버렸다.

중요한 것은 행동하고자 하는 욕망의 정도를 합리적으로 조절하는 일이며, 행동하는 가운데서도 일상의 삶에 기쁨과 애정을 갖고 다가가는 능력을 잘 간직하는 일이다. 이 실험을 시작한 이래 나는 수많은 사람들을 만났다. 그들에게서 나는 그런 애정, 그런 내적 확신, 또 연대감이라고 일컬어지는 것들을 느낄 수 있었다. 작은 씨앗 하나가, 아이디어 하나가 비옥한 땅에 떨어졌음을 알아차린 여러 순간들은 참으로 행복했고 지금도 그러하다. 그것은 많은 대화와 만남을 통해 받은 나의 절망과 낙담을 보상해 주었으며, 무지, 무관심 또는 거짓 관심 때문에 느끼는 실망감을 상쇄시키는 진심을 느끼게 해 주었다. 이 순간 그들과 함께하고 있다는 자각이야말로 내가 계속 행동해야 할 근거임은 두말할 나위가 없다.

고맙습니다

여러분이 여유를 주셨기에
저는 오래 견딜 수 있었습니다.

여러분이 제 희망을 공유해 주셨기에
그 희망은 저의 가장 강력한 근거가 되었습니다.

여러분이 저를 믿어주셨기에
제 의혹은 바람에 흩어지고 말았습니다.
여러분이 저의 밑바탕이 되어 주셨기에
저는 이 길을 갈 수 있었습니다.

이 멋지고 유익하며 때로 힘들기도 한 실험을 함께 감행해 준
남편 페터와 우리 사무엘, 말레네 그리고 레오나르트에게
고마움을 전합니다.

지난 두 해 반 동안 도와주고 인내해 준 동생 케어스틴과
나의 모든 친구들에게 감사드립니다.

베르너와 토마스에게도 나의 아이디어를 믿어 준 데 대해,
그리고 그 과정에서 서로 좋은 친구가 된 것에 대해
고마움을 전합니다.

그리고 모든 살아 있는 것에 대한 애정을 제게 가르쳐 주신
부모님께 감사드립니다.

'올바른 소비'를 위한 팁

'플라스틱 없는 장보기'에서 가장 중요한 것은 먼저 자신의 구매 행태를 잘 파악하는 일이다. 그리고 어떤 물건이든 구매하기에 앞서 그 정도 품질의 제품을 정말 필요로 하고 꼭 갖고 싶은가를 정확히 판단해야 한다. '싼 맛에 사는' 물건들은 나중에 십중팔구 전혀 쓸모없거나 쓸 수 없는 저질품으로 드러나기 마련이다.

저가품의 경우 구매하기 전에 가격이 왜 그렇게 싼가에 대해 적어도 일 분 정도 곰곰이 생각해 보아야 한다. 품질, 유해소재, 사용가능 기간, 생산 조건, 제품의 운송경로, 인간·동물·환경에 대한 착취 등등이 가격에 영향을 미치는 요인들이다. 그러나 이는 값비싼 '브랜드 메이커'에도 똑같이 적용된다. 이들 고가품의 경우도 생산조건 및 운송경로를 따져 보면 크게 다르지 않은 경우가 많다.

물건을 구매할 때 항상 유념해야 할 사항들은 다음과 같다.

- **대규모로 광고하는 제품들은 특히 비판적으로 살펴본다.**
- **품목별로 자기가 구입하는 제품을 정해 둔다.** 물론 그렇게 정하기 전에 최대한 심사숙고해야 한다. 찾는 물건이 상점에 없는 경우 구할 수 있는지 물어보고, 그런 물건의 장점을 최대한 많이 언급한다.
- **포장이 간결한 제품을 선택한다.**

- **물건을 담아 올 용기와 천 쇼핑백 또는 장바구니를 가지고 다닌다.** 핸드백, 자동차, 자전거 짐바구니 등에 그런 걸 늘 하나쯤 넣어 두는 것이 가장 좋다. 그러면 갑작스런 장보기에도 대비가 되니까.
- **공짜로 주는 비닐봉지는 반드시 거부한다.** 이건 정말 누구나 할 수 있는 일이다. 돈이 들지도 않고 뚜렷한 의사표시가 되며 쓰레기 만들지 않기에도 크게 기여한다. 또 사람들의 의식 형성에도 큰 도움이 된다. 특히 중요한 것은 거부의사를 미리 명확하게 밝히는 일이다. 그렇지 않을 경우 판매자들은 거의 습관적으로 물건을 비닐봉지에 담아서 건네기 마련이다.
- **가능한 한 천연재료, 특히 자기 지역에서 난 것을 선택한다.**
- **합성소재를 피할 수 없을 때에는 품질과 내구성이 좋고 필요할 경우 수선도 가능한 제품을 선택한다.** 물건을 구매하기 전에 미리 대체용 부품과 수선 가능성을 물어보는 것이 좋다.
- **'더 적은 것이 더 많은 것'이라는 격언을 항상 염두에 둔다.** 이는 상품의 유혹에 현혹되어 무절제하게 구입하는 것을 막는 데 큰 도움이 된다.
- **'옛' 해법을 떠올려 본다.** 거기에는 정말 유용한 교훈이 무궁무진하게 널려 있다.
- **각종 세제의 사용량을 감각적으로 부족하다 싶을 만큼 줄인다.** 우리는 습관적으로 과용하는 경향이 있다.
- **식료품이나 기타 소비재를 자기가 사는 곳 바로 인근에서 살 수 있는지 항상 확인한다.** 그리고 주변을 향해 항상 귀를 열어 둔다. 의외로 나만 모르는 정보가 많이 떠다니기도 한다.

- **필요하다면 공동구매를 적극 조직한다.** 특히 최소 주문금액을 정해 둔 경우나, 일정액 이상 구매할 때 배송비를 면제해 주는 택배 서비스일 경우 공동구매 방식을 적극 활용한다.

마지막으로 스스로 그런 의욕을 유지해 나가는 데 도움이 되는 조언 한마디만 더.

한두 가지의 작은 태도 변화로 시작해서 서서히 그러나 확고하게 더 넓은 영역으로 나아가는 것이 가장 좋다. 경험상 이런 일은 재미가 있고 기분이 좋으면 스트레스와 양심의 가책을 갖고 할 때보다 훨씬 더 잘, 그리고 더 지속적으로 할 수 있다. 처음부터 목표를 너무 크게 잡으면 실패하기 쉽다.

그리고 의욕이 저하되었을 때는 멋진 자연의 품에 안겨 자신의 행동의 동인이 무엇이며, 자신이 하고 있는 일이 그것과 서로 잘 어울리는지를 생각해 보는 시간을 갖는 것도 좋다. 나는 그런 시간을 통해 자신을 잘 추스를 수 있었다.

플라스틱은 베이클라이트라는 제품명으로 인류에게 처음 소개된 이래 100년 남짓한 시간 만에 인류의 일상생활에 엄청난 편의를 가져다준 소재가 되었다. 토기의 발명이 인류문명사에 한 획을 그었듯 플라스틱 역시 인류생활사를 혁신시켰다고 할 만하다. 이제 외부 세계와 단절된 채 살아가는 소수의 인간집단을 제외한다면, 이 소재는 현대인의 삶을 거의 완전히 장악했다고 할 만큼 널리, 많이 사용되고 있다. 생각해 보라. 플라스틱 없이 사는 삶이 가능한지를. 글쓴이 산드라가 그랬던 것처럼, 집 안에서 플라스틱 제품을 다 없애 버리면 갑자기 집 평수가 크게 늘어날 판이다.

플라스틱이 이렇게 짧은 시간에 널리 확산된 것은 천연재료에 비해 성형이 자유로운 데다 쉽게 대량생산될 수 있기 때문이다. 그 덕분에 우리는 아주 싼 가격에 삶의 편리성을 극대화해 주는, 일회용을 비롯한 각종 플라스틱 제품을 마음껏 사용하고 있다.

그런데 인간의 삶에 새로운, 거대하고 다양한 가능성을 열어 준 이 고분자화합물 플라스틱이 얼마 전부터 환경오염의 근원으로 간주되고 있다. 소재 자체의 분해되지 않는 물성, 그리고 제조과정에서 제품의 가공성 및 기능성 확대를 위해 투입되는 경화제, 촉매제, 중합제, 충전제, 가소제, 안정제, 윤활제, 착색제 등 각종 첨가제 때문이다. 이제 겨우 100살을 조금 넘긴 플라스틱을 두고 문제라고 판단하는 것은 지구 나이 45억 년이나 인류의 나이 700만 년에 비추어 보면 좀 방정맞다 싶기도 하다. 시간이 모든 걸 해결해 줄 수도 있으니 말이다. 그럼에도 불구하고 갑자기 커진 편리성만큼이나 오늘날 플라스틱이 지구 생태계에 야기하는 문제는 간과할 수 없다. 하와이와 북미 대륙 중간쯤의 태평양 상에 한반도 몇 배 크기의, 플라스틱이 대부분인 거대한 부유 쓰레기 지대가 발견되기도 했고, 그 짧은 세월의 힘을 못 견디고 미세 입자가 되어 버린 플라스틱은 먹이사슬을 통해 인간의 몸에까지 들어와 환경호르몬으로 작용한다는 연구결과가 나오고 있다. 게다가 플라스틱 원료 물질과 수많은 첨가제 중 유해성 여부가 완전하게 밝혀진 것은 극소수에 불과하다고 한다. 플라스틱은 우리의 삶을 편리하게 해 주지만 동시에 우리가 적응할 수 없는 속도로 생태계에 위해요소로도 작용하고 있는 것이다.

편리성은 사람을 맹목적으로 만들 수 있다. 원인에는 결과가 따르는데, 늘 그래왔듯 우리는 플라스틱이라는 소재의 편의성에 빠져 그것에 내재한 문제점을 보지 못했고, 아직도 제대로 보려는 노력을 하지 않고 있다. 어쩌면 뒷감당이 안 될 것 같아 일부러 피하는 것인지도 모른다. 하지만 피한다고 피해지는 일이 아니다.

산드라는 영화 한 편을 통해 자신이 어떤 현실 속에서 살아가고 있는지를 자각하고, 즉각 좀 더 불편한 삶을 살기로 작정한다. 그러나 다행스럽게도 그녀는 독단적이지도 않았고 고독한 영웅도 아니었다. 기간을 정해 플라스틱 없는 삶을 시도하기로 했고, 가족과는 대화를 통해 동의와 협조를 구했으며, 지인들과 많은 토론을 거쳐 자기 결단의 합리성과 유의미성을 확인했다.

생각해 보라. 플라스틱이나 비닐 없는 현대의 삶을! 그런데 산드라는 그것을 훌륭히 해냈다. 한시적인 시도는 지속적인 일상으로 이어졌다. 그러면서도 동시대의 다른 사람들과 마찬가지로 멋지면서도 남다른 삶을 꾸려가고 있다. 문득 산드라가 현대의 잔 다르크가 아닐까 하는 생각이 든다. 아니, 그 이상인지 모른다. 그녀의 작은 시도는 작은 마을이나 오스트리아라는 테두리를 넘어서 인류의, 지구의 삶을 보전하기 위한 것이니까.

구하니 얻었다고 해야 할까. 그녀가 플라스틱 없는 삶을 살기로 하자 예전에는 그 존재를 몰랐던, 나무막대에 돼지털을 심은 칫솔 같은 소소한 인프라가 보이기 시작했다. 또 다행스럽게도 이웃과 공동체는 산드라의 정당하고 합리적인 주장과 실천을 받아들이고 인정해 주었다. 나아가 그런 실천적 삶을 이제 개인이 아니라 사회 차원에서 더 확산하라고 그녀를 주 의회의원으로 뽑아 주었다. 작은 실천이 큰 공감을 이끌어 낸 것이다.

문득 어느 정치인에 대한, "옳은 말을 싸가지 없이 한다."는 평가가 생각난다. 나는 이 말의 방점이 "싸가지 없음"에 있다고, 평가자가 말의 옳고 그름보다는 태도의 싸가지를 더 중요시한다는 뜻으로 읽었고 좀 서글펐다. "싸가지는 없지만 말은 옳다."라고 했더라면 어땠을까 싶었다. 지금 우리나라에서 이 책을 통해 "플라스틱 (거의) 없이 살기"를 소개하고 외친다면, 마찬가지로 "옳지만 말도 안 되는 소리"라는 비판을 받지 않을까 저어된다.

나는 우리 시대의 대다수 사람들과 마찬가지로 실천력이 담보

되지 않은 환경의식을 갖고 있었지만, 이 책을 읽고 번역하면서 주변의 플라스틱을 바라보는 시각을 다시금 벼릴 수 있었다. 하지만 의식과 실천이 따로 노는 탓인지, '가능하면' 플라스틱 아닌 다른 재료를 택하려고 해 보지만 번번이 실패한다. 말 꺼낼 틈도 없이 비닐에 물건을 담아 주는 상인의 친절, 플라스틱이 들어가지 않은 제품 찾기에 들어가는 노력과 시간, 그리고 천연재료 제품의 가격 등이 나를, 그리고 아마도 우리 다수를 좌절하게 하는 요소인 것 같다.

눈앞의 현실에서는 태평양 상의 거대 쓰레기섬도 맥을 못 춘다. 하지만 산드라가 찾아 제시한 여러 대안은, 비록 공간적 이격으로 인해 곧장 채택하기에는 다소 어려움이 있겠지만, 나의 소비행태에 적잖은 가르침이 되고 있다. 산드라의 단호한 의지와 실천에, 그리고 그 옳은(!) 시도를 적극 지지하고 거기에 동참해 준 가족, 이웃 그리고 공동체에 경의를 표한다.

이 책의 내용이 독자 여러분에게 "쉽지 않겠지만 옳은 말"이라는 평가를 받기를, 그리고 독자 여러분의 작은 실천으로 이어지기를 기대해 본다.

우리는 플라스틱 없이 살기로 했다

1판 1쇄 2016년 9월 7일 1판 7쇄 2022년 5월 10일

글쓴이 산드라 크라우트바슐
옮긴이 류동수
펴낸이 조재은
편집 이상경 이정우
디자인 육수정
마케팅 조희정
관리 정영주

펴낸곳 (주)양철북출판사
등록 2001년 11월 21일 제25100-2002-380호
주소 서울시 영등포구 양산로91 리드원센터 1303호
전화 02-335-6407
팩스 0505-335-6408
전자우편 tindrum@tindrum.co.kr
ISBN 978-89-6372-212-2 03400
값 14,000원